AF340639

ÉTUDES

SUR

DIVERSES QUESTIONS D'HORLOGERIE

IMPRIMERIE DE PILLET FILS AÎNÉ, RUE DES GRANDS-AUGUSTINS, 5.

ÉTUDES

SUR

DIVERSES QUESTIONS

D'HORLOGERIE

PAR

Henri ROBERT

L'un des horlogers de la marine de l'État,
chevalier de la Légion-d'Honneur, auteur de plusieurs ouvrages sur l'horlogerie,
de divers articles de l'*Encyclopédie moderne*.

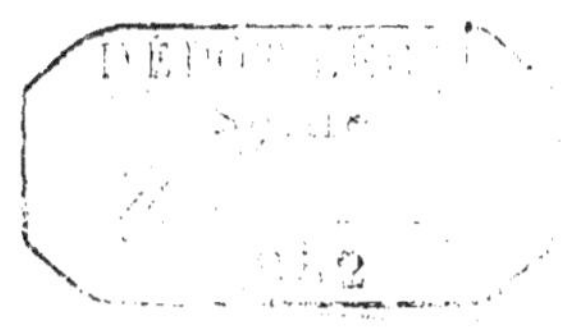

PARIS

CHEZ LES PRINCIPAUX LIBRAIRES

ET CHEZ L'AUTEUR, RUE DU COQ-SAINT-HONORÉ, 8
Près du Louvre.

—

1852

AU LECTEUR

La plupart des artistes qui se sont dévoués à l'art de l'horlogerie ont été séduits, dès leur entrée dans la carrière, par les apparences trompeuses que leur offraient des combinaisons telles que les remontoirs, l'isochronisme des oscillations du pendule par la suspension, ou par l'échappement, etc. Ils ont eu le tort de penser qu'il leur était réservé de trouver là des éléments de perfection, passés inaperçus sous les yeux de leurs devanciers. Au lieu de procéder sagement et de rechercher d'abord pourquoi des choses si séduisantes n'étaient pas pratiquées par les artistes expérimentés, ils se sont livrés à des recherches plus infructueuses les unes que les autres. Le temps seul est venu leur montrer leur erreur et l'inutilité de ces moyens. C'est alors qu'ils sont rentrés dans les voies plus sûres que suivaient leurs prédécesseurs, et dont ils avaient d'abord considéré l'emploi comme résultant de l'ignorance du progrès qu'il y avait à faire:

D'autres, ne poussant pas aussi loin les expériences, n'ont pas été édifiés sur l'inutilité de pareilles tentatives. Arrêtés dans leur marche par quelques forces majeures, ils ont eu le regret de ne pouvoir continuer, bien convaincus que le résultat les aurait amplement dédommagés.

Plusieurs générations d'artistes, après avoir fait les études nécessaires pour arriver à la vérité, ont négligé de publier ce qu'ils avaient acquis ; ils ont ainsi laissé répéter les mêmes travaux à ceux qui les ont suivis dans les mêmes illusions, tandis que s'ils eussent publié les découvertes faites dans leurs recherches et les instructions utiles qui en dérivaient, ils auraient épargné à leurs successeurs des pertes de temps considérables. Qui sait si, pendant ce temps consumé en vains efforts, des hommes ingénieux, dirigeant leurs vues d'un meilleur côté, n'auraient pas fait des découvertes d'une grande importance ?

Il est arrivé si souvent que des erreurs semblables se sont présentées successivement à plusieurs esprits, dans des conditions identiques, qu'il est très-probable que ce qui a eu lieu se verra encore, et que de nouvelles tentatives seront faites pour arriver aux résultats déjà cherchés et reconnus inutiles au perfectionnement ou impossibles à produire. En beaucoup de circonstances nos sensations, nos raisonnements nous trompent quand ils ne sont pas appuyés sur un savoir dont la source part toujours de l'observation des faits. C'est pourquoi, dans quelques-uns des chapitres qui composent ce volume, j'ai désiré porter à la connaissance des jeunes gens des faits peu répandus parmi les horlogers, et les mettre par là en garde contre eux-mêmes dans les espérances auxquelles ils pourraient se livrer. Si, par suite de ces avertissements, quelques-uns mettent plus de circonspection dans leurs entreprises, s'ils ne s'abandonnent pas inconsidérément à des illusions qui les tromperaient indubitablement comme elles ont trompé tant d'autres artistes, mon but sera atteint.

Lorsque j'ai commencé à m'occuper d'horlogerie, je me serais trouvé heureux de profiter d'avertissements tels que ceux qui sont ici ; c'est parce que j'ai par moi-même l'expérience de l'opportunité de certains avis pour ceux qui débuteront dans des conditions analogues à celles dans lesquelles je me suis trouvé, que j'ai cru devoir les leur donner.

Les arts feraient des progrès plus rapides si les artistes qui finissent leur carrière s'occupaient d'ouvrir les voies à ceux qui la còmmencent. Aussi les Egyptiens, convaincus de cette vérité, rendirent les professions héréditaires ; ils pensaient, avec raison, que, mettant à profit l'expérience acquise, le père de famille, après avoir travaillé pour lui dans la force de l'âge, préparait les progrès que devaient faire ses enfants et les succès qu'ils pouvaient obtenir. Ce peuple fut célèbre.

Les savants qui se sont occupés d'horlogerie ont vu cent fois les raisonnements les plus séduisants, les théories qui paraissent incontestables, tomber devant des faits très-minimes qu'ils n'avaient pas prévus. Aussi maintenant ils veulent voir, examiner sous toutes les faces les choses présentées comme nouvelles, et surtout ils veulent interroger, soit l'expérience, soit les hommes spéciaux et expérimentés (1) pour savoir d'eux quelques-uns de ces secrets de métier qui sortent rarement du cabinet de l'artiste.

D'un autre côté, les hommes les moins initiés dans l'art de l'horlogerie ne demandent jamais qu'à des théories abstraites et à leur propre intelligence les lumières nécessaires pour décider les questions d'application les plus difficiles ; ils font fausse route, prennent le mauvais, caché sous des dehors flatteurs, pour le bon, et le bon leur semble mauvais, parce que l'étude ne leur en a pas révélé les propriétés.

Si cet opuscule passe sous les yeux de quelques-uns d'entre eux, si le hasard leur fait parcourir ces pages où ils verront des questions sur lesquelles je crois avoir établi qu'on s'est trompé si souvent, peut-être leur viendra-t-il la

______

(1) Je dis *les hommes*, parce que sur des questions de quelque importance il ne faut pas toujours s'en rapporter à l'avis d'un seul ; et, sur d'autres matières très-délicates qui exigent une étude, des expériences spéciales, il arrive au contraire, que c'est le petit nombre qui est dans le vrai, tandis que la majorité même des hommes capables, dominée par des préjugés, est dans l'erreur. Il faut donc la plus grande circonspection pour statuer sur certaines questions difficiles.

bonne pensée de ne se prononcer qu'avec réserve lorsqu'ils seront appelés à examiner des œuvres d'horlogerie.

Vous, artistes consommés, qui savez toutes ces choses, vous regarderez ce travail comme inutile... pour vous, soit ; mais votre heure arrivera, d'autres jeunes encore travaillent à vous remplacer. Leur aider à franchir ces premières difficultés de l'art, leur indiquer quelques écueils à éviter, c'est hâter le moment de leur succès. Si vous avez un goût sincère pour votre art, vous devez concourir à le faire grandir non-seulement pendant votre existence, mais encore après vous.

Le véritable juge de ce travail serait un artiste, aimant le progrès, doué d'une imagination vive, ayant déjà entrepris l'étude de ces questions, et qui, séduit par le prestige d'idées assez généralement répandues, aurait cherché à en faire l'application sans avoir eu la moindre pensée qu'il pouvait errer.

Je le supposerais, par exemple, avoir construit une pendule qu'il regarde comme étant dans les meilleures conditions possibles, ayant employé pour cela un remontoir, un échappement libre, une suspension qu'il aura cherché à rendre isochrone, choses aussi magnifiques dans son imagination que puériles dans la pratique. Il croira dès lors avoir fait un chef-d'œuvre, et les simples machines des Bréguet, des Lepaute, des Vulliamy, des Kessels, qui ont donné de si beaux résultats, ne seront rien auprès de son trésor.

Que mon travail tombe entre ses mains au moment où il vient d'achever la pièce qui fait l'objet de son enthousiasme et de tout son espoir, il ne croira d'abord pas un mot de ce qu'il lira. A mesure qu'il continuera de choyer son œuvre, s'il l'observe rigoureusement, il verra bientôt qu'elle ne répond pas à ses soins, il reconnaîtra peu à peu que cette pièce donne moins de précision que les machines simples qu'il avait cru laisser bien loin derrière la sienne. S'il a le courage de poursuivre ses observations, il s'assurera des faits que nous avons signalés ; peut-être alors regrettera-t-il de n'avoir pas été averti plus tôt.'

D'autres, sous les yeux desquels cet opuscule aura passé, avant qu'ils se livrent à de semblables entreprises, réfléchiront, j'en ai l'espoir, et seront plus réservés. S'il en est ainsi, mon travail a son utilité : je ne demande pas d'autres suffrages sur quelques-uns de ces chapitres.

Sur la question des huiles, sur celle des causes de destruction par le frottement, il reste beaucoup à désirer, je le sais. Certes, s'il eût existé un travail de quelque valeur à ce sujet, j'aurais gardé le silence. En l'absence de toute notion écrite, j'ai fait une partie du chemin pour attirer l'attention sur des matières trop négligées.

Dans plusieurs points, on trouvera peut-être ce livre incomplet, parce qu'en parlant d'une matière je n'aurai fait que citer certaines choses sans les développer. Ce dernier fait m'a déjà été reproché pour d'autres écrits; me serait-il permis de répondre à cela en passant? Lorsqu'on traite une matière quelconque, il est impossible de le faire sans avoir à parler de faits, de principes, de choses qui s'y rapportent ; s'il fallait à chaque pas suspendre le fil de l'objet principal pour s'arrêter aux détails incidents, on s'engagerait dans un dédale dont jamais on ne pourrait sortir. La forme dans laquelle je me suis exprimé a peut-être rendu plus sensible dans les miens ce qui est passé inaperçu dans d'autres écrits.

Lorsque j'ai parlé de choses bien constantes, et reconnues comme telles par les hommes dont l'expérience et le savoir sont incontestés, je n'ai pas hésité à prendre la forme affirmative contre les erreurs généralement admises; mais, dans les questions où il manque de données, dans celles surtout où je n'ai que mes recherches personnelles, je m'en suis tenu à l'énoncé de ce qui est constant pour moi. Sans avoir la pensée de faire autorité, je puis bien communiquer des faits que j'ai observés et soumettre au lecteur les conséquences que j'en ai déduites : il en fait le cas qu'il juge convenable.

Lorsqu'il s'agit des œuvres des contemporains, je n'en parle qu'avec la plus grande circonspection ; mais je me réserve toute latitude sur les principes qui appartiennent à l'art et à son histoire, sans m'occuper si les choses bonnes ou mauvaises en elles-mêmes ont été approuvées ou critiquées par tel ou tel artiste vivant ; alors je considère les choses seules et non les personnes, non plus que les opinions qu'elles ont pu émettre. Si j'ai laissé subsister des répétitions, en voici le motif : chacun de ces mémoires est un travail séparé, indépendant des autres ; il sera lu et examiné seul, sans que le lecteur puisse tenir compte d'observations contenues dans ce qui précède ou dans ce qui suit. Alors il n'y a plus de redite, ces répétitions sont presque indispensables.

Ici, comme en beaucoup de circonstances, tel passage qui n'est pas entendu à une première lecture l'est à la seconde. Des matières semblables ne se lisent pas comme un roman, elles exigent une méditation qui explique ce qu'une lecture rapide ne saurait enseigner.

Que mon travail n'ait qu'une minime importance, j'y consens très-volontiers ; mais j'en appelle au lecteur intelligent, amateur de son art, il m'accordera du moins le mérite d'avoir révélé des choses restées secrètes dans les cabinets des artistes qui les avaient connues, et d'avoir appelé l'attention sur des questions d'une grande utilité pour l'art de l'horlogerie ; il m'accordera encore une sincérité qu'on ne rencontre pas chez tous ceux qui ont écrit.

En attaquant des préjugés aussi enracinés que le sont quelques-uns dans l'esprit des horlogers, je suis sûr de déplaire au plus grand nombre et de m'être exposé à la critique de ceux qui ne savent que répéter ce qu'ils ont entendu dire. Qu'ils ne se gênent nullement, qu'ils attaquent de toutes manières, je tiens beaucoup à l'honneur de ne pas être de leur bord ; autant je me trouverais honoré de l'approbation d'un petit nombre d'hommes de goût, d'artistes judicieux, autant je serais confus d'être approuvé par la classe que je ne veux ni désigner ni qualifier. J'appelle volontiers la critique sur mon œuvre, cette critique sage, modérée, qui montre l'erreur en enseignant à mieux faire ; elle est toujours sur la réserve, faisant la part du mal et celle du bien. Quant à l'envie, je m'en soucie fort peu ; lorsqu'elle prend le masque de la critique, elle a des allures si différentes, que, malgré tous ses efforts, elle n'en n'impose pas à l'homme de bien : c'est la dent du serpent qui se brise contre la lime.

A la fin de ce volume, j'ai placé plusieurs rapports très-honorables pour moi ; voici le motif qui m'a porté à les présenter : dans toutes les classes de la société, il est de ces gens qui n'ont jamais voulu tourner vers le travail l'aptitude dont la nature les avait doués, et qui, rongés par l'envie que leur inspirent des réputations acquises dans des existences toutes d'étude, les attaquent, les calomnient de toutes manières ; chaque époque en a vu un grand nombre d'exemples.

Un peu de succès que j'avais obtenu à quatre expositions consécutives, les plus hautes récompenses qui m'avaient été décernées pour mes travaux d'horlogerie, l'ordre de la Légion-d'Honneur que j'ai reçu en 1847, pour le dévouement que j'avais mis et les résultats auxquels j'étais arrivé dans mes recherches sur les montres marines, tout nouvellement mes appareils cosmographiques déjà adoptés par les sommités de l'enseignement, c'en était assez pour inspirer à certains esprits des attaques auxquelles on est dispensé de répliquer dans un travail comme celui-ci, lorsqu'elles partent d'hommes qui n'ont jamais rien produit. Il m'a paru suffisant de mettre sous les yeux du lecteur l'énoncé de quelques-unes de mes œuvres.

La publication de cet opuscule n'a d'autre motif que de répandre des faits trop peu connus, d'y joindre ceux que j'ai observés moi-même, ainsi que de prémunir contre des illusions qui ont longtemps entravé les progrès de l'art, en absorbant le temps précieux des hommes que leur activité naturelle portait aux recherches. Si je n'ai pas atteint mon but, si j'ai laissé une grande distance à parcourir pour arriver à ce résultat, j'ai du moins l'espoir d'avoir fait un pas, et le plus vif désir de voir un homme habile achever l'ébauche d'un faible artisan.

ÉTUDES

SUR

DIVERSES QUESTIONS

D'HORLOGERIE.

DU REMONTOIR D'ÉGALITÉ

ET

DES ÉCHAPPEMENTS A REMONTOIR

Ou à force constante.

Les remontoirs peuvent-ils donner aux pièces d'horlogerie une marche supérieure à celle qu'on obtiendrait par des moyens plus simples? et dans certains cas la supériorité de marche vaut-elle ce qu'elle coûte, soit en dépenses, soit en inconvénients de diverses natures?

Ce Mémoire a pour objet l'étude de cette question afin d'éviter aux jeunes gens de se lancer dans des recherches inutiles.

Entrons de suite en matière.

La première idée des remontoirs paraît appartenir à Huygens, en 1673. On l'attribue encore à d'autres auteurs; le seul point qu'il nous importe de constater est que depuis près de deux siècles ces appareils ont été étudiés par le plus grand nombre des artistes; que chaque année on voit faire de nouvelles tentatives pour arriver à un résultat satisfaisant sans que le but ait été atteint. Toutes les conceptions de ce genre, qui prennent place aux expositions des produits de l'indus-

1

trie, disparaissent et sont remplacées à l'exposition suivante par d'autres plus ou moins nouvelles destinées au même sort, nonobstant les espérances superbes de leurs auteurs. Comme fait, personne ne contestera ceci, nous en tirerons plus loin une conséquence.

Il est un autre fait tout aussi incontestable, mais moins saillant. Les conceptions de cette nature sont toujours produites par des artistes jeunes, ou par des hommes faits, mais qui, jusqu'alors, s'étaient peu occupés d'horlogerie sous le rapport *des moyens propres à donner la plus exacte mesure du temps.* Ainsi, par exemple, on peut être un excellent cadraturier, un des premiers faiseurs d'échappements, même un très-bon repasseur dans l'horlogerie civile, ou un habile pendulier du commerce, et n'être pas initié dans la théorie et la pratique des questions qui se lient à l'emploi des remontoirs. De tels hommes peuvent être considérés comme nouveaux toutes les fois qu'ils se livrent à une partie qu'ils n'ont point encore étudiée spécialement, quoique fort habiles dans celle qu'ils exercent.

Un troisième fait. Les artistes de premier ordre n'ont pas recours à de tels moyens, qui ne figurent jamais dans leurs œuvres ; cependant, si on va fouiller dans leur passé, on les a vus, jeunes encore, très-ardents pour découvrir ce qu'ils laissent maintenant à d'autres le soin de chercher.

Si les jeunes gens, au lieu de se laisser éblouir par l'espoir de faire quelque merveille, étaient assez raisonnables pour réfléchir sur ces faits, ils soupçonneraient bientôt qu'il y a dans la magie des remontoirs plus d'illusion que de réalité ; ils iraient aux informations près des hommes expérimentés, et au lieu de se livrer à des travaux qui doivent être infructueux, ils abandonneraient des chimères pour rentrer dans le vrai.

En effet, si depuis près de deux siècles que les générations successives se sont occupées des remontoirs, rien n'est sorti de tant de travaux, et lorsque cette matière a passé entre les mains des Lepaute, des Janvier, des Ferd. Berthoud, des Breguet, des Urbain Jurgensen, des Kessels et de tant d'autres, le plus sage serait de se demander s'il n'y aurait pas quelque inconvénient capital inhérent au remontoir, et dont il est impossible de le séparer. Aussitôt qu'on se serait fait cette question, analysant un remontoir comme nous le ferons plus loin, on reconnaîtrait, en effet, que derrière l'admirable propriété il y a des vices qui sont incorrigibles parce qu'ils font partie intégrante des remontoirs.

Si les artistes célèbres, que nous avons cités, au lieu de s'en tenir simplement à renoncer aux remontoirs, avaient fait connaître le résultat de leurs recherches sur cette matière, les jeunes gens profitant de l'expérience acquise, et pouvant apprécier les vices réels du remontoir, ne se seraient pas fourvoyés dans de telles recherches. Ces artistes ont mérité un juste reproche pour le silence qu'ils ont gardé à cet égard, car c'est ce silence qui a induit tant d'autres à de vaines recherches. On dirait même que, soit pour voir d'autres errer comme ils l'ont fait, soit la petitesse de ne pas vouloir avouer qu'ils ont fait de mauvaises choses, il en est qui paraissent avoir cherché à engager les jeunes gens dans cette voie fausse.

En voici un exemple assez frappant; nous le puisons chez les sommités artistiques et scientifiques :

Janvier, dans son *Manuel chronométrique*, édition de 1815, page 109, transcrit un Rapport fait par de Lalande à l'Académie des sciences, le 14 février 1789, sur une de ses horloges planétaires. On trouve dans ce Rapport le passage suivant :

« Le moteur est un ressort qui fait dix tours et demi, et dont un quart de tour seulement se développe. Il est remonté tous les quarts d'heure par un grand ressort dont les inégalités ne peuvent influer sur le mouvement. Un remontoir de cette espèce a autant d'uniformité qu'un poids même pourrait en avoir, et l'on n'a pas l'inconvénient des cordons. Le barillet est fait de manière que le ressort ne puisse jamais se développer au-delà d'un quart de tour, que le remontoir ne puisse le reployer que de cette quantité et que les chevilles d'arrêt, venant même à casser, il n'en puisse résulter aucun dérangement pour la mesure du temps. Cette méthode sera utile pour les petites horloges astronomiques propres à transporter en voyage et même pour de grandes horloges qui ont beaucoup de fonctions à remplir, etc. »

On remarque, dans ce passage, que le rapporteur place le remontoir à l'égal du poids sans dire mot des inconvénients qu'il peut avoir, et cependant rien n'en est exempt. Ceci est dit par le célèbre de Lalande, au nom d'une commission composée de MM. Legentil, Leroy, Cassini et de Lalande; on doit croire que la confiance absolue que M. de Lalande avait en Janvier, et l'amitié toute particulière qu'il lui portait, l'a empêché de se servir d'une forme moins affirmative usitée ordinairement par MM. les rapporteurs.

Combien de jeunes gens laborieux, amateurs de leur art, n'ont-ils pas dû être enthousiasmés pour les remontoirs lorsque l'œuvre du célèbre Janvier était ainsi rehaussée par l'approbation de de Lalande et confirmée par l'Académie des sciences! pour notre part nous y avons eu la plus grande confiance; il a fallu bien des travaux, bien des études, pour reconnaître l'erreur.

Voyons maintenant un jugement porté sur les remontoirs par des savants et des hommes pratiques réunis. Voici dans quelles circonstances. En 1792, époque à laquelle la préoccupation du système décimal dominait peut-être trop, on voulut changer la division duodécimale double du jour pour employer la division décimale. Un concours fut ouvert, de nombreux travaux furent présentés à la Commission chargée d'en faire l'examen, et tout cela n'aboutit à rien. Voici un passage de ce Rapport, il est relatif aux remontoirs :

Extrait d'un rapport sur les questions relatives au nouveau système horaire, fait par le jury nommé par le décret de la Convention nationale, du 4 fructidor an II, et remis au comité d'instruction publique le 14 frimaire an III, imprimé en pluviôse an IV. Ce rapport est signé par MM. Mathieu l'aîné, Lepaute, A. Janvier, de Belle, Charles, Lagrange, Lepine jeune, et Ferdinand Berthoud.

« **Nous** ne pouvons approuver l'usage des remontoirs *dans*

aucune pièce d'horlogerie, parce que c'est une augmentation
de travail qui est au moins inutile et plus faite pour en imposer aux ignorants que pour procurer une justesse réelle, car
nous sommes intimement persuadés qu'une horloge astronomique ayant un régulateur ou pendule bien établi et exécuté,
le reste de la machine, rouage et échappement bien faits et
mus par un ressort égalisé par une fusée; qu'une telle machine égalera au moins la justesse d'une pendule à remontoir
telle qu'on la propose, et *à plus forte raison sera-t-elle exacte
si le moteur est un poids* (1), et ceci est également conforme
aux principes et à l'expérience. On sait d'ailleurs que dans
les machines à remontoir même, il reste le frottement variable, soit des pivots de la roue d'échappement, soit de la roue
sur laquelle opère le remontoir; et c'est justement le frottement de cette roue qui, à raison de sa grande vitesse, éprouve
le frottement le plus nuisible, et dont la somme égale au
moins celle du reste du rouage par son influence sur le régulateur.

« Nous insistons sur cet objet afin d'engager les artistes à
proscrire cet inutile travail, et à ne pas se laisser séduire par
des avantages apparents qui n'ont aucune réalité. Mais si
dans les horloges astronomiques même, cette addition de
travail est inutile, à plus forte raison l'est-elle dans les horloges publiques, machines qui ne peuvent ni exiger, ni comporter la précision requise pour celles destinées à l'usage des
observateurs. »

Remarquez les dates : En 1789, approbation du remontoir
par l'Académie des sciences, ou, pour être plus dans le vrai,
par M. de Lalande, sous l'influence de Janvier; en l'an III
(5 ans après), condamnation par une commission composée
de membres de l'Institut et des artistes les plus éminents de
l'époque, Janvier étant du nombre. Cette condamnation est
en termes généraux formels. On doit cependant reconnaître

(1) En effet, depuis bien des années on ne citerait pas une horloge astronomique avec pendule à seconde, construite par un artiste en réputation ni en
France ni ailleurs ayant un remontoir. Plus loin nous parlerons de la pendule
sidérale de l'Observatoire de Paris.

qu'elle porte dans ses termes une certaine aigreur qui pouvait bien avoir été inspirée par des sentiments particuliers.

Cinquante ans d'expérience, depuis la prononciation de ce jugement, l'ont pleinement confirmé, sauf les cas rares dont nous parlerons plus loin.

Malheureusement ce Rapport est resté dans l'oubli, et peu de personnes en ont eu connaissance, tandis que le *Manuel chronométrique* (1) de Janvier a passé dans toutes les mains ; plusieurs éditions ont eu lieu et nous avons un reproche grave à faire à Janvier, qui devait avoir reconnu plus tard son erreur sur les remontoirs, c'est d'avoir laissé subsister le Rapport tel sans aucune note, et d'avoir ainsi induit en erreur sur le mérite des remontoirs. Tout au moins aurait-il dû dire, sous forme dubitative, ce que dit le Rapport qu'il a signé. Le mérite de sa pièce s'en serait trouvé affaibli aux yeux du lecteur, mais Janvier pouvait plus que tout autre avouer qu'à vingt-cinq ans de distance il s'était trompé.

Aucun ouvrage d'horlogerie ne traite la question des remontoirs, aussi il en est résulté que les jeunes gens, amateurs de leur art, espérant trouver dans ce principe des moyens nouveaux, ont fait d'énormes sacrifices de temps, d'argent et d'imagination pour arriver à ...... zéro de progrès.

Dans ce Mémoire, nous essayerons de démontrer qu'il y a dans les remontoirs des vices inhérents à leur nature qu'on peut réduire, mais non pas faire disparaître en totalité ; que ces vices se cachent aux yeux inexpérimentés tandis que le beau côté des remontoirs brille pour tout le monde et est bien facile à saisir ; que c'est pour cette cause que les artistes les plus éminents, qui se sont occupés de cette question, ont abandonné ce moyen pour porter leurs études sur des points plus essentiels. Nous n'avons ni l'espoir ni la prétention d'empêcher de tomber dans cet écueil certains esprits exaltés. Mais peut-être quelques jeunes gens réfléchiront-ils

(1) Ce petit volume n'est pas entièrement de Janvier, comme on le croit géralement ; la plus grande partie est tirée des *Étrennes chronométriques* de Le Roy.

avant de se lancer dans cette carrière aventureuse, et auront la sagesse de se dire que, quand les artistes que nous avons nommés plus haut, et tant d'autres, sont d'un avis unanime sur une telle question, il y a folie de la part de celui qui, nouveau dans la matière, prétend arriver *à priori* au résultat que tous ces artistes reconnaissent impossible en se fondant sur une longue expérience de la matière.

Qu'on se livre à des études expérimentales, à des recherches, rien de mieux ; mais qu'on ne prétende pas avoir résolu la question par cela seul qu'on a fait une pièce à remontoir marchant bien.

Les artistes que nous avons cités ont reconnu que, s'il est vrai que des pièces à remontoir ont bien marché, il est au moins aussi vrai que dans la plupart des cas on pouvait obtenir des résultats supérieurs par des moyens plus simples, et que, dans d'autres, la supériorité de marche ne valait pas ce qu'elle coûtait. Toute la question est donc là. Les remontoirs peuvent-ils donner une marche supérieure à celle qu'on obtiendrait par des moyens plus simples ? Dans certains cas exceptionnels, la supériorité de marche vaut-elle ce qu'elle coûte, soit en dépense, soit en inconvénients de toute nature ?

C'est ce que nous allons examiner dans les pages suivantes, et nous espérons que le lecteur prononcera, comme nous le faisons d'avance, en condamnant l'emploi trop fréquent des remontoirs.

Des remontoirs dans le rouage.

Il y a entre les divers remontoirs un caractère distinctif qui les divise en deux classes ; les uns sont placés dans le rouage même, et agissent sur la roue d'échappement ou sur celle qui la précède ; quelquefois encore on fait agir le remontoir sur un mobile plus éloigné de l'échappement. Ces remontoirs sont ceux dont nous nous occuperons d'abord. Quant à l'autre classe, d'invention plus récente, dans laquelle le mécanisme interposé agit directement sur le régulateur, nous en parlerons ensuite.

Les formes les plus variées ont été employées pour interposer dans le rouage, entre le moteur principal et l'échappement, un moteur secondaire qui donnât la force nécessaire à l'entretien du mouvement du régulateur d'une manière uniforme, afin d'éviter que les inégalités de force du moteur principal arrivassent à l'échappement.

Ce moteur principal ne servait alors qu'à remonter le moteur secondaire.

Prenons pour exemple une pendule à ressort. On conçoit que si entre la roue du centre, ou de longue tige, et celle qui la suit on place un ressort dans un petit barillet, et que celui-ci mène la roue qui précède celle d'échappement, que ce petit barillet soit remonté toutes les deux minutes ou toutes les cinq minutes par le premier moteur, les inégalités de celui-ci seront sans *effet direct* sur l'échappement et le régulateur.

La marche de la pièce ne sera plus troublée que par les inégalités du moteur secondaire, les frottements des roues qui le suivent jusqu'à l'échappement, et par les résistances variables qu'opposent les pièces d'arrêt et de détente nécessaires à la fonction du remontoir.

Les grandes différences dans la force motrice d'un ressort seront, sans contredit, corrigées par un tel remontoir, mais il reste celles résultant du frottement des roues, ainsi que l'explique le Rapport précité.

Une des choses le plus à considérer dans les remontoirs est la résistance variable dans les effets du mécanisme, car ces effets se produisant près de l'échappement, les moindres différences deviennent sensibles. Sous quelque forme que le remontoir soit traduit, il faut : 1° une pièce d'arrêt qui maintienne le premier moteur pendant que le second se développe; 2° que le second moteur dégage le premier de l'instant voulu pour que la force de celui-ci remonte le second moteur; 3° que la pièce d'arrêt se mette en prise pour arrêter de nouveau le premier moteur. Pour produire ces effets,

même de la manière la plus simple et la mieux combinée, il
y a des percussions et des frottements variables avec l'intensité de la force du premier moteur. Plus on éloignera le remontoir de l'échappement, moins ces effets seront sensibles,
mais les frottements variables des roues qui seront entre le
remontoir et l'échappement se manifesteront d'autant plus;
aussi, selon que les constructeurs ont trouvé plus ou moins
d'inconvénient d'un côté que de l'autre, on les a vus placer le
remontoir près ou loin de l'échappement. Il est impossible
de se soustraire à ces deux inconvénients; on n'a que le choix.
Dans tous les cas, les remontoirs exigent une grande surabondance de force motrice qui n'est pas un des moindres inconvénients. Nous en parlerons plus loin.

Des remontoirs par la sonnerie.

Les remontoirs par la sonnerie sont inférieurs à ceux dont
on vient de parler, en raison de la plus grande complication
qu'ils exigent; ils ne sont plus employés depuis longtemps
par les artistes en réputation dans les cas rares où un remontoir peut être admis. Dans le siècle dernier, ce qui avait séduit quelques personnes était de n'avoir plus qu'un moteur
au lieu de deux. Cependant, comme on a reconnu bientôt
que la véritable simplification d'une machine consiste non
pas à réduire quelques pièces sans valeur pécuniaire et sans
difficulté d'exécution, mais à rendre faciles et sûres les fonctions produites par les divers organes qui la composent, on
trouva plus simple et plus rationnel d'employer deux moteurs,
chacun approprié aux fonctions du rouage qu'il doit faire
marcher, que de se lancer dans toutes les combinaisons mécaniques indispensables pour arriver à produire ce moteur à
deux fins et à établir le rapport qui doit constamment exister
entre ses deux destinations.

C'est principalement par ces motifs, et parce qu'un tel remontoir ne remédie en rien aux inégalités des trois ou quatre

derniers mobiles, que depuis bien des années on a complétement renoncé à ce système.

A force de travail, on est parvenu et l'on parviendra à une construction fonctionnant. On en a vu plusieurs; mais comme, tout compte bien réglé par l'expérience, les inconvénients ont excédé les avantages, les travaux de nos devanciers ont été abandonnés. Le même résultat menace ceux qui, plus tard, ne voulant tenir aucun compte des études faites, de l'expérience acquise, suivront cette voie, se livrant les yeux fermés à toutes les illusions si connues aux inventeurs.

Cela est d'autant plus probable, que la supériorité du remontoir à engrenage, dont nous allons parler, sur celui par la sonnerie est aussi trop incontestable pour qu'il soit permis aujourd'hui, dans les cas où il y aurait lieu à employer un remontoir, d'adopter autre chose que celui qui figure dans quelques grandes horloges de nos plus habiles constructeurs.

Je conviendrai volontiers que les bronzes qui se font aujourd'hui pour nos pendules de cheminée sont tellement bas, que le peu de longueur du pendule (on n'a quelquefois pas 10 centimètres) ne permet pas un réglage aussi parfait que lorsqu'on peut employer 20 à 25 centimètres. Cette circonstance a éveillé l'attention de quelques artistes contemporains, qui ont cherché dans le remontoir le moyen d'obtenir une aussi grande régularité des mouvements adaptés à ces bronzes que si le pendule avait une plus grande longueur. Dans ce cas, la fusée serait le moyen le plus convenable.

Il est à croire que les remontoirs n'y seront point admis, soit à cause des inconvénients que nous avons signalés dans leur nature en général, soit parce que le commerce serait peu flatté d'être obligé de faire une étude particulière de ces conceptions nouvelles, et qu'en outre la généralité des horlogers ne serait pas en état de les comprendre et de les entretenir. (Ici, comme en tout autre circonstance, nous parlons seulement des choses acquises à l'art depuis de longues années, et sans que les artistes qui s'en sont occupés puissent y voir la moindre personnalité à leur adresse.) Ayant fait nous-même beaucoup de recherches sur diverses questions d'horlogerie, nous sommes très-disposé à applaudir ceux qui s'y livrent par goût et par dévouement ; seulement, nous voudrions les voir diriger leurs travaux vers les matières présentant plus de chances de succès que les remontoirs.

Sous le rapport des horloges publiques, dans lesquelles le remontoir par la sonnerie a été principalement admis, il faut faire la remarque suivante :

Ce remontoir présente un bon côté qui a dû lui faire des partisans ; toutes choses égales d'ailleurs, la somme de force qu'il exige est moindre que si l'on divise ce moteur unique en deux parties, l'une appliquée à la sonnerie simple, et l'autre au mouvement muni d'un remontoir que nous supposons ici coûter la même somme de force que celui introduit dans un rouage de sonnerie.

Cela tient à ce que, dans le rouage de sonnerie simple, il faut toujours sacrifier une somme de force pour faire mouvoir la partie du rouage qui sert à modérer sa vitesse, de même que pour le remontoir qui est séparé il faut un rouage modérateur spécial, tandis que lorsqu'on emploie le rouage de sonnerie simultanément pour les deux fonctions, la résistance qu'oppose le moteur secondaire est utilisée et diminue celle qu'il faudrait trouver dans le rouage de sonnerie pour modérer sa vitesse ; en outre, il n'y a plus qu'un seul modérateur au lieu de deux qu'il faut employer lorsque le remontoir est séparé du rouage de sonnerie.

Toutefois, et nonobstant cet avantage, on a préféré diviser la puissance du moteur, parce que les rouages de sonnerie exigent déjà beaucoup de force et qu'il fallait encore en ajouter, ce qui chargeait par trop cette partie, tandis que les rouages de mouvements marchant toujours avec beaucoup moins de force, on pouvait y appliquer, sans autant d'inconvénient, une force motrice beaucoup plus grande que celle qui leur suffit en l'absence de remontoir.

De la surabondance de force nécessitée par le remontoir.

Lorsqu'on construit pour la première fois un remontoir, on pense généralement qu'il suffit de mettre au moteur principal un peu plus de force qu'il n'en faudrait pour faire marcher la pièce sans remontoir, mais on s'aperçoit bientôt qu'il faut une très-grande surabondance de force, et qu'elle n'est pas la même selon les diverses dispositions des remontoirs. En voici la raison :

Pour qu'un poids ne coûte pas plus de force à élever à la hauteur d'un mètre, par exemple, qu'il n'en restituera en descendant de cette même hauteur (sauf quelques petites quantités que nous devons négliger ici), il faut que le temps employé pour l'élévation soit égal à celui de la descente. Si, au contraire, ce poids est élevé dans un temps plus court que celui de la descente, la force nécessaire à cette élévation est à la force que le poids produira dans sa descente, comme le temps employé à la descente est à celui nécessaire à l'élévation ; mais comme dans tous les remontoirs le temps pendant lequel le moteur principal remonte le moteur secondaire est plus court que le temps pendant lequel celui-ci transmet au régulateur la force nécessaire à l'entretien de son mouvement, il en résulte que tous exigent une force plus grande que celle qui est nécessaire sans remontoir. (Ceci n'est dit ici que comme règle générale ; nous ne pouvons pas entrer dans plus de détails sur d'autres causes qui nécessitent une surabondance de force.)

Par exemple, prenons les proportions indiquées par de Lalande au sujet de la pendule de Janvier : le ressort moteur principal agissant de quart d'heure en quart d'heure sur le petit barillet contenant un ressort secondaire qui est le véritable moteur de la machine.

On conçoit que l'impétuosité du ressort principal doit être modérée par un rouage analogue à celui des sonneries, et que le ressort secondaire est remonté par le mécanisme à peu près comme il serait par une main d'homme ; ainsi, en admettant que cette fonction s'opère en une minute de temps, ce qui est déjà fort long en pareil cas, et calculant ensuite le temps pendant lequel le ressort secondaire agira sur le régulateur, la différence entre ces temps exprimera en raison inverse l'excès de force que doit avoir le moteur principal sur le moteur secondaire pour que la pièce marche.

Le temps d'action du moteur secondaire est celui pendant lequel la roue d'échappement agit sur la levée pour restituer la force motrice au régulateur, car c'est pendant ce temps seulement que le moteur secondaire se développe ; il est égal à la durée totale de l'oscillation du pendule, moins l'arc supplémentaire. Faisons l'arc supplémentaire égal à l'arc de levée, celui-ci sera donc exactement une moitié du temps de l'oscillation. Ainsi, le moteur secondaire emploierait à se développer sept minutes et demie pendant un quart d'heure, les autres sept minutes et demie seraient le temps des arcs de supplément. Il résulte de cet exemple que le moteur secondaire emploierait sept minutes et demie à se développer, et le moteur principal n'ayant employé qu'une minute à être remonté, il faut pour le monter sept fois et demie la force réellement employée à l'entretien du mouvement ; quelles que soient d'ailleurs les autres proportions qu'on admette, le rapport changerait selon ces proportions, mais le principe resterait le même.

<hr>

Des échappements à remontoirs.

Il était trop évident que le genre de remontoir dont nous venons de parler ne pouvait corriger que les grandes inégalités du premier moteur, et que les résistances variables qu'occasionnent les fonctions du remontoir, les frottements des derniers mobiles existaient encore et pouvaient altérer la somme de force transmise au régulateur, qu'enfin, si le remontoir avait des avantages dans quelques cas, il laissait beaucoup à désirer.

Breguet, dont l'imagination vive et le goût exquis, excellait, surtout à prendre une idée bonne en elle-même, à la présenter sous un jour très-favorable et à la compléter en lui ajoutant ce qui lui manquait, en faisait alors un de ces genres de perfectionnements qui lui étaient particuliers. Breguet, dis-je, voulut mettre la main au remontoir, en finir avec toutes les combinaisons de ses devanciers et faire le remontoir par excellence. Il conçut l'idée de faire agir le rouage sur un ressort qui, abandonné ensuite à son élasticité, transmettait la force nécessaire au régulateur. C'était la solution du problème. Il construisit son échappement libre à force constante, c'est-à-dire un échappement tel, que le régulateur n'avait qu'à dégager un ressort d'impulsion, il en recevait la force nécessaire à l'entretien de son mouvement. (Voyez *Histoire de la mesure du temps,* de Ferdinand Berthoud, et le tome II des *Brevets d'invention.*) La théorie la plus exigeante, le raisonnement le plus scrupuleux furent complétement satisfaits jusqu'à ce que l'expérience eût montré et forcé de reconnaître un revers de médaille que l'habile inventeur avait été loin de soupçonner.

Breguet eut la faiblesse trop commune à tous les inventeurs : il communiqua son invention ; elle était si séduisante, que savants et artistes (sauf quelques hommes prudents qui voulaient attendre), chacun en fut émerveillé, la chose était si belle qu'il ne pouvait même pas y avoir lieu de douter...... Mais l'expérience n'avait pas encore dit son mot. Elle vint montrer trois choses désespérantes ; l'auteur finit par renoncer à la magie de son échappement. 1° La construction de Breguet exigeait une force motrice en dehors de toute proportion avec ce que les mécanismes d'horlogerie admettent (à une pendule on fut obligé de mettre jusqu'à quatre barillets très-forts) ; 2° la multiplicité des points de contact dans les organes qui avoisinent le régulateur était un vice radical, parce que les adhérences que contractent ces organes aux points de contact, sont très-variables, et que présenter au régulateur des résistances variables à surmonter, est la même chose, en définitive, que de lui donner un moteur variable dans l'intensité de sa force; 3° enfin, on a reconnu que ce ressort d'impulsion dont on avait cru la force parfaitement uniforme, ne restituait pas une force constante au régulateur; que, par exemple, remonté plus ou moins vivement par la différence de force dans le premier moteur, il ne transmettait pas au régulateur la même somme de force. Des études pratiques sur cette invention si admirable et tant goûtée d'abord, firent voir qu'elle ne pouvait laisser aucun espoir de succès. Breguet fut le premier à mettre tout cela de côté et à n'employer qu'un simple poids, un bon échappement de Graham ou à cheville et DANS DE BONNES PROPORTIONS, lorsqu'il voulut faire une pendule donnant les meilleurs résultats possibles. Dans les montres ou pièces réglées par un balancier et un spiral, un tel remontoir eût été encore plus vicieux. Depuis la mort du célèbre artiste, sa maison a très-judicieusement continué sur le même principe.

Urbain Jurgensen de Copenhague qui, dans sa jeunesse, avait été très-enthousiaste de l'échappement libre à force constante, avait trop de mérite pour ne pas le condamner bientôt, et c'est ce qu'il fit. Kessels (1), qui avait été témoin et acteur dans les études faites par Breguet sur ce chapitre, se garda bien d'employer de tels moyens. Enfin, aucun artiste, classé en première ligne, n'en a fait usage dans l'horlogerie supérieure, non point faute de les connaître, mais parce qu'ils en voyaient les inconvénients. Les jeunes gens et les artistes, encore peu expérimentés dans ces matières, en ont seuls essayé et y ont renoncé plus tard, lorsqu'ils ont été éclairés par l'observation et l'expérience.

Pour ceux qui ont étudié le caractère de Breguet dans ses œuvres et dans les traditions des horlogers qui composaient sa maison, il est on ne peut plus constant que s'il n'avait pas rencontré des obstacles insurmontables, il eût persisté. Bre-

---

(1) Kessels, après avoir travaillé longtemps dans la maison Breguet, et dans le cabinet même de Breguet, alla se fixer à Altona où il a construit un très-grand nombre d'excellentes pendules à secondes pour des astronomes allemands. Il est mort en 1849, en Angleterre, du choléra dont il avait pris le germe en passant à Paris.

guet aimait la nouveauté, il cherchait les difficultés pour les vaincre, afin de donner aux œuvres sortant de sa maison un cachet particulier; combien n'était-il pas de choses qui pouvaient se faire d'une manière simple, facile et bonne, et dans lesquelles il introduisait une multitude de difficultés d'exécution, dans le seul but de faire dire à ceux qui les voyaient: « Cela vient de la maison Breguet, c'est bien difficile à faire. » Tandis que quelques esprits observateurs demandaient: « Quel avantage y a-t-il pour les résultats?.... » Outre son talent propre, Breguet possédait une grande ressource qu'il avait su se créer, et que personne n'a jamais eue en horlogerie, c'est l'excellent personnel dont il était entouré et secondé : capacité, dévouement, tout était autour de lui.

Que viendront donc tenter maintenant certains hommes isolés et réduits à leur propre force ?

<hr>

OBSERVATION.

Nous n'avons examiné ici ces trois systèmes de remontoirs que dans leur principe fondamental, et non en détail, ce qui nous aurait conduit à des descriptions trop variées et, d'ailleurs, inutiles, puisque le vice est dans le principe. Chacun des constructeurs de remontoirs a voulu voir dans sa composition, la réduction à la plus petite quantité possible des vices qu'on reprochait aux autres, et néanmoins, de tout cela il n'est rien sorti qui puisse être généralement employé.

Examinons maintenant les différentes branches de l'horlogerie, pour reconnaître les cas exceptionnels dans lesquels le remontoir peut y être introduit. Comme la véritable pierre de touche des systèmes est d'en faire l'application à l'horlogerie de précision, parlons d'abord des pendules à secondes.

Nous ne parlerons pas ici du remontoir dans les montres marines, nous nous en occuperons dans un travail spécial sur cette partie de l'horlogerie. Tous les constructeurs savent que nonobstant l'imperfection de la fusée, on obtient d'excellentes marches avec son emploi; on a vu même un nombre suffisant de très-bonnes pièces avec un simple barillet denté pour être sûr que, même sans la fusée, on peut obtenir facilement le résultat voulu. Ces faits prouvent que par ces deux moyens on arrive à une constance de force motrice suffisante, et que ce n'est pas dans les petites inégalités de cette force que se trouvent les causes des anomalies de la marche de la pièce qui nuiraient à sa destination.

Du remontoir dans les pendules à secondes.

Examinons quels sont les motifs qui ont décidé quelques horlogers à introduire le remontoir dans une pendule à secondes, dans laquelle le moteur est un poids. Réglons le compte des avantages et des inconvénients qui en résultent, et le remontoir sera bientôt réputé débiteur.

Pour motiver la présence du remontoir, on a dit : 1º à mesure que le poids descend celui de la corde s'ajoute au poids moteur, il en résulte une force motrice qui va croissant, de même que celle d'un ressort va en décroissant ; 2º l'imperfection des engrenages, qui ne peuvent être dans l'exécution tels que la théorie les admet, absorbent, tantôt plus, tantôt moins de force. Cette imperfection doit avoir une influence sur la marche de la pièce en transmettant une force inégale au régulateur ; 3º les frottements des pivots dans les trous et l'épaississement de l'huile, amène des résistances changeant la somme de force qui arrive au régulateur. D'autres motifs ont encore été donnés, inutile de les énumérer.

Avant de vouloir corriger l'inconvénient résultant de l'accroissement de force motrice par le déroulement de la corde, accroissement mathématiquement vrai, il eût été prudent de se livrer à des expériences pour déterminer son importance sur la marche de la pièce. On a dédaigné de le faire ; on a dit : cela doit être, donc cela est ; si l'on eût fait les expériences les plus simples sur des pendules bien construites, sur de bons principes, dans de *bonnes conditions* de marche, on aurait vu que le poids de la corde même, en le décuplant et en l'ajoutant au moteur, donnait rarement des traces de sa présence par quelques centièmes de secondes. Était-il sensé, pour si peu, d'introduire le remontoir qui emporte avec lui tant d'inconvénients ?

J'insiste sur les *bonnes conditions* de construction parce qu'il y a une grande différence entre une telle pendule et celle qui comporte des défauts dans sa composition ou dans son exécution. Nous ne pouvons développer ici ces principes fondamentaux, ce serait faire un traité de la pendule ; nous pouvons dire en passant que c'est la partie la moins étudiée du plus grand nombre des horlogers, même des hommes à grande réputation.

Quant aux engrenages, le vice peut se présenter sous deux formes, ce sera tantôt une force motrice inégale, qui parviendra au régulateur par suite de l'impossibilité où l'on est de donner les formes mathématiques aux courbes des dents des roues. Il résultera simplement de ce fait, qui tient à l'imperfection des choses humaines, une intermittence dans la force motrice qui arrive au régulateur, intermittence périodique et très-régulière qui existe dans toutes les pendules, même dans celles qui ont donné les résultats les plus admirables. Quel est le constructeur de remontoirs qui oserait demander l'autorisation d'appliquer à ces pendules un remontoir de sa façon, et s'engagerait à donner une marche supérieure à celles qu'elles ont eues ?.... J'aime à croire qu'il n'y en aurait pas un qui eût cette témérité. Nous verrons bientôt la même question posée en sens inverse.

Quant aux anomalies qui résulteraient d'un vice dans les engrenages, telle qu'une destruction, ce n'est pas par l'introduction d'un remontoir qu'il faudrait les corriger, mais par la rectification de la chose elle-même.

A l'égard des inégalités de force motrice résultant du frottement des pivots, du changement d'état des huiles, le remontoir serait bien peu efficace dans le rouage, puisque, comme le fait très-bien remarquer le passage du Rapport cité, c'est dans les derniers mobiles que ces résistances peuvent être considérées comme ayant une valeur, tandis que dans les premiers, la force variable, par ce fait, est sans importance.

Quant au remontoir dans l'échappement, nous ne répéterons pas ce qui est dit plus haut; depuis 50 ans, tous les esprits ont exploré la mine, et le filon est encore à trouver.

Lorsqu'on considère d'une part le peu d'importance qu'il y a dans les deux défauts que nous venons de signaler, puisqu'ils existent dans toutes les pendules les mieux construites par les hommes spéciaux les plus capables, et que nonobstant leur présence on obtient des marches vraiment phénoménales, n'y a-t-il pas erreur capitale de la part de ceux qui, nouveaux dans la partie, sans aucune connaissance des choses faites, sans théorie, sans expérience acquise, veulent remédier à ces prétendus inconvénients insaisissables par leur petitesse, en introduisant un mécanisme aussi compliqué que le remontoir, qui apporte avec lui l'emploi d'une force motrice plus grande que celle nécessaire, son attirail et plusieurs points de contact dans le voisinage de l'échappement?

Nous pourrions dire ici des horlogers qui ont employé le remontoir dans les pendules à secondes et à poids, ce que nous avons dit (*Art de régler les pendules et les montres*, 2ᵉ éd., p. 138) de ceux qui introduisent des compensateurs dans les pendules ordinaires de commerce : Ou ils manquent des connaissances nécessaires pour établir une pendule dans les meilleures conditions de marche, ou ils ne disent pas consciencieusement ce qu'ils pensent.

Le fait à considérer par dessus toutes choses est que de tout temps les pièces qui ont donné les meilleures marches en fait de pendules à secondes étaient les plus simples, et c'est ainsi que les artistes les plus habiles les ont construites. Ils ont porté leurs études sur le fond de la chose en faisant des modifications qui ont passé souvent inaperçues devant les yeux inexpérimentés qui ne savaient pas voir des points importants là où ils ne trouvaient, eux, que des bagatelles. Les proportions et les dispositions de l'échappement, celles de la suspension, la restitution de la force au pendule pour l'entretien de son mouvement, le rapport entre la puissance du régulateur et les besoins de la machine, la force la plus convenable à l'entretien de son mouvement dans les meilleures conditions, les systèmes de poulies, etc., etc., voilà ce que les artistes ont étudié.

Examinez la plupart des pendules pourvues d'un remontoir *pour améliorer leur marche,* et vous y trouverez les fautes les plus graves sur les choses que nous venons de citer et sur tant d'autres principes fondamentaux. Ces fautes viennent certifier par leur présence le défaut d'étude des auteurs de ces machines. Ils auraient dû, avant de vouloir enchérir sur ceux qui les avaient précédés, étudier la matière un peu plus à fond.

Si dans une pendule à secondes l'horloger était forcé d'employer un ressort pour moteur au lieu d'un poids, nul doute qu'il faudrait, soit par une fusée, soit par un bon remontoir, faire disparaître les inégalités de ce moteur (nous parlerons de ces inégalités au sujet des pendules de cheminée), et dans ce cas, alors je préférerais un remontoir. Mais ce cas est idéal. Rien ne peut obliger consciencieusement un horloger à renoncer aux avantages du poids dans une pendule à secondes, qui se prête si bien à le recevoir.

Il existe à l'Observatoire de Paris une pendule sidérale servant aux observations; elle est placée près de la lunette méridienne. Le moteur de cette pendule est un ressort dont la force, variable, est égalisée par un remontoir. Elle est déjà ancienne, sa marche est bonne, et l'on ne manquerait pas de nous citer ce fait comme légitimant les remontoirs. Voici la réponse. Qu'un artiste, dans un temps déjà reculé, ait eu la fantaisie de mettre un ressort au lieu d'un poids, c'est un fait pur et simple; que par un travail considérable il ait corrigé en partie ce vice créé tout exprès pour avoir le petit plaisir de le combattre, tout cela ne prouve nullement qu'il n'eût pas beaucoup mieux fait de mettre tout simplement un poids. Aussi, n'a-t-il trouvé aucun imitateur, mais, au contraire autant de contradicteurs que d'hommes capables.

Dans une pièce voisine de la méridienne, on a placé, il y a peu d'années, une pendule à secondes; le moteur est un poids, il n'y a pas de remontoir. Elle est de la maison Breguet, sur un modèle étudié depuis fort longtemps. On se persuaderait difficilement que cette maison, qui connaît très-bien la pendule sidérale et tous les usages qu'on a faits des divers remontoirs, n'en ait pas usé quand elle avait une pendule à placer à l'Observatoire, si elle avait pu en espérer la moindre amélioration.

La question inverse de celle posée plus haut trouve ici sa place. Quel est l'horloger connaissant bien la pendule qui n'entreprendrait pas de supprimer le remontoir d'une pendule à poids, quel que soit ce remontoir, et de lui donner une marche au moins égale à celle produite par cet attirail, dont l'inutilité serait alors démontrée jusqu'à la dernière évidence?

En faisant le parallèle des défauts que nous avons reprochés aux remontoirs, et en réduisant à leur juste valeur les trois inconvénients reprochés aux pendules à secondes, inconvénients beaucoup exagérés, puisque leur présence n'a pas empêché que toute pendule, *irréprochable d'ailleurs,* ait une bonne marche, et que l'expérience acquise dans la matière ne laisse aucun doute à cet égard, on en conclura, avec le Rapport précité, que dans une pendule à secondes le remontoir est plus propre à en imposer aux personnes peu expertes en pendules qu'à améliorer la marche de ces machines.

Du remontoir dans la grosse horlogerie.

Le lecteur remarquera que ce que nous disons des remontoirs en général, et notamment de l'introduction de ces appareils dans la grosse horlogerie, n'est autre chose que le développement des motifs qui ont dicté l'opinion émise dans le rapport précité, émanant des hommes les plus capables de l'époque, opinion qui n'a jamais été atténuée depuis lors par aucune autorité équivalente. On ne nous reprochera donc pas d'attaquer les partisans du remontoir, nous ne l'avons jamais fait et ne le ferons jamais ; mais donner une partie des motifs qui ont dicté un jugement antérieurement prononcé, le développer, est chose permise à tous.

La critique de l'emploi des remontoirs n'attaque en aucune manière le mérite des artistes qui en ont construit avec beaucoup d'art et dans de bonnes conditions. Quand il y aura nécessité à employer ce moyen, alors leur travail trouvera une application utile. C'est l'abus qu'on en a fait et l'erreur qui a conduit à cet abus que nous essayons de combattre.

Pour juger de quelle valeur peuvent être les remontoirs dans les horloges publiques de grandes dimensions, examinons le plus de régularité qui peut en résulter et quelle est l'amélioration dans la marche dont le public jouirait par suite de ce surcroît de travail; car si l'on reconnaît que l'horloge ne donnera aucune différence appréciable pour le public; si l'on reconnaît que des observations astronomiques seraient indispensables pour trouver la supériorité d'une horloge à remontoir sur celle qui n'en a pas; si l'on voit en même temps une augmentation de prix, un poids beaucoup plus considérable, ce qui entraîne toujours après soi des inconvénients, on sera peu tenté d'enfouir dans un grenier, où sont ordinairement placées ces machines, un remontoir et ses conséquences, tel bien conçu qu'il soit.

Les remontoirs dans les horloges publiques ont été motivés sur deux points. On a dit : Les aiguilles présentent une grande surface, les vents violents résistent à l'aiguille lorsqu'ils agissent en sens contraire de sa marche, ou ajoutent une force motrice en les poussant lorsqu'ils ont la même direction; d'où il résulte ou une diminution, ou un accroissement de force motrice que le remontoir fait disparaître lorsqu'il se trouve entre le mobile, qui serait affecté par cette cause et l'échappement.

Le second motif donné a été que, dans quelques cas, le cadran est à une grande distance du mécanisme, et que, pour aller faire mouvoir les aiguilles, il faut de longues tiges, des supports, souvent même plusieurs articulations, ce qui oppose une résistance variable en raison des frottements qui ont lieu ; souvent aussi un même mécanisme faisant mouvoir les aiguilles sur plusieurs cadrans, les résistances variables sont d'autant plus multipliées.

Ces deux causes sont très-vraies; mais quelle est leur valeur?

Considérez le mode d'action du vent sur une révolution entière de l'aiguille de minute; observez l'aiguille de minute partant de la 45e minute, si le vent vient de gauche à droite, sa direction étant supposée horizontale, le vent ne la pousse ni ne la retient; à mesure qu'elle s'approchera de 60', le vent la poussera et viendra ajouter une force nouvelle à celle du moteur. Le maximum d'effet se trouve lorsque l'aiguille est à 60'; à mesure qu'elle s'approchera de 15', l'effet diminuera, il sera nul à 15'; lorsque l'aiguille aura passé ce point pour s'approcher de 30', l'effet inverse aura lieu jusqu'à ce qu'elle revienne à 45', c'est-à-dire que le vent présentera une résistance égale à la force qu'il avait ajoutée dans la demi-heure précédente. Quelle que soit la somme de cette quantité, le résultat est, après une heure, $+$ cette somme — cette somme $= 0$.

Nous savons bien que si l'on veut considérer des centièmes de seconde la différence ne sera pas égale, et en sens différent, avec changement de signe; ou, en d'autres termes, que si l'on ajoute au moteur une force A, ou si l'on en retranche une partie égale A, la différence dans le mouvement diurne ne sera pas la même en sens inverse. Mais dans le cas qui nous occupe, cette force motrice, alternativement ajoutée et retranchée, peut être considérée comme produisant des différences qui se compensent, car il faudrait des observations rigoureuses pour constater la petite erreur qui resterait en dehors de cette compensation. Par les vents ordinaires ce n'est rien, et les vents violents ne sont jamais de durée à avoir une importance réelle sur la marche de l'horloge; c'est une chose moins à discuter qu'à vérifier. Dans les climats où cela pourrait avoir quelque influence, alors employez le remontoir, ou, mieux encore, d'autres moyens plus simples. On dira peut-être aussi que les vents n'ayant pas une direction constante, comme nous l'avons supposé dans l'exemple précédent, il peut arriver qu'ils agissent plus d'un côté que de l'autre. De deux choses l'une, ou le vent sera régulier, comme nous l'avons supposé, ou il sera tantôt dans un sens, tantôt dans un autre, d'où il résultera toujours une moyenne qui reviendra au même que le vent constant que nous avons supposé, à moins qu'on veuille admettre qu'un esprit malin lui fasse constamment suivre l'aiguille. Les coups de vents, capables de produire un léger effet sur la marche, ne sont qu'accidentels et trop rares dans la généralité de nos climats pour qu'on s'en préoccupe. Les horloges publiques y sont toutes exposées, et si l'on veut faire des observations suivies on verra que si l'introduction du remontoir peut remédier aux petites anomalies qui en résultent, c'est acheter bien cher quelques secondes de différence dont personne ne s'aperçoit. Pour être consciencieux, on devrait en même temps voir si dans le reste de la machine il n'existe pas quelque imperfection qui ne la rend pas trop impressionnable à un léger changement dans l'intensité de cette force. Au besoin j'en citerais plus d'une dans ce cas.

Les longues tringles, les articulations employées pour transporter le mouvement aux aiguilles, lorsque le cadran est à une grande distance, sont le second motif donné pour légitimer le remontoir, parce que cette transmission de mouvement présente des résistances, un grand nombre de points de contacts, et par conséquent des frottements plus ou moins variables. Certainement, si les circonstances étaient telles que cette transmission de mouvement dût apporter une résistance variable et capable d'affecter la marche de l'horloge d'une manière sensible dans son usage, un remontoir serait un excellent remède. Mais, avant de recourir à ce moyen, qu'on doit considérer comme extrême, il faudrait d'abord établir cette partie dans les conditions les plus favorables à la marche de la pièce, on abandonnerait le remontoir dans la plupart des circonstances.

La grosse horlogerie n'est pas notre spécialité, aussi il est certaines questions sur lesquelles nous nous en rapporterions aveuglément aux hommes spéciaux et très-habiles en ce genre, que possède la capitale. Si nous nous sommes permis d'aborder la question des remontoirs dans ce cas, c'est parce que le Rapport qui précède l'a liée intimement à la question de l'application du remonteur aux pendules à secondes. Toutefois nous nous y sommes cru encore autorisé parce qu'ayant fait construire quelques-unes de ces grandes horloges, il y a une vingtaine d'années, nous en avons nous-même suivi et observé quelques-unes, et qu'il en est résulté pour nous l'opinion que nous avons émise.

Ainsi, sous ces deux rapports, s'il est vrai qu'il puisse se présenter des cas où un bon remontoir dans le rouage soit applicable, ces cas sont trop rares pour qu'on puisse admettre le remontoir en thèse générale comme une bonne chose, et nous partageons complétement l'opinion exprimée dans le Rapport.

Comme nous ne blâmons pas les choses systématiques, faisons maintenant la part des circonstances et voyons un cas, par exemple, où le remontoir, quoique inutile pour la régularité de la marche, peut très-bien être employé. S'il s'agit de construire une horloge apparente et qui devienne en quelque sorte l'un des ornements d'un monument où le luxe et le grandiose sont répandus partout, on ne devra, certes, pas y mettre une simple machine avec des mobiles tout noirs en fer fondu d'un seul jet. Là, le luxe d'exécution doit rivaliser avec celui de composition : un bon remontoir, un beau pendule compensateurs sont des ornements bien appliqués et de bon goût. Ce sont, en outre, des modèles mis sous les yeux des artistes qui peuvent aller les étudier et y trouver un bon enseignement. Ils ne sont pas très-utiles à la marche, c'est possible, mais toutes ces colonnes magnifiques, ces grands vestibules, ces voûtes où l'architecture a développé toutes les ressources de son art et tout le luxe dont elle dispose, ne sont pas non plus utiles à la destination de l'édifice, et personne ne s'avise de les blâmer; ne blâmons pas plus, dans ce cas, le remontoir et ses conséquences. L'horloge de la Bourse de Paris est dans ce cas, et personne ne pensera à critiquer l'emploi du remontoir très-simple qui s'y trouve; on regrette que le pendule ne soit pas visible.

Il est assez d'autres constructions qui laissent à désirer. Voyez certaines horloges, celle de l'Hôtel des Postes à Paris. Le mécanisme est, au premier étage, dans une cage vitrée de toute part, grande et belle glace sur la cour pour que tout puisse être vu, et l'on ne distingue rien. Le public, qui passe et repasse dans cette petite cour bien resserrée, n'a rien à voir à ce mécanisme. Exposition au soleil afin, sans doute, que les transitions de température soient plus grandes et plus brusques, que l'introduction de la poussière soit plus prompte. Pendule compensateur pour corriger ces transitions de température qu'on pouvait éviter en grande partie. Le mécanisme, qu'on n'a nul besoin de voir, occupe le premier étage. Le cadran, qu'on consulte à chaque instant, est au second. On dirait qu'il cherche à se dérober aux yeux. Enfermé dans une cour étroite, il ne peut être vu de loin; pourquoi l'avoir mis au second étage? Au premier étage, entre le mécanisme de l'horloge et la glace qui le couvre était sa place naturelle.

Arrêtons-nous là sur le compte de cette pièce, et gardons-nous de parler de quelques autres, sur lesquelles il y aurait beaucoup à dire.

Des pendules de cheminées.

La pendule de cheminée, telle qu'elle existe dans le commerce, lorsqu'elle est bien établie peut donner l'heure avec une précision qui excède celle nécessaire pour l'usage civil. Aussi, les personnes même très-exigeantes s'en contentent. Nous avons nombre de fois constaté qu'on pouvait obtenir par les moyens les plus simples un mouvement diurne n'excédant que rarement cinq à six secondes, lorsque la pendule est en bon état, et d'ailleurs dans de bonnes conditions de marche, ayant simplement une suspension à soie, un échappement dit *demi-repos,* une lentille de poids convenable, etc.

Il résulte de là qu'en général on ne demande pas mieux, et

que souvent même le public admire des pendules en réalité fort mauvaises, parce que, quelques défauts se compensant, elles ont une marche suffisante pour les besoins usuels.

Mais s'il s'agissait, pour un cas donné, d'une pendule dont les différences dans le mouvement diurne ne dussent pas aller à une seconde par jour, il faudrait recourir à des moyens propres à corriger l'inégalité du ressort moteur. Disons un mot de cette inégalité qui n'est pas assez connue.

On n'admet généralement qu'un seul fait d'inégalité dans le ressort, tandis qu'il en existe deux bien différents. Au haut du ressort, c'est-à-dire lorsqu'il vient d'être monté, il y a plus de force que dans le bas. Chacun le sait, mais l'on pense généralement que la force du ressort va en décroissant du haut au bas et uniformément. La fusée est très-propre à faire croire que les choses se passent ainsi, tandis que cela n'est pas avec le ressort ordinaire tel qu'on l'emploie dans les pendules françaises, à barillet tournant. Le ressort long et très-flexible usité dans ce cas se pelotonne, les lames adhèrent les unes aux autres plus ou moins, la moindre inégalité dans la force de cette lame en un point donne lieu à de très-grandes inégalités dans le mode de développement du ressort, d'où il résulte une grande inégalité pendant tout le cours de ce développement; tantôt la force augmente par le mouvement subit des lames, ou spire, tantôt elle diminue par une gêne. Telle est la cause principale qui ne permet pas d'obtenir d'une pendule de cheminée à ressort des résultats approchant de ceux que donne une pendule à poids.

De là la nécessité d'employer ou *une fusée bien disposée,* ou un remontoir. *Une fusée bien disposée,* disons-nous, cette condition est importante; il ne suffit pas de mettre une fusée pour que tout soit dit, on voit la fusée employée dans des cas où elle ne corrige qu'une partie du défaut auquel elle pourrait remédier complétement. La fusée n'est vraiment très-bonne que lorsqu'elle réunit toutes les conditions voulues, et que nous développerons dans notre *Traité des montres.*

De toutes les pièces d'horlogerie, après les horloges de clocher, la pendule de cheminée est celle qui se prête le mieux à admettre le remontoir. Avec une légère modification au calibre ordinaire simple, en utilisant l'espace et en combinant le rouage convenablement, on peut aisément avoir la force nécessaire pour la faire marcher avec un remontoir, à supposer que celui employé n'absorbe pas trop de force. On peut obtenir ainsi d'une pendule de cheminée avec pendule à demi-seconde d'excellents résultats, pourvu que la pièce soit de toutes parts dans de bonnes conditions de marche. Il y a quinze ans nous avons construit plusieurs pendules de ce genre, elles nous ont donné des résultats satisfaisants, leur mouvement diurne ne dépassait pas 3 ou 4 dixièmes de seconde. Mais il est si peu de personnes qui attachent de l'importance à cette grande précision que ce ne peut être qu'un objet d'étude pour les horlogers.

Des pendules portatives, dites pendules de voyage.

Ce genre de pièce d'horlogerie pèche par l'insuffisance de force motrice qui conduit à l'emploi d'un régulateur toujours au-dessous de ce qui serait nécessaire à une bonne marche. Les balanciers de ces pièces sont trop petits, trop légers et les arcs de vibration trop peu étendus. L'emploi de la fusée serait ici bien préférable au remontoir; elle permet d'employer utilement toute la force du ressort, à bien peu de chose près, elle en absorbe incomparablement moins que les remontoirs (1).

Le remontoir n'ayant pas, jusqu'à ce jour, été employé sérieusement dans ce genre de pièces, il est à espérer qu'il ne

(1) Dans les montres marines nous avons soutenu, dans une brochure publiée en 1839, qu'on pouvait sans inconvénient substituer le barillet denté à la fusée, notre expérience antérieure et celle que nous avons acquise depuis par des observations journalières, ne nous laisse aucun doute; mais ici le cas est bien différent entre une pièce devant marcher huit ou dix jours et celle à laquelle on ne demande que vingt-quatre heures de marche. Tout est là. Nous en donnerons le développement en parlant des montres marines dans un autre ouvrage.

s'y introduira pas. S'il arrivait qu'il y pénétrât, nous craindrions fort de le voir bientôt tomber, à moins que, par un de ces artifices heureux pour quelques constructeurs, son vice fût précisément de nature à faire illusion complète et à subjuguer le public, peu connaisseur, et bon nombre d'horlogers qui ne s'inquiètent d'acheter que pour revendre.

―――――

OBSERVATION.

Nous ne ferons pas ici le résumé du Mémoire qui précède pour arriver aux conclusions qui se déduisent de ce que nous avons dit dans les différents passages de ce travail. Pour le terminer, nous donnerons à la fin de ce volume la description du remontoir employé dans l'horloge de la Bourse de Paris et d'autres choses qui nous paraissent bonnes à faire connaître.

―――――

Lettre de M. B.-L. VULLIAMY, *horloger aux appointements, et de fait, de S. M. la Reine d'Angleterre, à* M. Henri ROBERT, *horloger à Paris.*

« Londres, le 23 septembre 1850.

 « Monsieur,

 « J'ai eu l'honneur de recevoir votre lettre du 28 passé, par laquelle vous me demandez mon avis sur l'emploi des échappements avec remontoir dans les pendules, et voici ce que je puis vous dire sur ce sujet.

 « Je n'ai aucune connaissance qu'il se soit fabriqué dans ce pays des pendules ayant des échappements avec remontoir. Avant ces tout derniers temps, où M. Dent en employa un dans l'horloge qu'il fit pour la Bourse en 1844; mais il y a longtemps que ces échappements ont été d'usage pour les montres. Feu M. Mudge l'employa pour ses chronomètres de marine, et cependant les résultats ont été très-peu satisfaisants. Rien ne pouvait être plus parfait ou plus beau que le fini du travail; mais l'exactitude de la marche de ces montres s'est trouvée de beaucoup inférieure à celle d'Arnold et autres, malgré que la main-d'œuvre de ces derniers n'égalait pas celle de Mudge. Des artistes anglais et français ont produit des échappements à remontoir pour les montres de divers genres de construction, et, sous le rapport du travail, ils n'ont certainement rien laissé à désirer; mais ils ont manqué quant à l'objet pour lequel ils étaient destinés, c'est-à-dire à perfectionner l'exactitude de la marche du chrono-mètre.

« Le remontoir ayant été de commun accord abandonné à l'égard des montres, pour lesquelles cependant, attendu que la force motrice de celles-ci est un ressort, et d'après cela inégale, j'aurais cru qu'on eût pu les employer avec plus d'avantage, je ne puis comprendre, je l'avoue, d'après quel principe on peut en espérer un bon résultat en les employant aux pendules dont la force motrice est un poids, et par conséquent égale. Je sais bien toutefois, et je dois le dire, que des horlogers français très-distingués, qui jouissent à juste titre d'une haute renommée, ont une opinion très-favorable de ce genre de construction appliquée aux pendules de toutes sortes.

« D'après des principes généraux, j'objecte, quant à moi, à l'emploi d'un échappement remontoir pour les pendules.

« 1° Que la machine devient par là beaucoup plus compliquée;

« 2° Que, dans le cas de deux pendules parfaitement semblables, à l'exception que l'une d'elles a un échappement à remontoir et que l'autre n'en a pas, celle avec le remontoir exigera une force motrice beaucoup plus grande que celle sans remontoir pour produire le même arc d'oscillation du pendule; d'où il suit que l'usure générale de la pendule avec le remontoir sera plus considérable que celle de la pendule sans remontoir.

  « Je vous prie d'agréer, Monsieur, les salutations très-empressées de votre très-dévoué serviteur et confrère,

    « B.-L. VULLIAMY. »

OBSERVATIONS PRATIQUES

SUR LA RECHERCHE

DE L'ISOCHRONISME

DES

OSCILLATIONS DU PENDULE

Par la suspension à lames élastiques

ET SUR L'ÉCHAPPEMENT LIBRE EN PENDULES

Avertissement.

Ces observations sont extraites d'un Mémoire beaucoup plus développé sur la matière; son étendue n'eût pas été en rapport avec les proportions de ce volume. Je n'en ai extrait que ce qui m'a paru le plus urgent pour faire comprendre aux jeunes gens tout ce qu'il y avait à risquer pour eux s'ils se lançaient dans des recherches inutiles sur l'isochronisme des oscillations par la suspension du pendule et sur l'échappement libre.

Dans la partie du Mémoire qui n'est point analysée ici, j'ai expliqué avec plus de détails combien est grande en tous points la différence entre les principes d'horlogerie applicables aux montres et ceux applicables aux pendules; c'est par cette raison que des moyens ou des organes, bons dans l'un des deux genres, ne le sont point dans l'autre; ce qui explique en même temps pourquoi des hommes fort habiles dans l'une des deux parties sont souvent d'une faiblesse extrême dans l'autre.

Quoique la pendule à secondes paraisse aujourd'hui être arrivée à un grand degré de perfection, j'établis qu'elle réclame encore des perfectionnements importants, sans sortir des principes qui lui sont appliqués, et j'en conclus que lorsqu'on considère d'une part les beaux résultats qu'on en obtient, et de l'autre les perfectionnements dont elle est susceptible, il est permis de penser qu'en faisant une juste et sage application de ces perfectionnements on arriverait à un point tellement voisin de la perfection, qu'il y aurait imprudence à la chercher dans des voies entièrement neuves, toujours entourées d'écueils, telles que celles de l'échappement libre, etc.

On s'est souvent étonné de la lenteur avec laquelle la pendule à secondes a marché vers le progrès. J'en ai expliqué les causes, on jugera d'après cela comment il serait facile de donner une impulsion à cette partie de l'horlogerie si utile et trop négligée.

Les voies fausses dans lesquelles se sont engagés plusieurs artistes qui s'en sont occupés, manquant d'études préalables, ont eu une grande part au découragement et à l'indifférence qui se sont répandues dans cette partie. Pour le faire mieux juger, il fallait en donner quelques exemples; c'est ce qu'on verra plus loin.

J'ai terminé cet extrait en faisant connaître une idée que j'eus, il y a plus de vingt ans, de produire l'isochronisme des oscillations du pendule en augmentant l'action de la pesanteur par l'addition de deux pendules satellites portés par le pendule principal de l'horloge. Je l'ai présentée avec toute la réserve qu'on doit mettre en proposant une idée première dans laquelle on ne trouve pas toujours ce qu'on croyait d'abord y voir, mais qui, étant ensuite élaborée, produit souvent d'autres avantages qu'on était bien loin d'en espérer.

Le Mémoire de M. Laugier, inséré dans les *Comptes-rendus de l'Académie des sciences* (14 juillet 1845), rapporte les expériences qu'il a faites, conjointement avec M. Winerl, sur *un pendule libre* suspendu par des lames élastiques, le poids du pendule et la force des lames étant combinés de manière à rendre isochrones les oscillations du pendule, nonobstant une différence dans l'amplitude des arcs. Les résultats de ces expériences sont que des arcs d'un degré, comparés à des arcs de trois et de cinq degrés, ont été trouvés sensiblement de même durée.

La question de l'isochronisme des oscillations du PENDULE LIBRE par la suspension, considérée sous le rapport physique *seulement,* est traitée dans ce Mémoire. Les horlogers qui voudront s'en occuper seront parfaitement éclairés par sa lecture. Ils y trouveront des expériences faites récemment avec soin. Plusieurs artistes qui en avaient fait précédemment ont eu le tort de ne pas les faire connaître. La publication due au savant académicien est donc un service important rendu à la génération à venir, puisqu'elle y trouvera des données qu'elle aurait probablement cherchées, de même que les artistes contemporains et ceux qui nous ont précédés ont fait des recherches sur la même matière n'ayant pu lire nulle part les études faites avant eux.

La question physique ou théorique résolue, il s'en présente une autre peut-être plus importante encore, celle de savoir si un tel pendule appliqué à l'horloge lui donnerait une supériorité réelle pour l'exacte mesure du temps. Au premier coup-d'œil, cela paraît indubitable; mais lorsqu'on tient compte de tous les faits qui se passent dans une horloge dont le régulateur est un pendule, on s'en étonne, et l'on suspend sa décision.

Aussi M. Laugier a bien compris que cette seconde question sortait du domaine de la physique, qu'elle appartenait à *l'horlogerie pratique.* Il appelle donc l'attention des horlogers et semble leur dire : « Ne serait-il pas possible de tirer parti « de cette propriété constatée dans le pendule *libre* pour « améliorer la marche des horloges à pendule? » C'est du moins là ce que nous avons compris.

La question remonte à un temps assez éloigné; elle date de 1768, époque à laquelle le beau travail de Pierre Le Roy, intitulé *Mémoire sur la meilleure manière de mesurer le temps en mer,* couronné par l'Académie des sciences, fut publié.

L'isochronisme des vibrations du balancier par le spiral devait suggérer bientôt la pensée qu'il pourrait en être de même pour le pendule sous l'influence de la suspension à lames élastiques. Cette conjecture était d'autant plus naturelle qu'il y a une grande similitude entre la résistance qu'opposent l'élasticité des lames de suspension et le recul par lequel on arrive à une espèce d'isochronisme. D'autre part, la difformation des lames de suspension a encore beaucoup d'analogie avec la cycloïde de Huygens. Pierre Leroy, après avoir formulé son principe de l'isochronisme des vibrations du balancier par le spiral, ajoute, page 15 : « La nouvelle observation peut être d'un grand secours dans la disposition des pendules, soit petites, soit à secondes, où le pendule est suspendu par un ressort. En effet, on sent, par ce qui précède, qu'il doit y avoir une longueur dans le ressort de suspension où toutes les vibrations de ces pendules peuvent être isochrones. »

Il n'en fallait donc pas davantage pour éveiller l'attention des horlogers ; aussi, l'isochronisme des oscillations du pendule par la suspension et l'introduction de l'échappement libre, qui en était la conséquence théorique, ont été élaborés par les hommes les plus éminents ; leurs recherches n'ont rien produit, la pratique ayant démontré que les avantages que l'on espérait de tels éléments étaient chimériques et que, par suite de l'enthousiasme qu'ils excitaient, on exagérait les défauts que l'on prétendait corriger par leur emploi.

Ferdinand Berthoud s'en est occupé avant ce siècle (*Supplément au Traité des montres à longitudes*, page 38). Il n'en a plus parlé ensuite. (Il ne faut avoir aucun égard à quelques mots qui se trouvent sur cette question dans l'*Histoire de la mesure du temps*, ouvrage publié sous son nom, mais auquel il n'a pas réellement coopéré, si ce n'est pour faire prôner ses œuvres.) Janvier a étudié la question sous le double point de vue : aussi, dit-il, dans une note manuscrite que je possède : « *Bien en théorie, impossible en pratique*. »

Breguet a construit des pendules d'apparat à échappement libre : mais lorsqu'il voulait la plus grande précision, il se gardait bien d'employer autre chose que l'échappement à repos et ne cherchait pas l'isochronisme dans la suspension.

Boucher, pendulier, très-bon praticien que Breguet employait souvent, Urbain Jurgensen de Copenhague, Kesels d'Altona, un de ceux qui ont construit le plus de pendules à secondes, et tant d'autres non compris les contemporains dont nous évitons de parler, ont étudié ces moyens, mais ne les ont pas employés.

Nombre de jeunes gens n'ayant pas encore acquis ce que donne une longue expérience de la pendule, seront tentés d'essayer des recherches sur l'isochronisme des oscillations du pendule et l'application de l'échappement libre en pendule, nous croyons devoir les avertir des déceptions qu'ont éprouvées ceux qui les ont précédés, afin qu'ils agissent avec circonspection dans un travail qui ne doit pas leur présenter autant d'avantage que le raisonnement permet au premier aperçu de l'espérer.

Nous nous bornerons, quant à présent, à leur soumettre les deux propositions suivantes :

1re proposition.

Dans les pendules à secondes, l'isochronisme des oscillations par la suspension, non-seulement est INUTILE, *mais il serait* NUISIBLE.

Il est inutile, parce que dans l'état normal, lorsque le moteur est au poids, il n'y a que l'épaississement de l'huile qui altère la marche de la pièce dans le sens que la suspension pourrait corriger. Cet épaississement arrive successivement avec lenteur et n'apporte dans la machine que des changements de marche très-minimes qui ne sont rien pour l'astronome obligé de s'assurer fréquemment de l'état de sa pendule sur le temps sidéral. Ces différences sont peu de chose tant que les huiles ne sont pas parvenues à un degré d'épaississement auquel elles doivent être changées.

On a proposé comme moyen simple de conserver l'amplitude d'arc d'oscillation, d'ajouter successivement de petits poids au poids moteur. Ce moyen pourrait souvent donner une étendue d'arcs constante; c'est-à-dire que par cette addition on pourrait fort bien faire décrire au pendule exactement les mêmes arcs après une ou deux années de marche, que ceux décrits lorsque la pièce venait d'être remontée. Mais il n'est pas dit pour cela qu'elle aurait la même marche. Bien au contraire, il arriverait le plus souvent qu'on s'en éloignerait plus que si on l'eût laissé marcher sans cette addition, parce qu'alors il s'opère une compensation naturelle entre le retard résultant de l'épaississement de l'huile et l'accélération produite par la diminution dans l'amplitude des arcs.

Dans l'état anomal, lorsque la pendule fait des différences par les changements de température, l'insuffisance de solidité des supports, des altérations dans les parties frottantes du mécanisme, etc., la durée des oscillations étant alors affectée, abstraction faite de l'étendue des arcs, la suspension ne pouvant agir qu'en raison directe du changement d'amplitude serait insuffisante.

Dans le pendule libre, rien de plus facile que de faire varier l'étendue des arcs d'oscillation dans des limites rapprochées sans altérer leur durée, parce que dans ce cas, la variation de durée suit toujours une loi connue, et que la différence dans l'étendue est la cause de la différence dans la durée (1). Mais dans le pendule appliqué à l'horloge, c'est autre chose ; le changement dans l'étendue des arcs résulte le plus souvent de causes qui sont en même temps perturbatrices de leur durée. Ce changement d'amplitude n'est pas la seule cause du changement de durée, mais bien l'effet d'une cause qui altère en même temps et l'amplitude et la durée. Cette cause se trouve dans les changements de température qui agissent non-seulement sur la longueur du pendule, mais de plusieurs autres manières. Dans les frottements et les altérations qu'éprouve la machine, etc., qui, n'étant pas de nature à produire des effets constants, ne peuvent être corrigés par la suspension dont l'effet ne pourrait être que constant.

(1) Nous donnerons plus loin, dans une table, la durée dont est augmentée l'oscillation du pendule pour diverses étendues d'arcs.

Lorsqu'il y a variation dans une pendule, trois cas différents se présentent : 1° Le mouvement diurne de la pendule
change; les arcs restant les mêmes, que ferait la suspension
isochrone? Rien, absolument rien. 2° Le mouvement diurne
change, et l'amplitude des arcs change dans le sens naturel;
c'est-à-dire que les petits arcs sont plus prompts que les
grands; alors la suspension corrigerait une partie de cette
différence puisque la différence dans le mouvement diurne
serait produite, partie par le rouage, l'échappement, et partie par l'amplitude des arcs. Dans ce cas, elle présenterait un
petit avantage annulé par l'inconvénient cité plus loin. 3° Enfin, la pièce peut prendre du retard et l'amplitude diminuer;
alors la suspension, agissant encore pour rendre les petits
arcs moins prompts qu'ils ne le seraient naturellement sans
son influence, deviendrait NUISIBLE puisqu'elle augmenterait
encore le retard de la pièce. Les personnes qui ne se sont
occupées de ces questions que théoriquement ne voudront pas
admettre cela. Elles croient que la différence dans la durée
de l'oscillation résulte uniquement de la longueur du pendule et de l'amplitude de l'arc parce que cela est vrai dans
le pendule libre. Dans le pendule appliqué à l'horloge c'est
bien différent, le mécanisme a une influence marquée sur la
durée de l'oscillation. Ainsi donc on ne peut savoir au juste
à quoi s'en tenir que par des observations faites sur un grand
nombre de pendules et dans des circonstances variées.

La théorie ou le raisonnement pourrait laisser croire qu'à
force de travail et de recherches il serait possible d'établir une
correction des causes du retard résultant de l'augmentation
des frottements de l'échappement par une puissance accélératrice dans la suspension calculée dans la prévision d'un re
tard supposé connu d'avance, et d'arriver ainsi à un certain
équilibre au moins très-approché. Ou, en d'autres termes, de
faire une suspension telle, que le pendule oscillant librement,
ne fût point isochrone, tandis qu'il acquerrait cette propriété
lorsqu'il serait en communication avec le mouvement. Erreur.

Tous les praticiens savent, et ceux qui sont de bonne foi
disent, que les causes d'anomalie, ayant leur source dans des

frottements, n'affectent aucune forme constante et sont on ne peut plus variables. Ceux qui prétendraient prévoir ainsi l'avenir, et y rémédier dans tous les cas, me seraient fort suspects.

En principe rigoureux d'horlogerie exacte, la suspension isochrone serait encore *nuisible dans tous les cas,* parce qu'on ne peut obtenir une suspension isochrone qu'en faisant entrer l'élasticité de la suspension au nombre des éléments qui composent la durée de l'oscillation ; cette durée serait alors en raison composée de l'élasticité de la suspension, quantité variable (et modifiant l'action de la pesanteur) et de l'action de la pesanteur, quantité constante ; tandis qu'il est de règle de construire un pendule de telle manière que *tout ce qui s'oppose à la libre action de la pesanteur soit réduit le plus possible.*

C'est par ce motif que la suspension à couteau serait bien plus parfaite que la suspension à ressort, si elle n'était pas tellement susceptible de s'altérer qu'il est rare de voir une telle suspension bien conservée. Aussi, les *penduliers les plus expérimentés* donnent à la suspension à ressort la plus grande liberté possible réunie à une solidité suffisante, et pour cela donnent une longueur de dix à quinze millimètres aux lames, ce qui permet de les avoir beaucoup plus fortes et aussi flexibles que si elles étaient plus courtes et plus minces. On voit dans des pendules des lames de vingt-cinq et trente millimètres : ceci nous paraît tomber dans un excès fort inutile que nous n'approuvons pas plus que des lames de un ou deux millimètres.

On ne manquera pas d'objecter qu'un ressort présente une force élastique sensiblement constante, sauf l'action des températures, l'oxydation, etc. Soit, mais on ne peut se refuser d'admettre qu'en un point donné du globe rien n'est plus constant que l'action de la pesanteur modifiée seulement et d'une manière régulière par l'action attractive du soleil et de la lune. Jusqu'à ce moment nos pendules n'ont pas encore permis d'en reconnaître l'effet sur leur marche comme on l'a fait pour les marées. Ainsi, le mieux est de laisser le pendule sous l'action unique de la pesanteur, autant que possible.

On a dit quelquefois, en faveur des lames courtes, que plus elles étaient courtes et moins elles étaient impressionnables aux changements de température. Ce motif nous paraît un peu puéril, et l'on ne s'y arrête plus lorsqu'on calcule qu'un pendule, dont la verge d'acier a un mètre de longueur, fait une différence de quatre dixièmes de seconde pour un degré de température ; une suspension telle que nous l'indiquons entrera dans les influences de la température sous une loi constante pour 0" 004 ou 0"006 par degré de température et par jour. Ces quantités entreraient dans celles que doit corriger le système de compensation. Lors même qu'elles n'y figureraient pas, l'art n'est pas encore assez perfectionné pour qu'on soit obligé de tenir compte de différences aussi minimes. Il me serait difficile de croire à la bonne foi de celui qui prétendrait atteindre une telle précision, quelques millièmes de seconde en un jour.

On a dit aussi en faveur des lames courtes, que leur élasticité était moins diminuée par une élévation de température qu'elle ne l'était dans des lames plus longues. Nous ne pouvons admettre cette opinion, la dilatation et la contraction s'exerçant dans tous les sens et proportionnellement aux dimensions. Une lame courte et faible ayant la même flexion sous un poids donné, qu'une lame forte et longue, l'une et l'autre perdront de leur élasticité ou en acquerront une quantité égale par un changement de température. Si ces quantités ne sont pas mathématiquement égales, elles le seront assez sensiblement pour que la différence échappe à nos moyens d'observations.

On a encore dit quelquefois que les changements de température de peu de durée avaient le temps d'agir sur la suspension en raison de son peu de masse, et pouvaient produire un effet sur elle, tandis que tout le pendule n'en éprouvait aucune influence. Si l'on eût cherché à se rendre compte de ces différentes appréhensions par des expériences positives, on eût été rassuré à cet égard. Ainsi, par exemple, nous nous sommes assuré, pendant tout un hiver, que l'intérieur d'un meuble, telle que la boîte d'une pendule à seconde, même garnie d'une glace devant, ne variait que très-peu, avec une lenteur extrême, et qu'il n'y avait là aucune cause de ces anomalies que l'on remarque quelquefois dans une pendule. Toutefois, il est bien entendu que les conditions dans lesquelles se trouve placée une pendule, rendront ces changements de température plus ou moins sensibles.

2ᵉ Proposition.

L'Échappement libre en pendule donne moins d'éléments de régularité que l'échappement à repos.

Dès que l'on s'occupe de la recherche de l'isochronisme des oscillations par la suspension du pendule, on est aussitôt conduit à considérer l'échappement à repos comme impropre à la solution du problème, et l'échappement libre fixe l'attention; c'est de lui qu'on espère obtenir un concours utile. Autre espoir dont l'expérience est encore venue démontrer l'erreur à tous ceux qui l'ont *sérieusement* et *longtemps* étudié dans la pratique. On ne doit rien conclure d'expériences passagères et de courte durée. Il faut des années pour pouvoir prononcer.

Pour faire le parallèle de ces deux échappements, montrer comment et pourquoi l'échappement libre n'a produit jusqu'à ce jour aucun résultat supérieur ou même égal à ceux donnés par les échappements à repos, il faudrait traiter ces deux échappements non-seulement dans les principes propres à chacun, mais encore sous divers points de vue qui conduiraient à des détails trop longs : nous nous bornerons donc à citer un fait principal.

L'un des principes fondamentaux à observer dans la composition des échappements, le principe dont il est le plus impossible de s'écarter est de réduire les points de contact au plus petit nombre possible. En examinant l'échappement libre comparé à l'échappement à repos, on voit dans ce dernier un seul point de contact, la dent de la roue sur l'ancre tant pour le repos que pour la levée, et dans l'échappement libre : 1° la roue se reposant sur la détente; 2° la détente s'appuyant contre son repos; 3° le régulateur dégageant la détente; 4° l'appui du pied de biche, ou petit ressort de détente contre un point de la détente; 5° le contact de roue sur la levée; 6° le passage du régulateur sans dégagement du rouage, soit six points de contact en deux oscillations dont deux sont dans les conditions les plus mauvaises possibles, tandis que dans l'échappement à repos il n'y en a que deux dans le même temps dans la condition la plus favorable.

Ainsi dans l'échappement à repos, application rigoureuse d'un principe fondamental. Dans l'échappement libre, profusion du vice des points de contact. Théoriquement tout cela se réduirait à quelques résistances qu'on considérerait comme constantes, et par conséquent sans valeur. Aux yeux d'un praticien observateur qui a cent fois vu que ces résistances varient à l'infini et dans des limites bien autrement écartées que la prévision la plus éclairée ne pourrait le laisser supposer, c'est un vice trop grave pour qu'il puisse l'admettre. Il se trouve donc encore ici un de ces nombreux cas d'horlogerie où l'on ne doit jamais se prononcer d'après le raisonnement, ou la théorie seule, et dans lesquels il faut la sanction d'une longue pratique.

Voici un détail court sur la fonction de l'échappement libre : il aidera à comprendre ce qu'on vient de lire.

Dans tout échappement libre, quelle que soit sa forme, il y a au moins deux contacts très-remarquables parmi les six que nous avons indiqués. Souvent même les constructeurs en ont introduit beaucoup plus. L'un de ces contacts est celui d'un point de la détente contre un obstacle fixé à la platine pour déterminer la position de la détente dans la fonction de l'échappement. L'autre contact est celui du petit ressort de détente faisant fonction de pied-de-biche et s'appuyant contre la détente. Ces deux parties sont alternativement écartées de leur point de repos par le régulateur et s'en éloignent de la même manière que quand on pose le doigt contre un corps et qu'on l'enlève ensuite. Il est bien reconnu aujourd'hui en horlogerie de précision que *tout contact de cette nature présente des résistances variables*, parce que les deux corps qui se touchent ainsi contractent une adhérence. Des effets physiques divers modifient sans cesse l'intensité de cette adhérence, et par conséquent la somme de résistance qu'elle oppose. C'est le pendule qui doit vaincre cette adhérence et séparer ces deux corps en contact. Il se trouve ainsi exposé à des résistances variables qui affectent en même temps *la durée de l'oscillation*, abstraction faite de *l'amplitude de l'arc*, par la résistance que le pendule éprouve, et affecte encore cette durée de l'oscillation parce que l'amplitude de l'arc est changée.

Ordinairement les choses sont disposées de telle manière qu'il n'y ait pas d'huile en ces points et que l'huile employée aux autres parties de la machine ne puisse y arriver. Car si l'huile venait à ces points de contact, le défaut serait encore plus grand, et dès que l'épaississement de l'huile se ferait sentir la marche serait extrêmement troublée. Nous appelons l'attention des jeunes gens sur cet inconvénient de l'échappement libre, parce qu'on a vu récemment un maître de l'art commettre cette erreur faute d'expérience acquise sur cette question spéciale, et que les jeunes gens croiraient ne pouvoir mieux faire que de suivre de point en point un exemple donné par une sommité (1).

C'est ce contact qui entrait dans la construction de l'échappement dit à coup perdu (2) et l'impossibilité de rendre ces effets constants qui ont forcé à abandonner cet échappement quoiqu'il ait le grand agrément de faire battre à l'aiguille la seconde entière avec un pendule à demi-seconde.

(1) Ceci confirme encore ce que j'ai dit si souvent que quel que soit le mérite d'un horloger et la haute réputation qu'il s'est acquise *dans sa partie*, ce n'est pas une raison pour qu'il soit universel dans l'art et que son opinion doive faire loi en dehors des matières qu'il a étudiées spécialement.

(2) Espèce d'échappement à repos assez compliqué qu'on faisait il y a trente ans et qui n'a pu se soutenir à cause de l'irrégularité qu'il donnait à la machine et des fréquents arrêts.

Ce même contact a bien lieu dans l'échappement libre des chronomètres, et quoiqu'il ne les empêche pas de bien marcher, ce serait un perfectionnement réel si on pouvait le supprimer. Mais ici le cas est tout différent, le balancier d'un chronomètre exigeant une très-grande quantité de force motrice pour l'entretien de son mouvement, peut dépenser une faible portion de cette force pour vaincre la résistance variable des deux contacts principaux ; tandis que le pendule, dont les oscillations sont entretenues par une force très-minime, est très-impressionnable aux moindres changements dans l'intensité des résistances de cette nature.

Les montres et les pendules diffèrent tellement par leurs principes de construction (1), qu'il faut bien se garder de conclure que par cela seul qu'une chose est bonne en montre on puisse l'employer en pendule et réciproquement.

Nous pourrions encore dire que l'échappement libre exige un mobile de plus avec une très-grande vitesse angulaire (2) et des grands arcs d'oscillation (à moins qu'on emploie des plans inclinés). Dans ce cas même il est toujours beaucoup plus compliqué qu'un échappement à repos et dans des conditions défavorables à la marche de la pièce en raison des points de contact.

Enfin depuis l'invention de l'échappement libre, par Pierre Le Roy (en 1748 et publiée plus tard), tous les artistes les plus capables ont fait des efforts pour l'introduire en pendule, et aucune pièce n'a encore été vue et reconnue supérieure à ce que peut donner l'échappement à repos.

Ferd. Berthoud a construit des pendules à échappement libre ; il s'est hâté, selon sa coutume, d'en publier avec emphase la description. Plus tard il les abandonna et surtout se garda bien de les employer lorsque, éclairé par l'expé-

(1) Voir plus loin les principales différences entre les montres et les pendules.

(2) Par une de ces bizarreries sans égales, nous avons entendu un même artiste, fort expérimenté en certaines parties de l'horlogerie, citer comme cause d'anomalie le frottement des pivots de tige d'ancre en pendule, et leur vitesse angulaire n'est pas de 3° en une seconde, tandis qu'il approuvait un mobile de plus dont la vitesse était de 36° en moins d'une demi-seconde.

rience, il voulut vraiment construire une bonne pendule.

(JE VOUDRAIS L'OBSERVER POUR LE CROIRE, a écrit Janvier, au bas d'un article dans lequel Ferd. Berthoud parlait d'un échappement libre en pendule qu'il avait exécuté et qui avait d'autant mieux réussi, dit-il, qu'il n'exige pas d'huile. *Supplément au Traité des montres à longitudes*, page 38.)

Breguet en a fait autant, il a construit les pendules les plus admirables pour le goût et l'arrangement avec des échappements libres divers ; ses pièces, dites à trois roues, étaient on ne peut plus séduisantes dans leur combinaison : mais quant à leur marche, n'en parlons pas.... pour cause. La réputation de Breguet est trop grande pour qu'il ne soit pas permis de citer une erreur.... Qui n'en a pas commis ? Il avait, plus que tout autre, acquis, par ses travaux, le droit de se tromper ; aussi, c'est de notre part une citation et non une critique.

A toutes les expositions on a vu des pendules à échappements libres ; jamais une seule n'a été citée pour sa marche.

Ce n'est pas parce qu'une pendule aurait bien marché pendant quelques mois avec un échappement libre ou parce que le propriétaire de la pendule s'en contenterait pour des usages civils, qu'il faudrait en conclure en principe, que l'échappement libre est bon. Cette manière de déduire un principe d'une expérience isolée, trop courte ou incomplète, était celle de Ferd. Berthoud ; aussi, a-t-elle donné naissance à bien des erreurs qui se trouvent dans ses écrits. Pour tirer une conséquence juste d'expériences, il faudrait qu'un nombre suffisant de pièces eût donné des résultats bien constatés et supérieurs à ceux obtenus des échappements à repos.

Urbain Jurgensen, de Copenhague, fut très-enthousiaste de l'échappement libre à force constante, inventé par Breguet dans les premières années de ce siècle. Il en parle comme d'une merveille dans un ouvrage imprimé en 1805 ; mais voici ce qu'écrit son fils, en 1838 (*Principes généraux de l'exacte mesure du temps*, avant-propos, page 24), en parlant de cet échappement : « Mon père me dit quelque temps avant sa mort, qu'il était maintenant convaincu que cet échappement ne contribuait pas plus à la régularité d'une horloge astronomique que l'échappement à ancre bien entendu et bien exécuté. »

Par ces mots, *bien entendu*, je comprends qu'on a voulu dire selon les principes admis par les gens les plus habiles et dans de bonnes proportions, car j'ai démontré, dans le *Mémoire* présenté à la Société d'encouragement en 1836 et imprimé plus loin dans ce volume, que de mauvaises proportions influaient beaucoup sur la marche, et notamment que l'horloge était d'autant plus impressionnable à toute cause d'anomalie provenant des changements dans l'intensité de la force motrice ou altération du rouage que les leviers de l'échappement étaient plus longs.

Il est, en horlogerie, des choses que le raisonnement, aidé même de démonstrations géométriques, signale comme des merveilles et que l'expérience démontre mauvaises. Et réciproquement on a souvent cru d'abord vicieuses des choses dont la pratique a tiré un grand avantage. *Exemple :* L'échappement à cylindre, si bien apprécié aujourd'hui, est inventé depuis 130 ans, et ce n'est guère que depuis 50 ans qu'il a triomphé de tous les raisonnements qui l'avaient repoussé jusqu'alors.

L'échappement libre en pendule est dans le même cas en sens inverse, la théorie promet tout à son égard depuis longtemps, et il n'a point encore une application heureuse en pendule.

Différence de principes entre les pendules et les montres.

Il y a de si grandes différences entre les principes constitutifs des pendules et ceux des montres, qu'il ne faut pas décider qu'une chose doit être bonne en pendules par cela seul qu'elle est bonne en montres et réciproquement; indiquons quelques-unes de ces différences.

L'action de la pesanteur est la force qui anime le pendule;

tandis que le balancier régulateur dans la montre, est soumis à la force élastique d'un ressort (1). Dans une horloge à secondes, le pendule ne doit décrire que de très-petits arcs d'oscillation, au plus trois degrés en une seconde. Le balancier d'une montre doit faire ses vibrations aussi étendues que l'échappement le permet; ainsi, dans une montre à cylindre dont le balancier parcourt 270 degrés au moins en un cinquième de seconde, il décrit donc plus de 1350 degrés pendant que le pendule en parcourt trois, et le balancier d'un chronomètre peut en décrire plus de deux mille deux cents dans le même temps. La force motrice qui entretient en mouvement pendant six jours un pendule à secondes pesant plus de dix mille grammes, suffit à peine pour faire marcher une montre marine pendant un jour, quoique le balancier de celle-ci ne pèse guère que quatre grammes. L'échappement à repos qui, jusqu'à ce jour, est le seul admissible en pendules, lorsqu'il s'agit d'obtenir la plus grande précision, n'a donné que des résultats médiocres en montres (2); il n'est employé que dans l'horlogerie à l'usage civil, tandis que l'échappement libre, qui n'a été employé en pendules que dans des pièces d'apparat, dans lesquelles il s'agissait moins d'obtenir une grande régularité que de développer un grand luxe dans le mécanisme, est le seul auquel on ait recours dans les montres les plus exactes.

La pendule exige la position la plus immuable; la montre marche dans toutes les positions et nonobstant les agitations du porté et même des mouvements assez brusques. Dans tout ce qui tient à l'échappement et au régulateur, tout est différent; il n'y de similitude que dans les questions d'engrenages.

De même que ces deux genres de machines diffèrent con-

_____

(1) Il est facile pour tous de saisir la différence extrême qu'il y a entre la gravitation qui attire tous les corps vers le centre de la terre avec une si constante uniformité lorsqu'ils restent en un même point du globe, et la force élastique d'un ressort dont l'intensité est si variable par les changements de température.

(2) Quelques faits isolés d'excellente marche par des échappements à repos, tels que l'horloge marine, n° 8 de Ferd. Berthoud, ne peuvent faire loi.

sidérablement dans leurs principes constructifs, de même. il faut, pour construire chacune d'elle, des études et une expérience toutes spéciales. Il est rare qu'un horloger soit également apte à l'une et à l'autre partie, et il serait facile de citer, parmi la génération qui précède l'époque actuelle (1), des hommes qui ont, à juste titre, tenu le premier rang pour la montre et qui étaient bien novices en pendule; et réciproquement des penduliers très-habiles dans leur partie et très-faibles dans la montre.

Rendons justice aux penduliers en général : ils sont beaucoup plus réservés sur les questions d'horlogerie en montre. que les horlogers en petit volume ne le sont sur les questions de pendule. Les deux parties présentent autant de difficulté, en ce sens, qu'il faut autant de travail, autant d'étude, pour arriver à la perfection, dans l'une que dans l'autre; l'extrême petitesse des montres fait croire que l'exécution en présente beaucoup plus de difficulté, c'est une erreur. Cette difficulté est vaincue par des moyens particuliers d'exécution; et, d'autre part, la petitesse cache des défauts qui seraient très-visibles dans une horlogerie plus volumineuse.

Ce qui précède répond en partie à l'objection qu'on ne manquerait pas de me faire, que l'isochronisme des vibrations du balancier des montres par le spiral (2), étant considéré comme un des éléments de régularité des montres, l'isochronisme des oscillations du pendule libre par la suspension, étant appliqué à l'horloge, devrait en augmenter la régularité.

Ce n'est pas sur des conjectures semblables, mais sur des expériences spéciales, positives et longtemps prolongées qu'il faut raisonner en horlogerie.

D'ailleurs, nous avons montré que, dans l'état normal, cet isochronisme était inutile, et que, dans l'état anomal, l était plus souvent nuisible qu'avantageux.

---

(1) Nous nous abstenons autant que possible de parler des contemporains.

(2) Ce que nous dirons dans notre travail sur l'isochronisme des vibrations du balancier *par le spiral* ou *par d'autres moyens*, viendra fortifier ce que nous énonçons ici au sujet du pendule.

Les expériences rapportées dans le Mémoire présenté à l'Institut, citées plus haut, sont faites sur le pendule libre, pendant des intervalles d'une demi-heure; ce sont des expériences de *physique* parfaites, mais non *d'horlogerie*. En horlogerie, il faut tenir compte des effets des frottements, du changement d'état des huiles et des causes de perturbation qu'amène la succession des temps; rien de tout cela ne se trouve dans les oscillations d'un pendule libre pendant une demi-heure.

La nécessité de tenir compte de ces circonstances est si vraie, que tel spiral, parfaitement isochrone dans une montre marine, ne l'est pas toujours trois mois ensuite et presque jamais un an plus tard, parce que cette propriété se trouve masquée par le changement d'état des autres parties de la machine. La théorie donnée par Pierre Le Roy est bien loin d'être vraie, telle qu'il l'a formulée et telle que l'acceptent les personnes qui ne s'en sont point rendu compte par l'étude pratique; aussi elle induit souvent en erreur. (Voyez *Art de connaître les pendules et les montres,* 2ᵉ édition, page 185.)

Montrons, par un exemple, combien il est facile aux hommes les plus capables dans l'une des deux branches de l'horlogerie de commettre de graves erreurs lorsqu'ils ne se sont point occupés de l'autre et que, se confiant à leurs propres forces dans l'une de ces branches, ils veulent instantanément passer maîtres dans l'autre.

Il y a dix ans environ, un astronome me montrait une fort belle pendule. Mes regards furent attirés par le pendule; il était à neuf branches, laiton et acier; tout le luxe d'exécution possible s'y trouvait, thermomètre, grande plaque d'acier trempé et poli, les vis, les écrous abondaient de toutes parts; il était surchargé d'une infinité de pièces inutiles, il pesait certainement 20 kilog. au moins. Frappé de cette masse énorme et des très-grands arcs décrits, je cherchai de suite à voir quel était l'échappement et la suspension. L'échappement était de Graham et la *roue en acier*, la *suspension* était *à couteau.*

Un tel assemblage, si contraire aux principes de la bonne

horlogerie en pendule, me fit dire spontanément : *Mais cela ne marchera jamais bien!* A peine avais-je prononcé ces mots, que j'aperçus sur le cadran le nom de l'auteur. Je regrettais d'avoir parlé sitôt; heureusement j'ai su depuis que l'artiste lui-même avait été peu satisfait de son œuvre.

Je me suis toujours plu à le dire, malgré l'injustice de cet artiste envers moi, il est dans le genre d'horlogerie dont il s'est occupé l'un des hommes les plus habiles; je n'en connais pas qui le surpassent. Mais, enfin, il ne s'était jamais donné la peine d'étudier sérieusement la pendule; il avait pris à la lettre et mis en pratique l'*Essai sur l'horlogerie*, de Berthoud, ouvrage un peu suranné aujourd'hui et dans lequel il y a beaucoup d'erreurs que l'auteur pose comme des principes incontestables et qu'il a condamnées dans ses écrits postérieurs, qui sont moins connus, et que l'artiste dont je parle n'avait pas consulté.

Conclusions

SUR LES DEUX PROPOSITIONS PRÉCÉDENTES.

Nous présentons ces faits et ces observations aux jeunes gens pour leur montrer qu'après tant de travaux faits par nos devanciers, qu'en présence de tant de difficultés à vaincre, il y aurait présomption sans égale à un artiste, quelles que soient d'ailleurs ses capacités, de croire qu'il parviendra d'un seul coup à vaincre toutes ces difficultés, à changer complétement la face des choses; de telles prétentions prouvent par dessus tout qu'on n'a pas encore étudié la matière.

Sans doute un artiste de mérite pourra faire une bonne pendule avec un échappement libre, une suspension isochrone; et ses partisans diront aussitôt qu'elle aura marché six mois. *La voilà.*

Mais ce même artiste accepterait-il la proposition qu'on lui ferait de mettre six pendules pareilles à côté de six autres, avec des échappements à repos, faites par un *bon pendulier,* et de voir ce que ce concours donnerait après trois ans d'épreuves? Nous n'hésitons pas à prédire que ces dernières l'emporteraient.

Nous ne disons pas cependant qu'un jour la pendule à seconde n'aura fait des progrès, mais rien dans l'échappement libre tel qu'on le possède aujourd'hui, et dans ce qui a été fait et dit de l'isochronisme des oscillations par la suspension, ne le présage pour une époque prochaine; et nous prédisons volontiers qu'il faudrait plus d'un siècle pour y arriver *réellement*.

Il y a vingt ans, je consacrai plusieurs années consécutives à l'étude de la pendule, et je construisis pour les différentes questions que je voulais examiner, des pendules à demi-seconde. Quoiqu'ayant, dès lors, connaissance des travaux de plusieurs artistes, et du peu de succès qu'il y avait à espérer, soit de l'isochronisme par la suspension, soit de l'échappement libre, je voulus voir, par des recherches pratiques, au juste ce qu'il en était, et ce sont ces mêmes recherches qui m'ont enseigné ce que je viens aujourd'hui communiquer aux jeunes gens. Je désire vivement leur éviter les dépenses et les travaux inutiles auxquels se sont livrés tant d'autres artistes qui ont précédé notre époque.

L'isochronisme des oscillations du pendule par la suspension ne pourrait résulter que d'une suspension diminuant une partie de l'action de la pesanteur pour lui substituer une force élastique, tandis que dans la composition et l'exécution d'une horloge astronomique, le pendule doit être construit de telle manière que *tout ce qui s'oppose à la libre action de la pesanteur soit réduit le plus possible.*

Nous avons montré d'autre part que dans l'état anomal, alors seulement que l'isochronisme pourrait paraître utile (dans l'état normal il est inutile), il était encore nuisible puisque, sur les trois cas possibles, un seul lui est en partie favorable.

Bien plus, personne ne conteste que l'isochronisme et l'échappement à repos soient incompatibles (1), et puisque

---

(1) M. Langier le dit formellement à la fin de son Mémoire, nonobstant ce

nous avons montré que l'échappement libre était une chimère dans l'état actuel de l'art, il en résulte encore sous ce rapport la nécessité de renoncer à l'isochronisme des oscillations par la suspension.

De l'isochronisme des oscillations du pendule produit par l'action de la pesanteur.

La question de l'isochronisme des oscillations du pendule m'a longtemps préoccupé. A l'époque à laquelle j'ai fait beaucoup d'études sur la pendule, un fait frappa mon attention et me suggéra l'idée énoncée ici en peu de mots, et que j'ai présentée et expliquée à plusieurs de mes confrères à l'exposition de 1844.

Ayant suspendu à une partie de la fourchette d'une pendule un petit poids à l'extrémité d'un fil de laiton, ce petit appareil devint lui-même un pendule et oscillait avec une très-grande régularité, faisant un nombre d'oscillations beaucoup plus grand que celui du pendule, sur la marche duquel il exerçait une influence par son oscillation (1).

J'en conclus qu'il ne serait pas impossible de construire une horloge de telle manière que son pendule portât deux autres petits pendules libres, c'est-à-dire sans aucune communication avec l'horloge que par le pendule principal, et de les mettre dans des conditions telles que, plus l'amplitude des arcs du pendule principal augmenterait, plus l'action des deux pendules auxiliaires ou satellites tendrait à accélérer l'oscillation, condition de toutes les constructions pour arriver à l'isochronisme.

Dans ce but, je construisis un pendule, sur la verge duquel, et très-près du crochet de suspension, je plaçai un coulant,

----

qui est dit à la page 3 ; il n'y a dans ces deux points que l'apparence d'une contradiction. C'est la fin du Mémoire qu'il faut examiner.

(1) A l'exposition de 1849, M. Calaud aîné a présenté une pendule dans laquelle il a introduit un petit pendule auxiliaire. Nous en parlerons plus loin.

portant en avant et en arrière une potence qui pouvait s'élever plus haut que la suspension du pendule principal; chacune de ces potences portant également une suspension à laquelle s'accrochait un des deux satellites. De cette construction il résulte trois pendules, pouvant osciller dans trois plans parallèles.

Le coulant qui porte les suspensions des deux satellites peut monter et descendre à volonté, de manière que l'axe de rotation des deux satellites soit placé plus haut que l'axe de rotation du pendule principal; en le descendant, on peut l'amener à la hauteur de celui-ci; enfin, en le descendant encore, on le placera à une hauteur moindre.

FIG. I. 1er *cas*. — Plus l'amplitude des arcs augmentera et plus leur durée augmentera, car C étant l'axe de rotation du pendule, C' est le point de suspension du satellite, dont la masse agit par le levier C C' pour soutenir en l'air et empêcher de descendre la lentille L, sollicitée à descendre par l'action de la pesanteur. Ainsi, dans ce cas, l'action de la pesanteur sur le pendule principal est diminuée par l'action que la pesanteur elle-même exerce sur le satellite.

FIG. II. 2e *cas*. — Si l'on suppose une coïncidence parfaite entre les deux centres de rotation, celui des satellites et celui du pendule principal, et que ce mouvement de rotation s'opère, comme on peut le concevoir, par la pensée, mais ce qui serait impossible dans la pratique, autour d'un axe idéal, le pendule principal oscillera, mais les satellites seront sans mouvement.

FIG. III. 3e *cas*. — En faisant descendre le coulant et plaçant ainsi la suspension des satellites au-dessous de la suspension du pendule principal, comme dans la figure 3, plus l'amplitude des arcs augmentera et plus l'action de la pesanteur sur le satellite augmentera et accélèrera l'oscillation du pendule principal, qui réagit dans le même sens sur les satellites.

Ceci n'a lieu qu'en mettant toutes choses dans le rapport convenable de longueur, de masse et de position.

Je m'occupais de ce travail lorsque Paris fut frappé du

choléra , en 1832; atteint d'une longue maladie qui me
priva de tout travail pendant deux ans, je fus forcé de l'a-
bandonner. Par les travaux auxquels je me suis livré, j'ai la
pensée qu'on pourrait trouver dans cette idée première un
moyen d'améliorer la marche des pendules, moins peut-être
sous le rapport de l'isochronisme des oscillations que sous
celui de la puissance du pendule, dont la masse, étant ainsi
divisée, n'aurait pas l'inconvénient des affaissements qui ont
lieu dans bien des cas; la correction des effets de la température serait plus parfaite, car elle serait la moyenne de trois
pendules. Sous ce rapport, cette construction présenterait
plus d'avantages que celle des pendules doubles qu'on a cons-
truits et qui avaient l'inconvénient de ne pouvoir marcher
qu'à l'aide d'une suspension vicieuse.

Qu'il me soit permis de dire que de même qu'on n'est parvenu à bien corriger les effets des changements de température que par les effets de la température eux-mêmes réduits
à leur action en sens invers, et sans mécanisme, dans tous
les bons compensateurs, de même il est probable qu'on ne
parviendra à produire l'isochronisme des oscillations du pendule qu'en augmentant les effets de la pesanteur par un moyen
puisé dans la pesanteur elle-même.

Je ne présente point ceci comme une chose faite, positive,
donnant des avantages que j'aie déterminés par expérience,
mais comme une idée neuve, dans laquelle je crois qu'il y a
quelque chose à puiser, surtout si l'on pense devoir rendre
les grands et les petits arcs isochrones, quoique je ne considère point cet isochronisme comme utile en pendule dans
l'état actuel de l'art.

Ce fut à l'exposition de 1844 que je présentai un pendule
avec deux satellites oscillant par le seul effet du pendule principal. Je le fis comme simple communication à mes confrères, n'ayant pas le temps de m'occuper de cette matière.

DES PERFECTIONNEMENTS

DANS LES PENDULES A SECONDES

Dans l'art de perfectionner une machine en général, et en particulier une montre ou une pendule, il est de règle de commencer par le défaut le plus capital, de voir par expérience l'amélioration obtenue par des modifications apportées dans ce but, pour ne passer à l'étude de la correction d'un autre défaut que quand on est bien assuré d'avoir réussi pour le premier.

Pour travailler sérieusement et utilement au perfectionnement des pendules à secondes, il faudrait d'abord, avant d'aller chercher des éléments tels que l'échappement libre, dont la grande complication présente à chaque pas de nouvelles sources de difficultés, et une suspension isochrone qui ne peut fournir une propriété qu'en sacrifiant une partie de l'action de la pesanteur qui fait tout le mérite du pendule, avant, disons-nous, d'aller chercher aussi loin le perfectionnement des pendules, ne serait-il pas plus rationnel de les étudier au point où elles sont et de chercher s'il ne s'y trouve pas des vices que nous n'apercevons pas au premier coup-d'œil, en raison de la grande habitude que nous avons de les voir ?

Alors on remarquerait bientôt que ces machines réclament des perfectionnements importants qui conduiraient à une amélioration à la marche. Et si l'on considère que la marche de ces machines, déjà très-belle, peut faire encore un pas vers la perfection, par des moyens qui n'ont rien d'aventureux, on sera fort tenté de travailler au perfectionnement de la pendule par de simples modifications bien raisonnées de ce qui existe, au lieu d'entrer dans les voies incertaines que nous venons de désigner.

Nous indiquerons à ceux qui voudraient s'en occuper quelques-uns des points qui, dans nos études personnelles et pratiques sur cette partie de l'horlogerie, nous ont semblé demander des modifications, tels sont le volume donné à ces machines, la partie nommée cadrature ou minuterie, les proportions de l'échappement, la masse du régulateur, le mode de transmission de la force de la machine ou régulateur, etc.

Du volume de la machine.

Dans une machine qui doit mesurer le temps avec précision, les frottements sont une chose si importante à considérer qu'on doit, autant que possible, réduire la masse des mobiles, afin de réduire la pression résultant de cette masse sur les pivots. Personne ne contestera ce point. Pourquoi donc donner aux mobiles d'une pendule à secondes des dimensions et des masses bien au-delà de ce qui est nécessaire? Une montre marine nécessite pour marcher pendant un jour une force égale à celle qui fait marcher une pendule pendant cinq ou six jours. Le rouage d'une montre marine est incomparablement plus petit que celui d'une pendule; de deux choses l'une, ou il est beaucoup trop petit, ou celui de la pendule est beaucoup trop grand et trop lourd. C'est ce dernier cas qui est le véritable, on gagnerait à le réduire; essayons de le démontrer.

En comparant une pendule à secondes avec une horloge de clocher dont les deux pendules seraient de même longueur et de même poids, on est frappé de voir dans l'horloge de clocher une force motrice incomparablement plus grande, et ne donnant cependant que le même résultat, puisque les deux pendules sont supposés dans des conditions identiques.

Cette surabondance de force est nécessitée en grande partie par des mobiles beaucoup plus grands et plus lourds, des pivots plus gros, d'où résultent des résistances qui absorbent une quantité considérable de force motrice d'une manière variable, et par conséquent très-préjudiciable à la précision de la marche. Les grandes et lourdes aiguilles de ces machines, et autres circonstances qui les entourent, concourent bien à exiger de la force, mais enfin les causes ci-dessus y contribuent pour une bonne partie.

L'inertie que présentent des mobiles aussi grands et aussi pesants est non-seulement une grande perte de force, mais une cause de perturbation dans la marche de la pièce. Par exemple, la roue d'échappement ne peut alors partir instantanément pour donner l'impulsion au pendule, qui, pendant une partie du temps consacré à la levée, passe et se soustrait à l'action de la roue. M. Wagner l'a démontré dans son grand travail sur les échappements.

Une multitude de causes rend variable cette quantité de temps perdu pour la levée ; ce qui modifie la durée de l'oscillation.

Cet effet, très-sensible dans les grosses horloges de clocher, n'en existe pas moins dans les pendules à secondes ; il est d'autant plus grand que les mobiles ont plus de grandeur et de masse ; il est donc on ne peut plus important de les réduire, puisque d'ailleurs cette grandeur et cette masse ne sont justifiées par rien.

De la cadrature ou minuterie.

Cette partie présente encore une masse énorme de matière qu'il serait bien facile de diminuer considérablement en ne mettant pas les heures, les minutes et les secondes concentriques ; toute cette masse roule sur des canons d'un grand diamètre, où l'on ne peut mettre de l'huile ; bien plus, elle est menée par l'avant-dernier mobile qui a peu de force. Une cadrature, telle qu'on la fait dans les pendules ordinaires de commerce, est mieux raisonnée ; mais elle n'admet pas la seconde concentrique. Si l'aiguille des secondes est la plus importante, lorsque la pendule est destinée aux astronomes, pourquoi ne pas la mettre alors au centre seule, et les heures et les minutes par un petit cadran excentrique ? Si, au contraire, la pendule est destinée à l'usage civil, pourquoi ne pas mettre la seconde par un cadran excentrique, comme on le faisait au commencement du siècle dernier? Il y a encore d'autres moyens de diminuer les divers inconvénients qui résultent de cette concentricité d'aiguilles; nous n'entreprendrons pas de les développer en détail.

Dans nos derniers chronomètres, nous avons transformé toute la minuterie, plaçant l'aiguille de minute à frottement sur un pivot prolongé à la roue du centre, et l'aiguille d'heure sur le pivot prolongé d'une roue de renvoi mise en cage avec les autres mobiles; cette disposition nous a tellement satisfait que nous n'en emploierons pas d'autres. Ce qui serait le mieux dans une pendule à secondes serait d'avoir les trois cadrans séparés.

Des proportions de l'échappement.

Les proportions de l'échappement sont un des points qu'il importe le plus d'étudier, et c'est une des choses qui a le moins fixé l'attention des constructeurs. On voit des pendules à secondes dont les bras de levier de l'échappement ont jusqu'à 15 centimètres; d'autres, dans lesquels ils n'en ont que 5. Cette différence de longueur doit être considérée sous deux points de vue différents qui constituent les deux effets de l'échappement, la levée et le repos.

M. Wagner a démontré, dans un Mémoire sur les échappements, publié en 1847, que l'action de la roue d'échappement sur le plan incliné de la pièce d'échappement était la même, quelle que soit la longueur des leviers (1), ou du moins que, s'il y avait une différence, elle était tellement minime qu'on devait en tenir peu de compte. Ce principe, fort bien développé par l'auteur, semble autoriser l'emploi de leviers d'une longueur arbitraire.

(1) Je crois que cette question a été traitée par Alexandre Cumming, dans un ouvrage in-4° publié en Angleterre en 1766.

Mais nous avions envisagé la question sous l'autre point de vue, celui du repos, et, dans un Mémoire que nous avons présenté en 1836 à la Société d'encouragement, nous avons montré que, considérée sous le rapport des repos, la longueur des leviers avait la plus grande importance, que plus ces bras de leviers étaient longs, plus la durée naturelle des oscillations du pendule était augmentée par la pression de la roue sur les repos; qu'ainsi le pendule s'éloignait d'autant plus des conditions du pendule libre, qui est l'état normal dont on doit se rapprocher.

Nous avons montré encore que dans les pendules à ressort, où la force motrice est inégale, la marche de la pièce est d'autant plus altérée par cette inégalité de force, que les bras de levier sont plus longs, et qu'enfin les perturbations dans la marche de la pièce, en ce qu'elles proviennent des changements dans l'intensité de la force motrice, sont proportionnelles à la longueur des leviers de l'échappement; qu'ainsi il importe de tenir les leviers de l'échappement aussi courts que possible.

Nous avons pris pour base, sur laquelle on devrait déterminer la longueur des leviers, la longueur du pendule, parce que c'est entre ces deux quantités que le rapport doit être établi, la longueur du pendule étant la seule constante dans la machine, toutes les autres pouvant varier, et, d'après nombre d'observations, nous avons dit dans ce Mémoire que la longueur des leviers de l'échappement, pour être dans les meilleures conditions possibles, devait être entre 1/20 ou 1/25 de la longueur du pendule.

Nous ajouterons ici, pour répondre à un passage de M. Wagner, que si l'on tient à ce qu'il y ait un certain rapport dans l'écartement des dents entre elles, ainsi qu'il le dit, on peut facilement suivre son principe en même temps que celui que j'ai posé, puisqu'il est toujours facile de faire varier le diamètre de la roue lorsqu'on trace le calibre de la pièce, mais qu'on ne peut changer la longueur du pendule.

De la masse du pendule.

En examinant les différentes phases sous lesquelles le pendule s'est présenté depuis son application à l'horloge, on sera peut-être conduit à le modifier encore.

Les premiers échappements à recul obligeaient à le faire très-léger; un pendule à secondes pesait quelquefois moins de 100 grammes. Lorsque l'invention des échappements à repos se fut répandue au milieu du siècle dernier, on donna au pendule une masse énorme, lui faisant décrire de très-petits arcs. De Rivaz introduisit ce système, ou tout au moins contribua beaucoup à le répandre. Peu de temps après, les publications de Ferd. Berthoud contribuèrent à l'accréditer. On ne fit que des pendules excessivement lourds (du poids de 25 kilog., et même plus), avec des suspensions à couteau. De telles machines se détruisirent de toutes parts, et, bien qu'elles donnassent des résultats satisfaisants pour l'usage civil, elles n'avaient pas la précision que la science était en droit de leur demander. Les horlogers capables comprirent bientôt que la masse énorme du pendule n'était pas utile; que la suspension à couteau était un organe trop facilement altérable, qui ne présentait aucune sécurité. Ils diminuèrent de moitié au moins la masse du pendule et le suspendirent par des ressorts.

Ferd. Berthoud, qui avait contribué à répandre la suspension à couteau par les erreurs qu'il avait publiées, comme des principes immuables, dans son *Essai sur l'horlogerie*, ne tarda pas à l'abandonner comme vicieuse et bien inférieure à celle à ressort, et, chose remarquable! c'est qu'il y a plus de soixante ans qu'il a reconnu son erreur, et des horlogers petissiers (en petit nombre, il est vrai), qui devaient être bien informés à cet égard, veulent aujourd'hui la suspension à couteau, s'appuyant sur l'opinion de ce même Ferd. Berthoud et sur ses expériences rapportées dans l'*Essai sur l'horlogerie* et condamnées par lui.

Des penduliers fort habiles n'excèdent pas aujourd'hui le

poids de 7 ou 8 kilog. ; nous ne doutons pas qu'on puisse encore le réduire considérablement. Des expériences, concluantes pour nous, nous ont montré qu'une lentille de 2 kilog., tout étant bien disposé, pouvait être employée et donner tout autant de régularité qu'en aurait la machine avec une masse plus grande.

En effet, la puissance du régulateur n'est pas une quantité absolue, mais bien une quantité relative aux obstacles qu'il a à vaincre. Ainsi, on augmentera réellement la puissance du régulateur lorsqu'on diminuera les résistances, et d'une manière plus avantageuse que si, laissant les résistances les mêmes, on augmentait la masse du régulateur.

Nous nous sommes convaincu par expérience que la mise en pratique de ce principe présentait des avantages réels dans les deux genres d'horlogeries, montres et pendules, pourvu que l'application en fût faite *dans les conditions convenables à chacun,* c'est-à-dire selon les bons principes qui lui sont propres.

Ferd. Berthoud dit dans son *Supplément au Traité des montres à longitudes,* publié en 1807, page 77 : « J'ai observé par expérience que la suspension à couteau, dans les courts pendules, est sujette à plusieurs défauts qui influent sur la justesse de l'horloge ; car, en réglant l'horloge, le couteau se dérange dans sa rainure et n'a pas une position fixe. Il vaut donc mieux se servir de celle à ressort, et c'est ce que j'ai fait depuis. »

Dans le volume que je possède, en marge de cet article se trouve une note manuscrite de Janvier, qui reproche à l'auteur d'avoir induit en erreur par ce qu'il a écrit à ce sujet. En effet, dans son *Essai sur l'horlogerie,* imprimé il y a près d'un siècle, Ferd. Berthoud avait vanté la suspension à couteau. Pour éviter toute erreur, nous avertissons le lecteur qu'il y a bon nombre d'exemplaires de l'*Essai sur l'horlogerie* dont le titre a été refait et porte la date de 1786, tandis qu'il n'y a que le titre qui soit réellement imprimé dans cette année, tout le reste étant ancien. C'est une manœuvre très-connue en librairie.

Transmission de la force de la machine, au régulateur, ou pendule.

A chaque oscillation du pendule, le moteur transmet, par l'intermédiaire du rouage et de l'échappement, à ce pendule une petite somme de force motrice nécessaire à remplacer celle qu'il a perdue dans l'oscillation qui vient de s'effectuer. Cette impulsion se donne par l'intermédiaire de la pièce nommée fourchette qui touche au pendule. La fourchette est en réalité un petit pendule communiquant avec le pendule.

Pour que le contact ait lieu dans les meilleures conditions possibles, il faut principalement qu'il soit constant, sans frottement ; que le centre de rotation de la fourchette et du pendule soit dans une même droite ; qu'il ne puisse pas se faire de destruction ni d'affaissement dans les deux parties en contact.

Ces conditions ne sont pas remplies, même dans les pendules de prix. La difficulté de les réunir rigoureusement et de porter en ce point une perfection idéale est telle que presque tous les horlogers ont cherché à supprimer la fourchette et à placer l'échappement sur le pendule. Parlons un instant des tentatives faites pour supprimer la fourchette, nous reviendrons ensuite à cette partie essentielle de la machine.

Ferd. Berthoud, Breguet, qui dans ses pendules dites à trois roues avait disposé les choses dans des conditions parfaites sous ce rapport, Laresche (connu seulement pour ses réveils) avaient fait des essais en ce genre, et nombre d'autres petissiers et penduliers se sont trop inquiétés d'une source d'anomalie, qui peut, sans trop de peine, être réduite à l'impuissance de nuire sensiblement. On eût fait un plus grand pas vers la perfection en consacrant une moitié du travail entrepris pour tout changer, si l'on eût fait quelques efforts pour réduire les inconvénients qui résident en ce point.

Il y a surtout à ce sujet une erreur capitale commise, et que nous devons signaler : Les personnes peu expérimentées en pendules ont cru qu'en supprimant la tige d'ancre et ses deux pivots on simplifiait la machine. A ces deux pivots de tige d'ancre, on a substitué une difficulté considérable d'exécution pour placer l'échappement sur le pendule. La simplification réelle, judicieuse, réside non dans la suppression d'une tige, d'une roue, de deux pivots, ce sont des bagatelles d'exécution ; la simplification doit porter avant tout sur les fonctions que les organes de la machine ont à remplir pour les rendre faciles. Placer l'échappement sur le pendule n'est certes pas faciliter ou simplifier l'exécution ou la fonction, c'est, au contraire, créer une difficulté considérable ; aussi ce prétendu perfectionnement, nombre de fois proposé, est toujours tombé de lui-même lorsque les artistes qui le reproduisaient, après tant d'autres, ont eu mieux étudié les choses et ont reconnu, comme on l'avait fait avant eux, qu'une tige d'ancre valait beaucoup mieux. L'un des motifs qui avaient été donnés à l'appui de la suppression de la tige d'ancre était que par l'épaississement de l'huile aux pivots il devait y avoir altération de la marche de la pièce. C'est encore là un de ces cas où la théorie fait une bien grande erreur. Sans doute cela est vrai mathématiquement, mais pour une quantité bien minime comme on va le voir.

Il en a été de ce cas comme de tous les autres dans lesquels on a cru apercevoir la perfection idéale : pour éviter un inconvénient connu on est tombé dans d'autres à découvrir ; on a surtout eu le tort de beaucoup exagérer les causes d'anomalie qui peuvent résider en ce point. Nous pouvons dire que lorsqu'on aura rempli les conditions de principe, sinon mathématiquement, au moins autant que les moyens d'exécution employés ordinairement dans l'horlogerie de précision le permettent, la marche des pièces n'en souffrira pas.

Considérons un instant l'épaississement de l'huile comme résultant uniquement du temps de marche de la pièce. Cet épaississement serait alors le même aux pivots et à l'ancre après un temps donné. Mais la résistance sur les pivots ayant lieu incomparablement plus près du centre de mouvement que celle produite aux points de contact de la roue et de l'ancre, cette dernière influerait d'autant plus sur la marche que cette distance serait plus grande que la première, et cela en raison composée et de cette différence et de plusieurs autres circonstances. Ainsi, quand on aurait des pivots de 0,001 de diamètre, ce qui serait beaucoup pour une pendule à secondes, et quand les leviers de l'échappement n'auraient que 0,050, la résistance par l'épaississement de l'huile serait cent fois plus grande sur l'échappement au point de contact de la roue et de l'ancre qu'au pivot, en ne considérant que les rayons (1). Lorsqu'on remarque d'abord que nous supposons les pivots bien plus gros qu'ils ne doivent être, ensuite que l'huile s'altère plus promptement à l'échappement qu'aux pivots de tige d'ancre par plusieurs causes, on trouve que la pendule fera des différences notables et même s'arrêtera par l'épaississement des huiles à l'échappement, avant que l'épaississement de l'huile aux pivots puisse concourir à la différence de marche pour une quantité appréciable.

Au surplus, si l'on veut consulter une chose toute pratique, simple et concluante, qu'on observe ce qui se passe dans les pendules à l'usage civil. Lorsqu'une pendule s'arrête par le seul fait de l'épaississement général des huiles, en mettant de l'huile à l'échappement, laissant les pivots de tige d'ancre tels et sans y rien faire le plus ordinairement, la pendule reprendra sa marche encore quelque temps, tandis que si l'on changeait les huiles au pivot de tige d'ancre, sans en mettre à l'échappement, on ne ferait pas marcher la pièce. Ainsi cet épaississement à l'échappement en est venu au point de faire arrêter la pièce, tandis que celui de l'huile aux pivots ne laisserait pas des traces appréciables de sa présence.

Si maintenant on examine qu'une pendule à secondes ne fera qu'une différence de deux ou trois secondes après un assez long temps de marche (2); qu'on fasse entrer dans cette quantité le rôle des pivots de tige d'ancre pour un centième, par le fait seul de l'épaississement des huiles, ou, si on le

---

(1) A la rigueur, il faudrait tenir compte de plusieurs autres circonstances qui modifieraient ce rapport, mais nous ne devons nous occuper ici que de la chose principale.

(2) La pendule, dans ce cas, aurait besoin de réparation.

veut, pour un vingtième même. Il est à croire que les artistes raisonnables suivront l'exemple des Breguet, des Lepaute, des Kessels et de tous les hommes les plus capables qui ont considéré cela comme ne méritant pas leur attention, ou du moins comme ne devant pas être combattu par l'emploi de moyens présentant autant de difficultés que le placement de l'échappement sur le pendule.

Si la résistance qu'oppose l'huile aux pivots de tige d'ancre avait autant de valeur que lui en attribuent quelques personnes, une pendule marcherait fort peu de temps. En effet, la vitesse angulaire de la roue d'échappement dans une pendule à secondes est de six degrés pendant la levée qui est d'une seconde moins l'arc de supplément, tandis que la vitesse angulaire de la tige d'ancre ne doit pas s'élever à plus de 2 ou 3 degrés dans une seconde entière. Les pivots de la roue d'échappement ont donc beaucoup plus de vitesse que ceux de la tige d'ancre.

Dès lors l'épaississement de l'huile a plus d'empire sur eux et absorbe une portion notable de la force motrice; il serait donc bien plus urgent de corriger cet effet sur la roue d'échappement que sur l'ancre, et cependant on s'en est moins préoccupé.

En évaluant la résistance des pivots de tige d'ancre comparée à la résistance qu'éprouve le pendule par les frottements de la roue d'échappement sur l'ancre, il est évident que nous n'avons employé ces chiffres que pour faciliter l'explication de la chose et montrer qu'il est inutile de s'occuper d'une résistance variable aussi minime lorsqu'elle est entourée d'autres résistances incomparablement plus grandes qu'on ne peut maîtriser, et qui, cependant, ne s'opposent nullement à une bonne marche. Nous n'avons pas eu la pensée d'établir rigoureusement le rapport entre ces deux résistances : ce serait chose longue et difficile, sans utilité dans la question qui nous occupe, et d'ailleurs, autant de pendules différentes autant de rapports seraient différents. C'est pourquoi nous nous sommes borné ici à comparer le rayon du pivot à la longueur du levier d'échappement.

La suppression de la tige d'ancre et l'application de l'é-
chappement sur le pendule même offrait encore à l'imagination un autre grand avantage. C'était de faire disparaître la
fourchette et son contact avec le pendule qui effraie tant
certains esprits. Le raisonnement promet encore des merveilles sur ce point, et l'expérience vient en montrer le peu
de fondement. Les tentatives dirigées vers ce but ont toujours échoué et ramené à l'emploi de la fourchette qui, bien
appliquée, a donné les résultats les plus satisfaisants. Il en
existe un trop grand nombre d'exemples pour qu'on puisse
attribuer le succès de ces machines à des circonstances particulières qui auraient masqué ce défaut.

La fourchette appartient à la tige d'ancre ; ainsi, tous les
points de ces deux pièces tournent autour de leur axe commun avec une vitesse angulaire égale. Pendant que la roue
d'échappement agit sur le plan incliné de l'ancre (l'horlogerie en gros volume nomme *fuyant* ce plan incliné), la fourchette qui est en contact avec le pendule agit sur lui et le
pousse d'une petite quantité nécessaire à l'entretien de son
mouvement.

Pour que cette action ait lieu dans les conditions les plus
favorables, il faut que la fourchette puisse agir sur le pendule
en lui transmettant exactement la quantité de force qu'elle
reçoit du mouvement, et pour cela, que cette transmission
ait lieu sans frottement au point de contact de la fourchette
et du pendule. L'axe de rotation de l'un et de l'autre doit
être dans une même ligne droite. Ce principe, l'un des plus
élémentaires, est un de ceux les moins observés. Il faut encore que l'impulsion se fasse dans le plan d'oscillation.
(C'est un plan vertical qui passe par le centre de gravité du
pendule et qui est perpendiculaire à son axe de rotation.)

Généralement, la fourchette a deux branches semblables à
une fourche, c'est ce qui lui a donné son nom. Ces deux
branches ou fourchons embrassent une partie et quelquefois
la totalité du pendule. Les choses doivent être disposées de
manière à ce que la partie du pendule pénétrant dans la fourchette soit libre dans celle-ci, sans ébat, de telle sorte que la

dilatation et la contraction des deux parties du haut en bas et du bas en haut puissent s'opérer librement et sans la moindre gêne. Là se trouve une difficulté qui n'est pas toujours heureusement vaincue, et la crainte d'un défaut conduit souvent dans l'autre.

Si le pendule a de l'ébat dans la fourchette, les adhérences dont nous avons parlé au sujet de l'échappement libre (voir page 45), se font sentir et peuvent avoir une influence sur la marche de la pièce, en ce que cette adhérence n'aurait pas constamment la même intensité.

Si le pendule ne peut se mouvoir librement dans la fourchette sous l'influence des diverses températures qui ne permettent pas que les points de contact soient constamment en un même lieu sur le pendule, il en résultera une gêne nuisible à la liberté des fonctions. Cette partie de l'exécution exige donc tous les soins possibles.

Pour lever cette difficulté, on a eu recours à l'expédient que voici ; il n'est pas entièrement irréprochable, mais il est bon et très-simple : Au lieu de mettre deux fourchons on n'en emploie qu'un seul, formé d'un cylindre monté sur la fourchette perpendiculairement au plan d'oscillation. Ce cylindre touche d'un côté seulement l'une des branches cylindriques du pendule ou contre un point de la verge de ce pendule disposée convenablement pour en recevoir le contact. Un contre-poids porté par la fourchette est disposé de telle manière, que pendant toute l'oscillation, le cylindre ou fourchon cylindrique s'appuie contre le pendule.

De cette construction il résulte que le fourchon est constamment en contact avec le pendule. Ainsi, il n'y a pas à craindre les effets variables des adhérences dont on a parlé plus haut, résultant de l'ébat du pendule entre les fourchons.

On peut faire à cette disposition ce reproche : la fourchette se trouve en contact constant avec le pendule sous l'influence du contre-poids nécessaire à maintenir ce contact ; les deux parties doivent éprouver quelques difficultés à se séparer lorsque les changements de température font nécessairement varier le point du pendule sur lequel l'action a lieu.

A cette objection, on peut répondre qu'il n'y a ici qu'un glissement sous la seule pression qu'exerce le contre-poids, ce qui est bien différent des contacts dont on a parlé page 45.

Ce genre de fourchette a été employé par des artistes observateurs qui lui ont donné la préférence. Les fourchettes ordinaires fonctionnent souvent comme si elles n'avaient qu'une seule branche, en raison de leur défaut d'équilibre.

Depuis plus de quinze ans nous avons constamment employé ce système dans nos pendules à secondes, et nous en avons été très-satisfait. Au lieu d'établir un chariot mû par une vis de rappel, nous avons placé le fourchon hors du centre de mouvement d'un cercle mobile sur son axe. Ce mouvement excentrique nous donne la facilité de faire les petites quantités nécessaires pour mettre la pièce d'échappement. (Voir la description de cette fourchette vers la fin de ce volume.)

La partie supérieure du pendule que nous décrivons plus loin, a beaucoup de mouvement par les changements de température, et la fourchette que nous faisons également en laiton en a aussi beaucoup en sens contraire, alors le déplacement des points de contact est très-fréquent et s'opère par un glissement sans que le contact cesse d'avoir lieu, ce que je considère comme un avantage. L'examen de la question de savoir quelle pouvait être la somme d'inconvénients de ce glissement, ne nous a rien montré qui dût le faire considérer comme dangereux dans les conditions où nous l'avons exécuté.

Dans une partie aussi délicate que celle-ci, on ne peut pas tout constater par des expériences, on est obligé d'évaluer certains faits insaisissables, d'après l'analogie qu'ils ont avec des faits connus; là, le jugement sain de l'artiste, la grande habitude qu'il acquerra de voir des causes et leurs effets, lui seront plus utiles pour le conduire au résultat que des études purement théoriques. C'est pourquoi nous avons dit souvent que l'*expérimentation raisonnée est, en horlogerie, la seule route qui donne les connaissances indispensables pour bien exécuter et bien juger les œuvres de cet art.*

Des effets de la température.

Les influences de la température sur l'allongement et le raccourcissement du pendule, lorsqu'il est formé d'une simple verge d'un métal quelconque, terminée par une masse nommée lentille, sont si connues, qu'il n'est presque pas d'horloger qui n'ait fait son pendule compensateur pour remédier aux anomalies résultant de ces influences. Aussi, il faut bien le dire, on a vu dans cette partie de l'horloge les conceptions les plus ridicules et attestant l'ignorance la plus complète. Nous ne parlerons ici que des deux pendules employés généralement, sans nous arrêter à aucune des bizarreries qui ont été produites.

La plus grande liberté possible dans les points de contact des parties qui se meuvent sous l'influence des températures étant la condition première d'un bon compensateur, la conséquence naturelle est qu'on doit chercher la réduction de ces points de contact, et disposer les choses pour qu'ils aient lieu sous de faibles pressions et sans frottement.

Les compensateurs à leviers sont, par suite de ce principe, condamnés depuis longtemps ; les employer aujourd'hui est une faute. Le pendule à grille, à neuf branches, est remplacé par le pendule à cinq branches, trois d'acier, deux de zinc. Ce pendule et celui à mercure sont aujourd'hui les deux qu'on admet généralement. Ils doivent ce succès à ce qu'ils remplissent bien la condition de laisser s'opérer les effets de la température avec la plus grande liberté possible. Toutefois, ils sont compliqués d'une exécution difficile, et, par cela même, dispendieux.

Les retouches que nécessite le pendule à cinq branches pour arriver à la correction exacte ne sont pas sans quelques difficultés. Il exige bien des ajustements, une exécution irréprochable et des métaux très-homogènes. Le pendule à mercure présente plus de facilité dans cette partie du réglage ; mais il ne peut être transporté emballé sans transvaser le métal liquide. On objecte encore à son égard que, dans les appartements chauffés en hiver, la température n'étant pas égale aux diverses hauteurs, le mercure peut être à une température plus basse que celle éprouvée par la partie supérieure de la verge du pendule ; de là des effets de dilatation différents. Sans doute ces deux constructions ne sont pas parfaites, mais elles sont bien supérieures à toutes celles qu'on a vues et qui, sans être plus simples, avaient le défaut de rendre les effets incertains et capricieux, par suite du grand nombre d'ajustements et de pièces qu'on y rencontrait.

Nous sommes convaincu que ce n'est qu'en partant de l'un de ces deux pendules et en le simplifiant qu'on arrivera à faire une chose utile et qui puisse vraiment entrer dans la pratique ; ce sont ces considérations qui nous ont conduit à la construction du pendule laiton et sapin décrit plus loin.

Avant de croire aux merveilles de certaines constructions faites par quelques horlogers, dans la vue de remplir des conditions sans valeur, au point de vue pratique, examinez sérieusement l'ensemble de l'appareil, et vous y truoverez des défauts énormes à côté de minuties sans la moindre importance, qui ont pourtant séduit plus d'une personne n'ayant que la théorie (1).

Les lames bi-métalliques, qui se déforment sous l'influence des températures, ont été plusieurs fois proposées pour faire mouvoir le centre d'oscillation du pendule. Les dispositions dans lesquelles elles ont été placées présentaient généralement des frottements vers les points de contact, chose très-vicieuse, surtout lorsque ces frottements ont lieu sous une certaine pression.

L'exécution de grandes et fortes lames bi-métalliques n'a pas encore été suffisamment étudiée pour qu'on les produise facilement, et surtout pour qu'on puisse compter en obtenir des effets sûrs dans des temps à venir. Ce moyen ne paraît pas présenter une ressource de nature à entrer immédiatement dans la pratique.

---

(1) Je n'ose citer des erreurs graves de ce genre commises à diverses époques, plusieurs contemporains qui les ont faites croiraient que c'est à leur adresse.

Le bois de sapin vieux, bien choisi, ne s'allongeant pas
sensiblement dans le sens de ses fibres, a été employé dans
des opérations géodésiques très-précises, qui ont montré
qu'on pouvait compter sur une longueur constante. Il a
deux inconvénients qui peuvent aisément être combattus : il
est hygrométrique; l'humidité de l'atmosphère le pénètre,
augmente le poids et le volume de la verge du pendule, ce
qui change la marche. En second lieu, il fait quelques mouvements, comme tous les bois, et peut faire gauchir la lentille,
dont le plan, supposé d'abord dans le plan d'oscillation, n'y
serait plus par suite du mouvement du bois.

Il n'est pas très-difficile de réduire ces deux inconvénients
à une quantité assez minime pour qu'il n'y ait rien à appréhender à leur égard. Aussi, depuis une vingtaine d'années
surtout, on s'est beaucoup occupé de l'introduction du bois
dans la composition des pendules; le rôle qu'il y joue est
plutôt de neutraliser les effets de la température que de les
corriger. En effet, il vaut mieux éviter ou neutraliser un défaut que de le contre-balancer par une correction ou une
compensation.

La chose à laquelle on doit surtout s'attacher dans la construction d'un pendule compensateur est de réduire le nombre
des organes dont les fonctions concourent à la compensation; de laisser les dilatations et les contractions s'opérer le
plus librement possible. Etablir les contacts indispensables
dans les conditions les plus propres à leur assurer un état
constant, voilà ce qu'il faut dans un bon compensateur, et
ce sont précisément les points sur lesquels on a le plus souvent manqué. Plusieurs autres conditions, qui rentrent
dans les règles et les usages de l'art, concourront à faire un
bon pendule.

Si les changements dans la température n'agissaient que
sur le pendule ou sur le balancier des montres et leur ressort réglant, un bon compensateur remédierait à cette cause
d'anomalie. Mais ils agissent encore sur les huiles, changent
leur degré de fluidité et deviennent alors une autre cause de

variation dont nous ne parlerons pas ici; le pendule et le
balancier sont impuissants pour la corriger.

Après avoir indiqué ici une partie des perfectionnements
les plus faciles et les plus urgents peut-être à introduire dans
les pendules à secondes faites de nos jours, nous devons dire
pourquoi les perfectionnements réels arrivent si lentement
dans cette partie de l'horlogerie : c'est ce que nous ferons
dans le chapitre suivant.

Causes de la lenteur des progrès dans la pendule à secondes.

En général, et plus particulièrement peut-être en horlogerie, dès qu'une machine est parvenue à un degré de précision suffisant pour satisfaire l'observateur qui s'en sert, celui-ci s'en contente; les constructeurs, fatigués de recherches
et se voyant exposés à garder pour leur compte des produits
plus parfaits que ceux employés, se livrent peu à des travaux
très-pénibles, très-dispendieux et dans lesquels ils sont rarement couverts de leurs simples déboursés.

Rien ne paraît si facile que de perfectionner une machine
ou seulement de la simplifier réellement et utilement, et cependant rien n'est plus long et difficile, quand elle est déjà
parvenue à ce degré de perfection où elle rend presque tous
les services que l'on peut en attendre : la pendule à secondes
étant dans ces deux cas depuis assez longtemps, telle est une
des premières causes de son peu d'avancement. Donnons un
exemple, et pour rendre palpable ce qui est dit plus haut,
voyons tout ce qu'il a fallu de temps et de travaux et quel
nombre d'artistes ont concouru à prendre la montre telle que
l'a disposée Lépine, il y a près de 70 ans, pour l'amener au
point de bon ordre et d'arrangement parfait où elle est parvenue aujourd'hui, ce qui paraît bien peu de chose à faire.

La montre, telle que Lépine l'a faite, ne diffère pas essen-
tiellement de la montre actuelle; voici les seules modifications : Breguet a retourné le support du barillet en le fixant

à un pont et non à la platine, il a profité de l'épaisseur de la platine pour avantager le moteur. Quoique ce perfectionnement soit peu de chose pour un nom aussi célèbre, c'est néanmoins un très-grand service que l'artiste a rendu à l'horlogerie de commerce.

Lépine employait l'échappement à virgule, on a substitué à cet échappement si beau, si parfait en théorie, l'échappement à cylindre plus sûr et d'un meilleur usage, et très-répandu aujourd'hui. Cet échappement existait, il n'a fallu aucun frais de génie pour le placer dans une forme de montre autre que celle dans laquelle il avait été employé. Tout le reste a consisté simplement à faire un bon arrêt de remontoir, à bien ranger tous les éléments de la machine pour éviter la gêne et économiser la hauteur. C'est peu de chose, sans doute, et cependant il a fallu soixante ans et le concours de milliers (1) d'artistes français et étrangers, parce que ces perfectionnements n'étaient pas urgents et que la montre servait sans cela. Le premier qui a été apporté est l'emploi de l'échappement à cylindre; car les *patriciens* les plus capables reconnurent bientôt que les merveilles théoriques de l'échappement à virgule ne pouvaient l'emporter sur ses inconvénients pratiques.

D'après cet exemple, si l'on considère qu'il se fabrique, tant en France qu'en Suisse, des centaines de mille de montres, tandis qu'à Paris, où se font les seules pendules à secondes (2), il ne s'en vend pas vingt par an, quel stimulant les artistes pourraient-ils trouver là où il n'y a ni écoulement des produits qu'ils feraient, ni encouragement moral?

L'écoulement d'un produit de ce genre est encore néces-

---

(1) La ville de Paris compte à elle seule plusieurs milliers d'horlogers ou du moins de personnes travaillant à l'horlogerie. Le reste de la France en compte autant dans les provinces. Les départements limitrophes de la Suisse en produisent à eux seuls plus que tout le reste de la France. Genève, les cantons de Neuchâtel, de Vaud et de Berne, en Suisse, en ont encore des nombres bien plus considérables.

(2) Nous ne donnons pas ce nom à un genre de pendule qui se fait dans le Jura. C'est un objet de commerce qui n'a aucune prétention à entrer dans ce qu'on nomme horlogerie de précision.

saire au perfectionnement, sans autre point de vue. Lorsqu'un artiste est appelé à reproduire plusieurs fois un même genre de machine, chaque fois qu'il en a terminé une, il doit se censurer et chercher à mieux faire ensuite. C'est ainsi qu'après avoir travaillé pendant des années il arrive à des connaissances qu'il n'aurait jamais acquises si tout d'abord, content de son œuvre première, ou copiant servilement quelques devanciers, il eût, pour ainsi dire, creusé un moule dans lequel tous ses travaux futurs devaient être coulés.

Le défaut d'écoulement est l'obstacle capital qui s'oppose au perfectionnement de la pendule. A défaut de cette ressource, si l'artiste français voyait ailleurs un encouragement quelconque, il ne reculerait pas contre les sacrifices de temps et d'argent ! mais il ne trouve rien, absolument rien.

Privé comme tout autre d'un assez grand écoulement de pendules à secondes, et voulant cependant savoir à quoi nous en tenir sur plusieurs questions que la pratique seule pouvait résoudre, lorsque nous nous livrâmes pendant plusieurs années à l'étude de la pendule, nous eûmes recours à l'expédient que voici. Nous construisîmes beaucoup de pendules à demi-secondes, pouvant se placer sur les cheminées ; les vendant à un prix très-modique, nous en trouvâmes un écoulement facile ; notre goût pour notre art fut satisfait, sans nous encombrer d'un grand nombre de pendules à secondes qui eussent été fort difficiles à vendre. Nous nous faisons un devoir de communiquer aux jeunes gens un moyen qui nous a rendu les plus grands services pour l'instruction que nous cherchions à acquérir dans cette partie. Avertissons-les, toutefois, qu'il n'y a pas identité parfaite en tous points entre les pendules à demi-secondes et celles à secondes ; mais les nuances sont légères et faciles à saisir pour l'artiste qui a l'aptitude nécessaire, sans laquelle il serait inutile de vouloir se livrer à l'étude de l'horlogerie de précision.

Erreurs dans les tentatives de perfectionnements.

Après avoir parlé de quelques points faibles sur lesquels la pendule à secondes attend des perfectionnements, nous serait-il permis de montrer, par un exemple, combien est grande l'erreur des jeunes artistes de vouloir tout puiser dans leurs raisonnements, dédaigneux de demander à l'expérience s'ils ne se trompent pas.

De nombreux exemples pris dans les remontoirs, dans les échappements nouveaux, dans les pendules compensateurs (1) pourraient montrer que ce qui a le plus égaré les esprits est la manie de vouloir inventer ou perfectionner avant de connaître suffisamment ce qui a été fait précédemment. En outre, c'est qu'en horlogerie il ne suffit pas que la pensée puisse concevoir et appréhender une cause d'anomalie pour devoir chercher de suite à la corriger par l'introduction d'un mécanisme ou d'un moyen compliqué ; il faut d'abord demander à l'expérience quelle est la véritable somme d'action de cette cause d'anomalie, et ne chercher à la combattre que par des moyens proportionnés à ses effets, très-simples si les anomalies sont faibles, imperceptibles, énergiques si les anomalies sont positives et bien marquées. Il faut surtout être assuré, par une connaissance suffisante de la matière, que les moyens qu'on emploiera n'auront pas plus d'inconvénients que d'avantages, et c'est toujours l'écueil contre lequel viennent échouer les personnes peu expérimentées et celles qui veulent à tout prix faire des nouveautés qui ne sont, le plus souvent, que des choses déjà connues et condamnées.

(1) *Art de connaître les Pendules et les montres.* 2ᵉ édition, page 135.

CONSIDÉRATIONS PRATIQUES

SUR

L'HUILE EMPLOYÉE EN HORLOGERIE

Avertissement.

§ 1. — *Il n'y a pas d'huile parfaite.*

Rien n'est plus fréquent que d'entendre les horlogers se plaindre de la mauvaise qualité de l'huile qu'on emploie pour lubrifier les frottements dans les montres et dans les pendules. Plusieurs d'entre eux ont fait de grands efforts pour trouver des procédés qui donnassent une huile constamment bonne. Des chimistes célèbres s'en sont occupés, et cependant tous les travaux faits jusqu'à ce jour n'ont rien produit qu'on puisse considérer comme *parfait,* dans toute la force du terme.

§ 2. — *Les horlogers s'occupent trop peu de l'étude de l'huile.*

Si la science est en défaut en ne fournissant pas une huile parfaite, les horlogers ne sont peut-être pas très en droit de s'en plaindre, car eux-mêmes ils s'occupent trop peu de cette matière, qui les intéresse particulièrement. Lorsqu'ils n'auraient pas la prétention d'en pousser l'étude bien loin, ils devraient au moins ne pas la négliger entièrement, ainsi que le fait le plus grand nombre. Le Mémoire qui suit a précisément pour objet de diminuer le travail de ceux qui voudront s'en occuper. Nous nous proposons de mettre sous les yeux des jeunes gens animés de l'amour de leur art, des considérations pratiques sur la question des huiles. Nous leur exposerons ensuite les précautions à prendre pour la conservation de l'huile, les causes de son altération, soit à la machine même par le travail de celle-ci, soit par des influences étrangères.

Nous ne saurions trop recommander aux jeunes gens de ne pas trop s'effrayer (en lisant ce qui suit) des défauts et des inconvénients qui se présentent dans l'huile et dans son emploi, car malgré toute l'imperfection de cet élément indispensable, il n'est pas difficile d'obtenir deux ou trois ans de bonne marche dans les montres et les pendules, sauf quelques cas qui doivent être considérés comme accidentels.

De même il ne faut pas trop se réjouir promptement d'apparences merveilleuses que présentent certaines huiles, qui promettent beaucoup et qui souvent cachent le plus grand de tous les défauts, celui de se dessécher.

Nous les engagerons surtout beaucoup à n'accepter qu'avec réserve ces choses qui circulent de bouche en bouche et qui sont récitées le plus souvent sans examen ; rien n'est plus dangereux, nous en verrons un exemple en parlant des huiles qui verdissent légèrement et de celles qui ne verdissent pas.

§ 3. — Travaux infructueux pour la préparation
des huiles.

En examinant les principaux procédés qui ont été essayés pour préparer les huiles propres à l'horlogerie, je n'entreprendrai pas d'en faire un détail trop minutieux. On a voulu donner aux huiles des qualités qu'elles n'avaient pas, et surtout leur ôter une partie des principes qu'elles contenaient et qui étaient considérés comme nuisibles en horlogerie. Le plus souvent on s'est mépris, soit sur le but à atteindre, soit en ne remarquant pas qu'en purgeant l'huile d'un élément plus ou moins vicieux on altérait sa nature, et qu'en cherchant une qualité de peu d'importance, on lui donnait un vice radical.

C'est ainsi que les lavages par l'eau, le traitement par l'alcool, les acides, etc., etc., n'ont donné que des huiles inférieures. J'essayerai de montrer par des exemples que ces différents traitements par la voie humide ont plus altéré les huiles qu'elles ne les ont bonifiées.

La voie sèche n'a pas mieux réussi ; les différents corps, les sels de diverses natures, les bois, les métaux n'ont pas été plus heureux que les moyens dont nous venons de parler. Aussi, il faut bien le dire, puisque c'est un fait, et n'en déplaise aux chimistes, les plus distingués même n'ont pas résolu la question. Ils ont fait des huiles qui pendant plusieurs mois se conservaient parfaitement bien en contact avec le laiton, ne l'oxydaient pas, mais ensuite et dans l'année prenaient une consistance sirupeuse, puis passaient très-promptement à l'état d'une gomme épaisse s'opposant au mouvement des pièces.

Les chimistes ont toujours été induits en erreur par la pensée que tout le mérite de l'huile était de ne pas oxyder le laiton ou de ne pas se figer par le froid. En conséquence, tous leurs travaux ont eu ces deux points pour objet ; tandis que la qualité principale de l'huile, celle que le praticien demande avant toute chose, est qu'elle conserve sa fluidité le plus longtemps possible. Nous montrerons qu'une légère coloration verte après un mois ou deux, n'est pas toujours un signe certain de mauvaise qualité et d'infériorité, comparativement à des huiles qui, par suite de préparations chimiques auxquelles elles ont été soumises, ne donneraient aucune coloration.

Selon les principes de la science, en effet, la présence des oxydes métalliques dans l'huile détermine la sponification de celle-ci, et par suite sa dessiccation. Mais bien que ce soit très-vrai théoriquement, les phénomènes sont tellement variés dans le cas particulier, qu'on voit des huiles se conserver beaucoup mieux, malgré une légère coloration produite par la présence d'une petite quantité d'oxyde, que d'autres qui n'en prennent pas.

L'absence de toute coloration n'est préférable qu'à la condition d'une fluidité de longue durée.

Si, au lieu de s'en tenir à quelques semaines d'expérience, comme les chimistes le font ordinairement, on prolonge pendant des années, on voit que telle huile qu'on eût été tenté de repousser d'abord, conserve une bonne fluidité, tandis que d'autres s'épaississent à tel point que toute machine d'horlogerie serait hors d'état de marcher. C'est ce fait, que nous avons reconnu souvent, qui nous a fait dire que les chimistes avaient cherché des propriétés éphémères, sans s'occuper assez du véritable but qu'il fallait atteindre. Lorsqu'on a acquis une très-grande habitude de l'expérimentation des huiles, il en est beaucoup dont on peut déterminer en très-peu de jours la mauvaise qualité, mais il en est quelques-unes qui dissimulent longtemps leur tendance à l'épaississement, qui ne se prononce qu'après huit ou dix mois, et qui augmente ensuite avec une rapidité remarquable.

Souvent aussi on a fait des expériences mal dirigées et dans des conditions qui n'avaient pas assez d'analogie avec l'emploi des huiles en horlogerie. J'en ai vu dans lesquels des fils de laiton étaient restés plongés pendant plusieurs mois sans être oxydés, et des chimistes en concluaient que cette huile était parfaite ; tandis que cette même huile s'épaississait très-promptement lorsqu'elle était mise dans les conditions dans lesquelles on l'emploie en horlogerie.

Pour consoler les chimistes de leur non-réussite dans cette matière, nous leur dirons que celui d'entre eux qui a compté le plus de travaux utiles aux arts et à l'industrie, une des illustrations de la France, une réputation européenne, d'Arcet (1), n'a pas été plus heureux qu'eux ; il était lié avec Breguet, celui-ci réclama le secours de ses lumières, d'Arcet se mit à l'œuvre, prépara une huile parfaite... théoriquement, mais plus mauvaise que les huiles courantes de commerce pour l'usage de l'horlogerie.

Les filtrages, dans des conditions différentes, ont été employés pour séparer de l'huile, soit des matières qui s'y trouvent en suspension, soit une partie moins fluide que l'autre. Le filtrage, qui paraît l'opération la plus simple, présente

(1) Membre de l'Institut, directeur des essais de la monnaie de Paris, mort en 1841.

plusieurs dangers. On risque fort de détériorer l'huile par cette opération.

Dans un chapitre, nous rappellerons plusieurs procédés qui ont été mis en usage pour traiter l'huile par la voie humide, par la voie sèche et par les filtrages, en montrant les dangers que présentent les uns et les autres.

§ 4. — *Recherches d'une huile propre à l'horlogerie.*

Lorsque nous examinerons les diverses espèces d'huiles, nous verrons qu'on a cherché partout une huile propre à l'horlogerie. Les huiles animales extraites principalement du pied de bœuf, du pied de mouton, de la graisse de plusieurs animaux, ont été successivement essayées sans avoir rempli le but désiré. Les huiles extraites de différentes graines, fruits et noyaux, ont aussi été l'objet d'une étude toute particulière. Toutes ces investigations auxquelles nous nous sommes livré, comme bien d'autres l'avaient fait avant nous, nous ont convaincu que l'huile extraite de l'olive était vraiment la meilleure. Toutefois, nous reconnaîtrons volontiers que nous avons vu des huiles animales supporter la concurrence des huiles d'olives de second ordre (1); mais nous n'en avons pas encore vu qui puissent rivaliser, pour la petite horlogerie, avec les huiles d'olives supérieures.

Dans toutes les huiles, comme en toutes choses, il y a un choix très-important. L'espèce de l'arbre, la localité où il se trouve, l'année plus ou moins propice, la maturité du fruit, l'altération qu'il peut avoir éprouvée sur l'arbre par les insectes qui l'attaquent, celle qu'il éprouve depuis la récolte jusqu'au moment de l'extraction, le mode de première extraction, celui d'épuration, etc., etc., toutes ces choses ont une grande influence sur la qualité de l'huile.

---

(1) Il est des constructeurs de grandes horloges de clochers qui considèrent les huiles animales comme supérieures pour ces machines aux huiles d'olive. Quant à nous, nous avons employé dans de grandes horloges une huile d'olive préparée exprès; nous n'en avons éprouvé aucun inconvénient. (Mes nouvelles huiles, celles que je fournis dans le commerce, diffèrent de celles que préparait M. Laresche, mon prédécesseur.

§ 5. — *Telle huile considérée comme très-bonne par certains
artistes, n'est pas vue de même par d'autres.*

J'avais remis divers échantillons d'huile à un de mes confrères et amis, homme très-soigneux et très-observateur. L'une de ces huiles était plus fluide que les autres, elle était très-bonne, verdissait très-peu, ne tachait pas le laiton, ne donnait pas d'auréole ; il en a mis à la roue de cylindre, où elle se tint mal, il en tira la conséquence qu'elle n'était pas aussi bonne qu'une autre qui, en réalité, ne lui était pas égale pour les pivots, mais qui était plus convenable pour la roue de cylindre, parce qu'elle y restait mieux. Ainsi, voilà un habile homme qui répute une huile supérieure à une autre *parce qu'elle est moins fluide*.

D'autre part, un artiste d'un très-grand mérite pose en principe que de deux huiles la meilleure est celle qui laisse aux organes de la machine la plus grande liberté, ou, en d'autres termes, *celle qui est la plus fluide*. Il a construit une machine destinée à comparer la résistance des diverses huiles. Cette opinion est opposée à la précédente. Si donc on eût mis en comparaison, sur sa machine, les deux huiles dont je viens de parler, la plus fluide, qui a été condamnée par l'artiste cité plus haut, eût été réputée meilleure par celui-ci.

Le premier avait raison en bonne pratique rationnelle, et le second dans une théorie abstraite qui est souvent bien dangereuse.

§ 6. — *Motifs de la publication de ce travail.*

Aux expositions des produits de l'industrie nationale de 1844 et 1849, j'ai présenté, avec mes autres produits, des huiles pour divers cas d'horlogerie. Nonobstant l'avis d'un fort habile horloger, je soutiens que l'huile qui est très-bonne dans un cas ne l'est pas également dans tous, qu'ainsi vouloir que la même huile soit également propre à une petite montre et à une horloge de clocher est une erreur, qu'une huile peut être très-bonne pour l'une et moins propre à l'autre.

Les explications que j'ai été appelé à donner à plusieurs confrères, m'ont montré la nécessité *d'attaquer* des préjugés fort dangereux à l'égard des huiles ; j'ai vu des artistes, placés à juste titre sur la première ligne , être dans une erreur complète sur des questions relatives à l'emploi de l'huile en horlogerie, et ces erreurs acceptées sans examen par d'autres, par cela seul que M. *** l'avait dit.

Je suis loin d'avoir l'espoir de détruire les préjugés existant sur cette matière ; les préjugés sont presque toujours inextirpables. Si je puis seulement soulever un doute dans l'esprit d'un petit nombre de lecteurs, si leur attention est fixée par les communications qu'ils trouveront ici, il en résultera pour eux un avantage réel dont je me trouverai heureux.

Dans le travail suivant, je n'ai point eu la prétention de traiter à fond les questions qui y sont énoncées, il y aurait eu la matière de plusieurs volumes. Mon seul objet a été d'éveiller l'attention de mes confrères sur divers points relatifs à la question des huiles. Le lecteur ne devra point s'étonner s'il trouve des lacunes, des contradictions apparentes, résultant de l'insuffisance des détails, que le cadre étroit d'un Mémoire comme celui-ci n'admettait pas.

Pour donner une idée de l'étendue de la matière, et montrer ce que j'ai eu l'occasion de dire souvent de vive voix, que la vie d'un homme ne suffirait pas à bien procéder à fond tout ce qui a trait à l'huile, dans ses rapports avec l'horlogerie, qu'il me soit permis de poser quelques-unes des questions qui s'y rattachent.

Parmi toutes les variétés d'olives, déterminer la plus convenable. — Si une espèce supérieure à une autre dans un climat ne serait pas inférieure dans un autre climat. — L'influence qu'exerce une saison plus ou moins sèche dans différentes localités et sur les diverses variétés. Comparer entre eux tous les moyens proposés pour extraire et purifier l'huile. — Déterminer la différence que produit un même mode sur les différentes espèces et sur celles provenant de même espèce de fruit. — Comparer les divers modes d'expérimentation qui ont été proposés et ceux qui pourraient l'être. —

Établir par expérience et expliquer par la théorie l'action qu'exercent sur l'huile les gaz et les émanations de diverses natures auxquels elle est exposée. — Chercher les moyens de neutraliser ces actions. Déterminer les causes de l'altération qu'elle éprouve dans l'usage soit par les frottements, soit par les courants électriques qui peuvent exister, et par quels moyens on pourrait les diminuer. — Examiner si de même que des vins de différents crus gagnent à être combinés ensemble, des huiles différentes ne gagneraient pas aussi à être combinées dans de certaines proportions, etc., etc.

On conçoit que je pourrais poser encore très-facilement des pages de questions, et ceux qui savent tout ce qu'il faut de temps et de peines pour en résoudre une seule ne s'étonneront pas qu'un horloger n'ait pas la pensée de les résoudre, ils comprendront même tout ce qu'il a fallu d'études et d'observations pour arriver au travail suivant, quelque peu important qu'il soit.

§ 7. — *Pourquoi ce Mémoire ne contient pas certains détails.*

On me demandera pourquoi après avoir signalé les vices et l'insuffisance de nombre de procédés je n'ai pas décrit ceux que j'emploie tant pour l'extraction que pour l'épuration. Voici. La description d'un procédé ne suffit pas pour qu'on puisse toujours le répéter avec le même succès que celui qui en a l'habitude. Ce qu'on nomme le *modus faciendi,* ou le tour de main, entre pour beaucoup dans une infinité d'opérations ; l'expérience et l'intelligence de celui qui fait sont presque tout ; c'est ce qui ne peut se donner dans un Mémoire. Ce que je pourrais dire aux gens ayant la capacité nécessaire pour se livrer à une telle étude ils le trouveront en eux, et dans le travail d'étude et de recherches auquel ils se livreront. Je crois leur avoir épargné bien des peines en leur indiquant ce qu'il fallait éviter. Si j'avais décrit les diverses opérations et qu'on les eût mal répétées, on m'aurait accusé d'avoir induit en erreur tandis que la faute eût été à l'opérateur seul : et comme je ne réussis pas toujours à obtenir ce que je désire, il ne serait pas étonnant que des personnes qui n'auraient pas l'expérience que j'en ai acquise ne parvinssent pas la première fois, ni même la seconde, et la confiance qu'on a généralement en soi leur ferait imputer au procédé ce qui ne serait que leur fait personnel.

Je dirai, en outre, que je désire conserver dans ma famille ce petit article pour qu'il soit fait après moi comme de mon vivant; je compte quitter prochainement le commerce de l'horlogerie, mais je me réserverai la préparation de l'huile. Si j'en vois la nécessité plus tard, je n'hésiterai pas à compléter ce travail par un second Mémoire, contenant tout ce que je croirai utile d'ajouter à celui-ci.

§ 8. — *Imperfection à ce travail.*

J'ai, sans doute, laissé beaucoup à désirer. Dans une matière neuve, comme celle-ci, sur laquelle il n'existe aucun travail antérieur qui ait ouvert la marche et fait le premier pas, il était impossible qu'il en fût autrement. La question des huiles est posée depuis longtemps et n'a été abordée par personne (1), quoique beaucoup s'en soient occupés. Cela tient uniquement à la difficulté de la matière. Je sens, peut-être mieux que personne, l'insuffisance de ce travail. Mais de ce que je ne pouvais tout faire en pareille circonstance, ce n'était pas, selon moi, une raison pour ne rien faire du tout ; je commence, laissant à d'autres le soin de finir.

Il est des horlogers de premier ordre que j'ai entendus professer des erreurs capitales signalées ici. Qui me dit qu'ils ne réfléchiront point sur ce que j'ai développé, qu'ils ne feront pas les expériences que j'indique et qu'ils ne changeront pas d'opinion ? Tandis que si le doute n'eût point été éveillé dans leur esprit, il est probable qu'ils seraient restés dans la voie où ils étaient. Dans un art tel que l'horlogerie, celui qui le professe doit toujours être sur le *qui vive,* toujours exami-

---

(1) Je ne puis considérer comme un travail sérieux le mémoire de Laresche, nonobstant l'approbation qu'il a reçue d'une société savante du Nord. Dans le **Midi** il eût été considéré différemment,

ner s'il n'y a pas moyen de faire mieux que ce qu'il faisait précédemment.

Si j'ai eu la preuve que des hommes supérieurs étaient dans l'erreur sur quelques points traités ici, je suis autorisé à croire que beaucoup d'autres venant en seconde et troisième ligne ne sont pas plus favorisés, et que c'est surtout à eux que ce travail pourra être de quelque utilité, nonobstant toutes les lacunes et les imperfections qui s'y trouvent. Si le bon vouloir, la conscience et la sincérité ont quelque valeur dans une œuvre de cette nature, je suis sûr de l'approbation des hommes sérieux, les seuls dont je m'occupe.

§ 9. — *Des huiles annoncées comme merveilleuses.*

Chaque année voit paraître deux ou trois producteurs d'huile pour l'horlogerie, l'annonçant, dans un prospectus pompeux, comme parfaite, incorruptible, n'oxydant point, ne se séchant jamais, etc., etc. Une expérience, souvent même très-courte, vient prouver le contraire. Des hommes fort instruits d'ailleurs, mais n'ayant ni étude, ni pratique de l'emploi des huiles en horlogerie, ont voulu quelquefois juger des huiles d'après ce qu'ils avaient entendu dire et ce qu'ils pensaient *devoir être,* ils se sont gravement trompés. Je pourrais citer l'une des plus mauvaises huiles du commerce qui a été réputée excellente par le rapport d'un savant chimiste, etc.

Lorsque j'ai présenté mes huiles à mes confrères, j'ai procédé bien différemment ; je leur ai dit que ce n'était pas la perfection idéale que je leur offrais ; mais que les ayant expérimentées comparativement avec celles qui sont répandues dans le commerce, elles m'ont paru supérieures à celles qui, depuis de longues années, sont préférées.

Je leur dirai encore que je suis bien loin d'avoir la pensée qu'elles soient parfaites dans toute la force du terme ; mais que j'ai chaque jour des preuves qu'elles ont les qualités désirables pour assurer une bonne marche pendant plusieurs années.

Le long travail que j'ai entrepris sur cette matière, remontant à l'année 1820, me fournira les moyens d'améliorer encore chaque année les produits que j'obtiens aujourd'hui.

Si, dans la pratique de l'horlogerie, je donne une huile non pas phénoménale, du moins supérieure à celle du commerce, et que par des soins continus je parvienne à l'améliorer successivement; si, en même temps, j'offre aux jeunes horlogers les moyens d'étudier dans ce Mémoire plusieurs questions qui ne s'étaient pas présentées à leur imagination, je croirai avoir fait une chose quelque peu utile à l'art et aux artistes; tel est mon seul but.

CHAPITRE I.

Des diverses espèces d'huiles.

§ 1. — *Principale qualité de l'huile.*

Il est si important pour les arts mécaniques en général, et en particulier pour l'horlogerie, d'avoir des corps gras propres à lubrifier les frottements, qu'on a cherché dans tout ce qui existe et qu'on cherche journellement dans les substances nouvelles qui paraissent des huiles et des graisses supérieures à ce qu'on possède. Nous laisserons de côté tout ce qui a trait aux grosses machines pour ne nous occuper de la question que sous le rapport de l'horlogerie. C'est dans cette classe de machine surtout qu'il importe d'avoir une huile conservant longtemps sa *fluidité primitive,* car tout changement d'état de l'huile sous ce rapport devient une cause de perturbation dans la marche de la machine. Ainsi, de deux huiles données, celle qui après un même espace de temps a le mieux conservé sa fluidité première est la meilleure. Indépendamment de cette qualité principale, à laquelle nulle autre ne peut suppléer, il en est d'autres, mais d'un ordre très-secondaire; nous en parlerons plus tard.

Jetons un coup-d'œil rapide sur quelques-unes des tentatives qui ont été faites pour trouver une substance supérieure à l'huile d'olive, nous verrons ensuite qu'elle est encore aujourd'hui préférable pour la petite horlogerie, aucune autre ne possédant à un plus haut degré la propriété signalée ici.

§ 2. — *Travaux de MM. Chevreuil et Braconnot.*

Lorsque les travaux de MM. Chevreuil et Braconnot sur les corps gras parurent il y a une trentaine d'années, les chercheurs d'huile pour l'horlogerie se mirent de nouveau à l'œuvre. Le procédé suivant fut publié, comme étant la solution de la question :

Extrait d'un rapport fait à la Société d'encouragement en 1820.
par M. CADET-GASSICOURT.

L'auteur, après des conjectures sur un procédé d'extraction d'huile d'olive, s'exprime ainsi :

« Nous terminerons, Messieurs, par une remarque fort simple, qu'il vous paraîtra sans doute utile de communiquer à tous les horlogers. D'après les propriétés qu'ils recherchent dans l'huile (ici l'auteur aurait bien fait de les rappeler), il nous semble que l'élaïne pure remplit toutes les conditions qu'ils désirent; or, il est facile d'extraire l'élaïne de toutes les huiles fines, et même des graisses, en suivant le procédé donné par M. Chevreuil. Il consiste à traiter l'huile dans un matras, avec sept ou huit fois son poids d'alcool, d'une densité de 0, 790, presque bouillant, à décanter la liqueur et à laisser refroidir. Il se forme un précipité cristallin, c'est la stéarine qui s'est séparée. On prend la dissolution alcoolique, on la fait évaporer jusqu'à un huitième de son volume, et l'on obtient l'élaïne, qui se rassemble et qui doit être incolore, peu odorante, sans saveur, sans action sur la teinture de tourne-sol, ayant la consistance de l'huile d'olive blanche, et difficilement congélable. Les horlogers emploient si peu d'huile, que la préparation de l'élaïne augmenterait peu leur dépense. Ils auraient, d'ailleurs, la certitude de se servir toujours de la même substance. »

Autre procédé, décrit dans le même Recueil, année 1823.

« Ce procédé est fondé sur la propriété que possède la stéarine de se saponifier à froid par des lessives fortes, qui n'appartient point à l'élaïne. Pour séparer les deux substances, on verse sur l'huile une dissolution concentrée de soude caustique : on agite, on fait chauffer légèrement pour séparer l'élaïne du savon de stéarine, on passe dans un linge, et ensuite on sépare par décantation l'excès de dissolution alcaline de l'élaïne. Le procédé réussit sur toutes les huiles, excepté sur les huiles rances et sur celles qui ont été altérées par la chaleur. »

L'élaïne obtenue par ce procédé est parfaitement identique avec celle obtenue par les procédés de MM. Chevreuil et Braconnot.

Vers cette époque, nous occupant déjà de l'huile pour l'horlogerie, nous répétâmes ces expériences, et le produit que nous obtînmes, quoique conforme à ce qu'on pouvait attendre du procédé, ne valait rien pour l'usage de l'horlogerie. Les expériences que nous fîmes alors et depuis, laissèrent pour nous, comme fait constant, que *toute l'huile traitée par l'eau, l'alcool, l'éther, et surtout à chaud, n'était plus propre aux usages de l'horlogerie.*

Depuis un si long laps de temps, ces procédés et beaucoup d'autres qu'il serait trop long d'énumérer, sont connus de tous les chimistes qui se sont occupés de cette matière, et comme ils n'ont encore produit jusqu'à ce jour aucune huile *passable,* il est fort à craindre que toute huile traitée par les agents ci-dessus et autres, que les chimistes emploient de coutume, ne donne aucun résultat.

Je ne prétends pas dire, cependant, que d'autres n'arriveront point à préparer une bonne huile en traitant les corps gras par quelques procédés nouveaux, mais seulement que, soumise aux procédés employés jusqu'ici par les chimistes, elle est toujours devenue plus impropre à l'horlogerie qu'elle ne l'était avant. Je n'en ai pas vu qui aient conservé leur qualité première après l'action de ces agents cités ici.

§ 3. — *Produits considérés comme identiques par l'analyse chimique, et dont les propriétés sont différentes.*

Une des principales causes qui a fait que les chimistes ont échoué dans la préparation des huiles, comme nous le montrerons dans l'article suivant, est qu'ils ont voulu tout demander à l'art, sans tenir compte des influences de la nature. Ainsi, ils ont voulu que l'élaïne, extraite par les procédés ci-dessus, fût identiquement la même, quel que soit le corps gras dont elle est extraite. Nous ne doutons pas (puisqu'ils sont les seuls juges compétents) que l'analyse chimique n'ait montré une parfaite similitude entre ces différents corps ; mais ils savent aussi, mieux que personne, que l'analyse chimique ne révèle pas toutes les propriétés physiques de ces mêmes corps, qu'ainsi le charbon pur et le diamant donnant les mêmes résultats dans une analyse, sont cependant bien différents dans leur propriété. L'acier, après la trempe, qui lui donne tant de dureté, est le même qu'avant la trempe. L'alliage d'étain et de cuivre, qui cède si bien sous le marteau après la trempe, et qui se brise lorsqu'il est recuit, agissant précisément à l'inverse de l'acier, en est une autre preuve, etc.

Enfin, des huiles considérées comme identiques, chimiquement, se comportent tout différemment dans l'application à l'horlogerie.

Au lieu de vouloir, comme les chimistes l'ont fait, tout faire et tout expliquer par la science, qui, quelque avancée qu'elle soit, fait toujours des progrès, ce qui en présage beaucoup d'autres et laisse craindre que les théories les plus accréditées aujourd'hui ne soient renversées demain, il serait peut-être plus sage d'admettre que la nature s'est réservé des secrets que nous n'avons pas encore pénétrés, d'étudier les avantages qu'elle nous présente dans bien des cas, et de ne mettre l'art en œuvre qu'à partir du point où elle ne nous offrirait plus de ressources, et surtout de beaucoup étudier

par expérimentation. Ce sont les principes que je me suis im
posés dans mes recherches sur les huiles.

§ 4. — *Des huiles animales.*

Les huiles animales sont chaque jour remises sur le tapis
et proposées pour la petite horlogerie par ceux qui n'ont
pas connaissance de ce qui a été fait dans ce genre de recherches.

Celles d'olive leur ont toujours été préférées dans ce cas.
A la vérité, quelques constructeurs de grosses horloges emploient l'huile animale ; mais comme nous n'avons ici en vue
que la petite horlogerie, nous ne nous arrêterons pas sur
ce point. Une bonne huile de pieds de mouton est employée,
par quelques-uns, pour le graissage des gros ressorts d'horlogerie.

§ 5. — *Huiles végétales.*

L'huile de Been, que plusieurs personnes nous avaient
conseillé d'essayer, en raison de la propriété dont elle jouit,
de ne point se rancir, ne vaut rien. Pour être sûr de sa pureté, nous en avons extrait nous-même, sans avoir trouvé
dans ce produit l'espoir d'un résultat passable.

On a extrait de l'huile d'un très-grand nombre de substances, du maïs, des graines de melon, de concombre, du pépin
de raisin, des noix et des amandes de diverses espèces, du ca-
cao, de la noisette, etc., connues de tout le monde pour en
contenir. Aucune de ces huiles ne peut être employée pour
l'horlogerie.

La noix d'acajou est enveloppée d'une coquille remarquable, elle est épaisse, entre sa paroi intérieure et celle extérieure, qui sont parfaitement lisses et qui paraissent imperméables, il existe une grande quantité de cavités remplies
d'huile ; j'ai extrait cette huile, qui me laissa d'abord quelque
espoir et à laquelle je fus obligé de renoncer. Un Anglais me
communiqua une huile extraite, disait-il, des jaunes d'œufs,

détestable ; les huiles provenant des foies de poisson, *détestables.*

Pendant l'hiver de 1845, 1846, que je passais en Provence, sur les bords de la Méditerranée, observant tout ce qui avait trait à l'huile, je remarquai sur quelques coteaux un arbrisseau dont la feuille ressemble beaucoup à celle de l'olivier ; il porte un petit fruit, c'est un grain rond, légèrement applati et s'approchant un peu de la forme lenticulaire. Blanc d'abord, il se colore en rose, puis en rouge foncé, enfin passe au noir lorsqu'il est en parfaite maturité. C'est seulement un noyau recouvert d'une peau, de même que le fruit de quelques oliviers sauvages, qui ont si peu de pulpe qu'on ne peut en tirer aucune huile. Tandis qu'il serait fort difficile, à l'état sauvage où existe cet arbrisseau, d'extraire l'huile de son fruit, je crois que s'il était cultivé on en obtiendrait de bons résultats. Les espèces d'oliviers qui m'ont fourni la meilleure huile sont celles dont la feuille se rapproche le plus de celle du petit arbrisseau dont je viens de parler, et qu'on nomme *pistachia lenticula.*

L'huile serait fort difficile à extraire de ce fruit, en raison de la petite quantité de pulpe et du très-gros noyau qu'il contient. Si l'on voulait l'extraire par les moyens ordinaires, qui consistent à passer au moulin ou sous le pilon fruit et noyau, on n'aurait vraiment que l'huile de noyau, mais la culture pourrait augmenter la quantité de pulpe. J'ai ouï dire qu'en Italie, où ce fruit mûrit mieux qu'en France, on en extrait une huile qui était connue des anciens.

S'il fallait énumérer ici toutes les huiles dont l'emploi a été tenté en horlogerie, il faudrait faire une liste de toutes celles qui ont été découvertes à diverses époques ; nous ne l'entreprendrons pas, puisqu'elle ne serait d'aucune utilité pour le lecteur.

§ 6. — *Inconvénients de l'extraction dans la grande exploitation.*

Tous les travaux des grandes exploitations industrielles,

auxquels se mêlent des manipulations chimiques, entraînent après eux quelques imperfections pour les résultats. Tant que ces imperfections n'ont pas d'inconvénients pour l'écoulement des produits dans le commerce, les producteurs ne s'en occupent nullement; mais lorsque ces matières ne sont plus destinées aux usages généraux, il faut examiner la différence des produits du laboratoire, comparés à ceux de la grande usine.

Nous allons montrer les principales causes qui s'opposent à ce que les huiles versées dans le commerce soient propres aux usages de l'horlogerie.

PREMIÈRE CAUSE. — L'exploitation en grand ne peut faire aucun sacrifice, le consommateur ne lui en tiendrait pas compte, et la concurrence force à retirer de la matière première la quintessence de ce qu'elle peut produire. Ainsi, *un pour cent* est une quantité bien petite et que le propriétaire ne laisse pourtant échapper que lorsqu'il ne peut faire mieux.

Lorsqu'on a extrait du fruit la première huile, celle qui en sort facilement et que l'on nomme huile *vierge,* il en reste encore une quantité considérable qui adhère aux parties non fluides du fruit; une autre partie est très-intimement enveloppée d'un mucilage, d'une couleur plus ou moins foncée, selon l'espèce d'olive. Pour enlever cette huile adhérente au noyau, à la peau et à la chair, on arrose la pâte avec de l'eau, à la température de 40° environ, on la remue, on soumet à une forte pression, l'eau emmène avec elle une notable partie d'huile souvent enveloppée de mucilage. Pour l'en débarrasser elle est versée dans des espèces de petites cuves déjà remplies d'eau et brassée fortement. L'eau s'empare du mucilage et l'huile en est dégagée, comme nous l'expliquerons plus loin.

Cette seconde huile est bien inférieure à la première, mais le commerce, qui n'entend pas perdre et ne veut pas la vendre à un prix moindre, la mêle à la première et la *garantit* au consommateur comme huile vierge. Pour rassurer le consommateur, disons-lui de suite que de toutes les fraudes qui se commettent dans le commerce des huiles, celle-là est la plus innocente. Car généralement on lui vend une huile d'olive mélangée d'un quart ou d'une moitié d'huile de sesame et d'œillet et d'autres graines toutes siccatives et malsaines. On peut tenir pour bien certain, que dans le commerce, rien n'est plus rare que de l'huile pure (n'en déplaise à messieurs les épiciers).

Il y a quelques propriétaires qui préparent des huiles avec des soins particuliers pour les expédier à des maisons qui sont dans des conditions tout exceptionnelles ; mais le public ne peut se flatter d'en profiter.

Les horlogers qui croiraient trouver dans ces huiles la perfection que l'on peut obtenir par une extraction spéciale, se tromperaient, car ces huiles sont extraites dans les conditions les plus avantageuses pour le goût et non dans celles utiles pour l'horlogerie. Ainsi, par exemple, le degré de maturité convenable pour la meilleure huile à manger, n'est pas celui propre à l'huile pour l'horlogerie, et réciproquement ; l'huile extraite dans les conditions demandées pour l'horlogerie, n'est pas, à beaucoup près, aussi agréable pour la table que celle préparée à cet usage, lors même qu'elles proviendraient des mêmes arbres.

Le traitement de l'huile par l'eau pour la **purger** de l'albumine qui s'y trouve, et surtout par l'eau chaude, l'altère, la vicie et la rend impropre pour l'horlogerie (nous parlerons de cet effet en énumérant les moyens tentés par les chimistes pour améliorer les huiles), et l'huile ainsi traitée ne reprendra jamais les propriétés qu'elle a perdues. Telle est une des causes premières qui font que les huiles du commerce sont toutes plus ou moins impropres à l'horlogerie.

Deuxième cause. — Si vous avez assisté aux vendanges dans les pays vignobles, si vous avez vu faire le cidre, le poiré, etc., vous avez remarqué que les fruits sont récoltés sans soin, sans distinction de ceux qui sont plus ou moins mûrs, de ceux qui sont verreux, qu'il en est de pourris, qu'ils sont tous utilisés. Il en est de même de l'huile d'olive dans les grandes exploitations : tout est réuni, tout est porté au moulin, tout fait de l'huile qui se vend. J'ai vu broyer des escargots et d'autres choses trop répugnantes pour les écrire.

L'huile s'épure par le dépôt d'une grande partie des corps étrangers qu'elle contient en suspension dans le premier temps qui suit l'extraction ; mais il en est dont la présence a altéré l'huile.

L'olive est, dans certaines années, attaquée fortement par un ver qui cause une grande diminution sur le produit. Je me suis assuré que toute olive dans laquelle le ver avait fait un trou ne donnait qu'une huile impropre à l'horlogerie.

Admettra-t-on qu'un tel amalgame puisse donner une chose convenable là où il faudrait une pureté parfaite. Quel est le chimiste qui entreprendrait de ramener un tel produit à son état normal?

Il est inutile de s'étendre davantage sur ce point et de signaler d'autres causes qui rendent impropres à l'horlogerie les huiles du commerce. Il en résulte tout naturellement qu'une huile qui contient des éléments aussi vicieux ne peut être ramenée à un état parfait par l'art, et que l'art doit, avant tout, s'appliquer à une extraction spéciale, indispensable pour obtenir un produit auquel il puisse donner certaines qualités qu'on ne trouverait pas dans la nature.

CHAPITRE II.

Des divers procédés indiqués pour la préparation des huiles propres à l'horlogerie.

On verra dans ces divers procédés combien les opinions de leurs auteurs étaient différentes, et par conséquent combien il y a eu d'erreurs sur cette matière. En ne signalant ici qu'une très-faible partie des recettes qui sont parvenues à notre connaissance, il sera facile de concevoir le grand nombre qui a nécessairement été tenté sans résultat positif.

§ 1. — *Des filtrages.*

La présence de corps étrangers étant supposée par un

grand nombre la cause de l'altération de l'huile, on a eu recours à des filtrages à travers diverses substances ; les papiers, les bois plus ou moins durs, les étoffes, chacun arrangeant dans sa pensée les causes de l'altération, trouvait dans le corps qu'il employait le remède au mal, et l'huile, quelle qu'elle fût sortant de son filtre, était parfaite, ou du moins devait l'être au gré de son imagination.

Les filtrages ne remédient nullement aux fruits verts, pourris ou verreux qui ont été introduits dans l'extraction de l'huile ; sous ce rapport, ils sont impuissants. Ceux qui ont eu recours à ce moyen n'ont évidemment pas compris que l'huile pouvait être de mauvaise nature ou altérée autrement que par des corps en suspension. C'est une bien grande erreur que la moindre étude eût fait reconnaître.

Parmi les filtreurs, les opinions ont encore beaucoup varié. Les plus raffinés ont employé les bois tendres, d'autres les bois durs, le buis même, et plus l'huile passait lentement, plus ils attribuaient de mérite à leur filtre. Ainsi, j'en ai connu qui choisissaient les papiers les plus imperméables, qui remplissaient le filtre de plomb de chasse, puis laissaient filtrer, voulant imiter en quelque sorte les substances à travers lesquelles on a fait passer l'eau pour la rendre limpide.

Plus ils ont cru approcher de la perfection par des filtrages lents, plus ils s'en éloignaient, parce que dans un filtrage lent on met une grande surface d'huile en contact avec l'air atmosphérique, ce qui est un inconvénient grave (voir ci-après, *De l'action de l'air sur l'huile*), l'oxydation du plomb pouvait bien amener un commencement de décomposition de l'huile qui, par ces deux causes, était en réalité moins bonne après qu'avant. Toute bonne huile ainsi traitée devient médiocre ou mauvaise. Non-seulement le plomb, mais le zinc, le laiton réduit en limaille, ont été essayés pour s'emparer du principe de l'huile, auquel on supposait seul la propriété d'oxyder, ces tentatives ont été sans succès.

Le raisonnement qui a conduit à cette erreur est celui-ci : Il existe dans l'huile une partie, un principe qui oxyde le métal ; si l'on met l'huile dans le cas de produire cette oxydation, on aura diminué d'autant le principe destructeur, et l'huile, purgée d'une partie de cet élément, sera meilleure.

Les chimistes ont procédé par d'autres voies et, tout en faisant mieux, n'ont cependant pas réussi.

Ce raisonnement satisfait jusqu'à un certain point l'imagination complaisante; mais l'homme pratique regarde plus loin et demande compte de tous les faits, de tous les changements qui ont lieu dans une modification à l'état d'un corps, et lorsque rien ne lui garantit la perfection, il lui faut une expérimentation pour conclure.

Dans tous les cas, il reste bien constant que la mise en contact avec l'air atmosphérique de toutes les molécules d'huile l'a nécessairement altérée. Aussi, venant à l'expérience, comparant l'huile traitée par ces divers moyens avec celle qui ne l'était pas, l'avantage est du côté de celle-ci.

Un horloger, dont personne ne respecte plus que moi la mémoire et n'apprécie plus le mérite, avait, dit-on, cru trouver un moyen merveilleux. Il construisait de petits cornets d'ivoire bien minces, et s'en servait pour filtrer son huile. Quant à nous, nous n'hésitons pas à dire que le papier eût été bien préférable. Il paraît que cet artiste n'avait pas examiné l'action de l'air sur l'huile, puisqu'il multipliait cette action par le filtrage le plus lent possible.

D'autres, qui avaient bien compris cette importance, ont eu recours à l'expédient suivant pour obtenir un filtrage prompt. Ils ont coupé des feuilles de papier gris toutes égales, puis on a déposé l'huile avec un pinceau sur les feuilles, laissant un assez large rebord sans huile; les feuilles, bien superposées, ont été placées sous une forte presse, et l'huile a été forcée de traverser en peu de temps une couche assez épaisse de papier. Ce moyen est bien plus rationnel que l'emploi des bois durs et autres corps dont la porosité est très-petite.

§ 2. — *Des agents chimiques : Lavages. — Résines.—Ether.—*
Charbon, etc.

Un horloger, pour s'emparer de la petite quantité d'acide

dont il admettait la présence dans l'huile, voulut procéder en traitant l'huile à chaud par la craie, cherchant à imiter en cela le moyen qui avait été employé dans la fabrication de certains sirops pour les débarrasser des acides qu'ils contenaient.

Mais il n'avait pas réfléchi que les sirops ne sont pas saponifiables, tandis que les huiles le sont, et tels moyens, bons pour les sirops, ne le sont point pour les huiles.

DES LAVAGES. — On a prétendu que la présence d'un mucilage dans l'huile était la cause qui amenait sa siccité ; pour l'en débarrasser on a eu recours à l'eau tiède en battant fortement ensemble l'huile et l'eau ; l'huile, ainsi traitée, a été plus mauvaise qu'avant ; on a pensé que cela tenait à ce qu'une petite quantité d'eau restait dans l'huile en globules si petits qu'ils ne pouvaient pas se précipiter au fond du vase. Pour extraire cette eau, on a placé l'huile sous le récipient de la machine pneumatique faisant le vide ; l'eau, s'il en restait, a pu s'évaporer. Mais l'action que l'eau avait produite sur l'huile, l'altération qu'elle lui avait fait éprouver restait, et plus on manipulait cette huile, plus elle était mauvaise. L'alcool, employé dans les mêmes conditions, n'a rien produit. Ce procédé, tout ingénieux et simple qu'il était, n'a rien donné qui fût utile pour l'horlogerie ; toute huile, traitée ainsi par l'eau chaude surtout, perd de sa qualité... (Voir ci-après : *De l'action de l'eau sur l'huile.*)

DES RÉSINES. — Un pharmacien reconnut, il y a quelques années, que les corps gras dans lesquels on avait dissous une petite quantité de résine ne se rancissaient pas, ou bien que cela n'arrivait qu'après un temps beaucoup plus long que pour le même corps ne contenant pas de résine. Un chimiste insistait beaucoup auprès de nous pour l'application de ce moyen à l'horlogerie. Pour les huiles animales, s'il était possible, et qu'il fût appliqué et bien dirigé dans l'opération d'extraction, peut-être cela aurait-il quelque avantage. Mais les résines ne peuvent être dissoutes dans les corps gras qu'à une température élevée, et les huiles d'olive, les seules propres à la petite horlogerie, ne peuvent pas supporter une haute température prolongée sans être détériorées ; il y a trop peu à espérer de ce moyen pour qu'on doive s'y arrêter.

DE L'ÉTHER. — Les huiles étant solubles dans l'éther, on a eu recours à cette propriété pour extraire de quelques substances celles qu'on ne pouvait obtenir par d'autres moyens : ainsi, par exemple, si l'on râpe le marron d'Inde, la châtaigne ordinaire et les autres fruits du même genre, traitant par l'éther, l'huile est dissoute. Évaporant ensuite, on obtient une huile parfaitement pure, dont les chimistes ont pensé qu'on pouvait faire usage pour l'horlogerie.

J'ai essayé de ces huiles préparées par M. Chevalier, professeur à l'École de pharmacie de Paris, qui a bien voulu m'en donner. Pas plus de succès dans ce cas que dans tous ceux où les huiles ont été en contact avec l'alcool ; ces huiles étaient très-belles, n'oxydaient point, mais se séchaient en peu de temps.

DU CHARBON. — Le charbon jouit de plusieurs propriétés (Voir les Traités de Chimie) si remarquables qu'on a dû s'occuper de rechercher s'il ne présenterait pas quelques ressources pour améliorer les huiles. Personne n'a rien dit à cet égard, mais il m'a été facile, d'après les recherches que j'avais faites moi-même, de reconnaître que des huiles qui m'étaient présentées, comme très-bonnes, par des personnes qui ne communiquaient pas leurs procédés, que ces huiles, dis-je, avaient été traitées par le charbon, et même dans de mauvaises conditions.

Aucun des charbons qui existent dans le commerce, sous diverses dénominations, n'est pur. Les charbons de bois de toutes essences contiennent de la potasse et d'autres substances ; le charbon animal a une très-grande proportion de craie ; dans le noir de fumée il y a une forte proportion de résine et des huiles essentielles : c'est celui qui peut être amené le plus facilement à un état de pureté assez parfaite par la calcination en vase clos.

Tout ce que j'ai pu obtenir du charbon a été de ne pas détériorer l'huile ; le plus grand nombre de ceux que j'ai expérimentés ont rendu l'huile plus mauvaise qu'avant son emploi ;

très-peu ont été sans influence, et pas un n'a apporté de l'amélioration à la qualité de l'huile considérée dans son emploi en horlogerie. Je n'ai pas la pensée d'avoir étudié cette matière sous toutes les formes qu'il serait possible à un chimiste d'employer ; mais je crois l'avoir fait assez pour dire que, s'il n'est pas impossible de trouver dans l'emploi du charbon un agent utile pour l'amélioration de l'huile, il y a du moins bien peu d'espoir de ce côté.

§ 3. — *Observations sur les procédés qui viennent d'être indiqués.*

Dans le petit nombre de procédés que nous venons d'indiquer, on a pu remarquer le ridicule des uns ; que les auteurs des autres n'avaient même pas compris le but qu'il fallait atteindre, et que d'autres, qui pouvaient laisser quelque espoir, ont été infructueux.

Les préparateurs d'huiles se sont toujours occupés de deux propriétés seulement : que l'huile n'oxydât pas le métal, et qu'elle ne se figeât pas, tandis que la principale propriété de l'huile est de rester longtemps fluide ; et cependant, il ne paraît pas que ce soit le but qu'on ait cherché à atteindre, car toutes celles qui nous sont parvenues, préparées par des chimistes, sont plus siccatives que les huiles de seconde qualité versées dans le commerce pour l'usage de l'horlogerie. Ce fait bien constant, il faut en conclure, ou que cette propriété ne les a point occupés, ou que les moyens mis en usage ont agi en sens diamétralement opposé de leur désir.

Ce qui paraît avoir induit les chimistes en erreur c'est qu'en général, lorsque les huiles sont mêlées à des oxydes métalliques, elles sont plus siccatives qu'elles ne l'étaient avant. Ainsi, pour rendre siccatives celles employées dans la peinture, on les fait bouillir en les mélangeant avec l'oxyde de plomb.

Partant de ce fait bien connu, ils en ont conclu que pour qu'une huile ne fût pas siccative, il fallait qu'il n'y eût pas oxydation du métal, l'oxyde qui se formerait devant, par sa présence, rendre l'huile siccative.

Dans nombre de cas les préparateurs ont lavé les huiles par l'eau; ils ont fait en cela bien plus pour la détérioration de l'huile que ne l'aurait fait une légère oxydation du métal.

Aussi, il en est résulté que celles de leurs huiles qui n'oxydaient pas étaient cependant plus promptement desséchées que des huiles extraites et préparées sans eau.

Il paraît qu'ils n'ont pas examiné si le résultat des manipulations auxquelles ils soumettaient l'huile n'avait pas la propriété de faire directement ce qu'ils cherchaient à éviter indirectement; et si les manipulations auxquelles ils soumettaient l'huile pour éviter qu'elle oxydât le métal et par suite qu'elle s'épaissît, ne conduisaient pas plus promptement à l'épaississement qu'une légère oxydation. S'ils se fussent adressé cette question, qui ne devait pas être résolue par le raisonnement, mais par l'expérience, ils auraient été conduits tout naturellement à des expérimentations analogues à celles que nous avons faites, et auraient reconnu, comme nous, que toutes ces manipulations étaient d'excellents moyens pour rendre les huiles plus siccatives qu'elles ne l'eussent été sans cela, ou du moins pour leur faire prendre un épaississement nuisible à l'horlogerie.

Si l'éther et l'alcool ont eu le même inconvénient, c'est, sans doute, parce qu'une partie de l'un et de l'autre est restée combinée ou mêlée mécaniquement avec l'huile, et a formé un liquide bien moins siccatif que l'un, et un peu plus que l'huile. Aussi, toutes ces huiles essayées pendant plus ou moins de temps sont ensuite abandonnées.

J'ai très-souvent constaté que des huiles qui prenaient lentement une légère teinte verdâtre se conservaient trois et quatre ans fluides, tandis que d'autres, qui ne se coloraient point, ne restaient pas plus de huit ou dix mois en contact avec le laiton sans être hors de service; mais je conviens volontiers qu'une huile qui oxyde fortement, ainsi que je l'ai expliqué plus loin, doit être rejetée.

Il ne m'appartient pas de dire qu'un jour la science n'arrivera pas à de meilleurs résultats que ceux qu'elle a obtenus jusqu'à ce jour. Si les chimistes veulent bien me le permettre, je les engagerai à renoncer à tous les moyens auxquels ils ont eu recours jusqu'ici, et à chercher dans la nature, dans les pieds des animaux, par exemple, une huile qu'ils en extrairaient par des moyens plus mécaniques que chimiques, proscrivant l'eau, et surtout la chaleur, l'alcool et les opérations lentes dans lesquelles l'huile à extraire resterait en contact avec d'autres matières quelconques. Nombre de faits m'ont prouvé les mauvais effets qui en résultent. J'ai des motifs de croire que les animaux du Nord donneraient une huile qui serait préférée à celle qu'on retirerait de ceux du Midi. Ce sont quelques comparaisons que j'ai eu l'occasion de faire qui motivent mon opinion à cet égard.

Quelque pénible et incertaine que soit cette recherche, je n'hésiterais pas à m'y livrer, si mon âge le permettait (il y a 30 ans que j'ai commencé à m'occuper de la question des huiles). Celles que j'extrais *moi-même* des olives me donnent des résultats qui s'améliorent chaque année, par suite de l'étude continuelle que je fais de tout ce qui se passe sous mes yeux ; je n'oserais, à mon âge, entreprendre une recherche aussi aventureuse, aussi longue, quand je possède un produit vraiment suffisant.

Les recherches que j'ai faites sur les huiles animales ne me laissent pas de doute qu'on pourrait obtenir mieux que ce qu'on possède actuellement ; mais arrivera-t-on à un meilleur produit que celui de l'olive ? C'est ce dont il est permis de douter. Il serait très-heureux, sous bien des rapports, que les huiles animales pussent remplacer celles d'olive. L'extraction n'en serait pas circonscrite à une saison dans laquelle seule on puisse les obtenir. On ne serait pas exposé à voir une année défavorable priver d'un produit convenable ; ce qui oblige un préparateur à être approvisionné pour cette éventualité : grave inconvénient par les embarras qui en résultent. De leur côté, les huiles animales présenteraient une difficulté dans la fabrication. On n'aurait pas toujours les substances animales en quantité et dans l'état convenable pour l'extraction d'un bon produit. Ainsi ces substances pourraient être, 'es unes très-fraîches et en trop petite quantité pour l'extraction, et les autres de date trop ancienne. Je suis persuadé que l'huile de pied de mouton extraite le jour où l'animal est abattu n'est pas la même pour l'horlogerie que celle extraite huit jours après. Il y aurait encore différentes circonstances qui modifieraient la qualité de l'huile.

CHAPITRE III.

Divers produits contenus dans l'olive.

J'ai dit plus haut que l'huile d'olive était encore aujourd'hui la meilleure pour la petite horlogerie. Toutefois, il faut entendre que j'ai voulu parler de la meilleure huile d'olive ; j'ai expliqué pourquoi l'extraction, dans la grande exploitation, ne donnait pas une huile convenable à l'horlogerie ; chacun l'a compris. Il ne sera pas sans intérêt pour ceux qui n'ont pas habité les contrées voisines de la Méditerranée, de faire connaissance avec ce fruit, sous le rapport des substances qu'il contient. Cette connaissance fera sentir combien il doit y avoir de différence dans certaines huiles entre elles, puisque le contact plus ou moins prolongé de l'huile avec les substances qui se trouvent, comme elle, dans le fruit, change ses propriétés. Qu'on ne s'attende pas à trouver ici une analyse complète de ce fruit, je ne parlerai que très-sommairement des parties principales, de celles qui peuvent intéresser au point de vue de l'horlogerie.

§ 1. — *Des parties liquides* (1).

Lorsqu'on pressure les olives pour en extraire l'huile, trois produits liquides distincts coulent. Leur pesanteur spécifique

(1) Les botanistes remarquent un fait particulier dans l'olive et qui ne se rencontre dans aucun autre fruit. Dans l'olive, la baie contient de l'huile en grande quantité, le noyau en contient aussi ; tandis que dans tous les autres fruits, la baie n'en contient pas ; il n'y a d'huile que dans la graine, le pepin ou le noyau.

Le Pistachia lenticula dont j'ai parlé, et quelques autres, peut-être sans importance, feraient exception à cette observation.

étant bien différente, et n'ayant pas d'affinité l'un pour l'autre, ils se séparent. Le plus dense des trois est de l'eau assez abondante; elle est plus ou moins colorée en rouge-brun. Cette couleur, d'un ton très-foncé dans l'olive noire, l'est moins dans l'olive rouge, et l'est très-peu dans les espèces d'olives qui, à leur maturité, sont d'un jaune verdâtre. Cette eau, d'une saveur très-âcre et amère, contient un mucilage assez abondant et du sucre; car, après peu de jours de repos, elle passe à la fermentation alcoolique; si les industrieux habitants du nord possédaient ce fruit, probablement ils tireraient parti des principes qu'emporte ce liquide aqueux, et que les méridionaux laissent couler dans les ruisseaux.

A la partie supérieure se trouve l'huile.

Entre l'huile et l'eau dont nous venons de parler est un autre liquide qui présente un caractère tout différent, c'est de l'albumine végétale; au moment où les trois liquides sortent du fruit par l'action de la presse, l'huile se distingue facilement des deux autres; comme dans tous les cas les corps gras se séparent de l'eau, elle fait le même effet que ce qu'on nomme les yeux sur le bouillon, mais les deux autres ne se distinguent pas aussi facilement. L'albumine reste quelque temps en suspension dans l'huile, la trouble, puis descend vers la partie inférieure de l'huile; en même temps celle-ci s'éclaircit; il se forme entre l'huile qui s'est éclaircie et l'eau une couche colorée comme l'eau.

Toutefois, l'albumine ne se sépare pas complétement de l'huile en raison de sa différence de pesanteur; elle emporte avec elle une portion souvent considérable d'huile, se coagule et retient l'huile comme enfermée dans un réseau. La manière dont l'opération a été conduite détermine la plus ou moins grande quantité d'huile ainsi emprisonnée dans l'albumine.

L'albumine entraîne avec elle une plus ou moins grande quantité d'huile, selon la manière dont le pressurage est conduit; j'ai trouvé des moyens d'en séparer l'huile sans employer l'eau. J'avoue que la pratique en serait difficile et trop dispendieuse dans la grande exploitation.

Dans la grande exploitation, l'huile qui surnage et qu'on retire par une simple décantation est l'huile vierge; quant à celle contenue dans le réseau albumineux dont je viens de parler, on verse cette substance dans de grands vases aux trois quarts remplis d'eau tiède: on brasse pour mettre en contact l'eau et l'albumine; celle-ci se dissout et laisse l'huile libre.

Si l'on cherchait un moyen parfait pour altérer l'huile en peu de temps, il serait difficile d'en trouver un plus prompt et plus sûr que le brassage. L'action de l'eau, celle de la chaleur et de l'air se trouvent réunies et concourent mutuellement à se rendre plus efficaces; l'ouvrier qui fait ce travail plonge, dans le tonneau dont nous venons de parler, une casserole de la contenance de trois ou quatre litres, prend le mélange, puis élève le bras autant qu'il le peut et verse pour que, dans la chute, l'albumine se frottant contre l'eau, dans laquelle elle tombe, s'y dissolve plus facilement. De temps à autre, il ajoute de l'eau chaude pour maintenir la masse liquide à la température voulue pour dissoudre l'albumine sans la coaguler.

Lorsque l'huile est suffisamment éclaircie, on laisse reposer pour qu'elle se rassemble à la surface, d'où elle est enlevée et séparée de la première extraite, sans avoir recours à l'eau. Cette huile est la seconde; pour les connaisseurs, elle est inférieure à la première, elle rancit plus promptement; pour l'horlogerie elle ne vaut rien. Dans les pays qui la produisent, elle est employée pour l'éclairage, les fritures, etc.; mais le commerce, qui n'y regarde pas de si près, la mêle à la première, la vend comme huile vierge, et le consommateur, qui est rarement connaisseur, la reçoit comme telle. Malheureusement, nous sommes obligé de dire qu'il est trop heureux quand cette fraude est la seule, car les quatre-vingt-dix-neuf centièmes des huiles, vendues comme huile d'olive, sont allongées et n'en contiennent quelquefois pas une moitié, ainsi que nous l'avons dit plus haut.

§ 2. — *Des parties solides contenues dans l'olive.*

Outre les parties liquides dont nous avons parlé, l'olive contient trois parties solides principales et bien distinctes, le noyau, la cellulose et la peau ; l'étude de ces trois parties présenterait peu d'intérêt pour le sujet de ce Mémoire, nous n'en parlerons pas. La peau de l'olive sera seule l'objet de l'observation suivante.

L'auteur d'un Mémoire *Sur la nécessité d'employer les corps gras pour adoucir les frottements des pivots dans les machines en général et celles d'horlogerie en particulier, et sur le choix et la préparation de l'huile,* attribue à la peau de l'olive une propriété nuisible à la qualité de l'huile. C'est une erreur. Il veut qu'avant d'extraire l'huile de l'olive, celle-ci soit dépouillée de sa peau. Il cherche des infiniment petits qu'il a puisés dans d'anciens ouvrages de botanique, et imagine pour l'extraction de l'huile un procédé incompatible avec la nature de l'olive. Je me suis assuré, par des expériences comparatives qui ne me laissent aucun doute, que la peau présente ou enlevée, lors de l'extraction, ne modifiait pas la qualité de l'huile au point de vue qui nous occupe. Ce qu'il y a de plus clair dans ce Mémoire, pour ceux qui connaissent l'olive et l'extraction de l'huile, c'est que l'auteur n'a jamais essayé de pratiquer le procédé qu'il indique. Il est pénible de voir que de telles œuvres aient été couronnées par des sociétés savantes, du Nord il est vrai.

Après la première opération pour l'extraction de l'huile, il en reste encore une grande quantité dans les marcs, c'est l'opération de la rescence, qui en enlève les dernières traces d'huile.

Si nous avions à nous occuper ici de ce fruit, au point de vue de la physiologie végétale, il y aurait une étude fort curieuse à faire en examinant comment les différents liquides sont contenus séparément dans le fruit, comment et à quelle époque de la maturité l'huile se forme, etc., etc.; une telle recherche nous conduirait bien au-delà du but proposé dans cet opuscule. Cela est dans le domaine de la botanique.

§ 3. — *Des quatre espèces d'huiles d'olive extraites dans la grande exploitation.*

HUILE D'INFER. — Nous venons de faire connaître deux huiles qui ne diffèrent entre elles qu'en raison de l'altération qu'a éprouvée la seconde par l'opération du brassage avec l'eau. En voici une troisième qui, ayant séjourné longtemps en contact avec l'eau, est de beaucoup inférieure à la précédente ; c'est celle qu'on nomme huile d'infer, elle s'obtient de la manière suivante :

Les eaux qui ont servi à dissoudre l'albumine pour laisser l'huile libre, entraînent avec elles une petite quantité d'huile ; elles sont reçues dans de grands réservoirs, inférieurs à ceux qui ont servi au brassage ; là, elles séjournent longtemps, et la petite quantité d'huile qu'elles ont emportée finit par monter à la surface, d'où elle est enlevée et forme cette troisième huile qu'on nomme huile d'*infer*, nom dérivé des réservoirs *inférieurs*, desquels on la retire. On conçoit que le soin que peut mettre l'ouvrier à retirer une grande quantité d'huile, lorsqu'il a dissout l'albumine, diminue d'autant celle qui plus tard prendra le nom d'huile d'*infer*, et que si l'opération était conduite par une conscience irréprochable, l'huile d'infer serait en très-petite proportion. Mais la seconde huile appartient au propriétaire des olives qui a apporté sa récolte au moulin pour faire faire l'extraction qu'il ne pouvait faire chez lui, parce qu'il n'y a que dans une très-grande propriété qu'on puisse avoir un moulin et tout le matériel nécessaire à l'extraction. L'huile d'*infer* appartient au propriétaire du moulin, c'est un supplément au prix que paye celui qui a livré ses olives pour qu'on lui fasse l'extraction de l'huile. Voilà pourquoi cette huile est assez abondante, tandis que dans une exploitation particulière et bien conduite elle l'est moins.

Cette huile n'est pas employée pour la table. Essayée pour l'horlogerie, elle donne des résultats de beaucoup inférieurs aux deux précédentes ; elle oxyde très-promptement et très-profondément le cuivre. Il y a beaucoup plus de différence entre elle et la seconde qu'il n'y en a entre la seconde et la première. Comme il n'y a d'autre différence entre la seconde huile et celle d'infer que le séjour prolongé à la surface de l'eau et en contact avec l'air, il n'est pas permis de douter que l'infériorité de l'une sur l'autre ne tienne à cette circonstance.

HUILE DE RESCENCE. — L'olive écrasée sous la meule, soumise ensuite à une forte pression, a perdu la plus grande partie des trois liquides qu'elle contenait. Ils ont été désignés plus haut : huile, albumine, eau; toutefois, le pressurage n'est jamais si complet qu'il la dépouille entièrement. Lorsque les marcs sont retirés de dessous la presse, ils contiennent encore une quantité notable d'huile. La peau du fruit forme des espèces de poches imperméables dans lesquelles il reste beaucoup d'huile.

La meule et la presse de l'huilier sont insuffisantes pour extraire ce reliquat, ainsi que celui qui adhère aux parties solides; il faut d'autres opérations pour retirer de ces marcs jusqu'à la dernière goutte d'huile; ce sont ces opérations qu'on nomme la *rescence*. C'est en broyant complétement ces marcs, en les traitant par l'eau froide et l'eau chaude, qu'on obtient les dernières parties d'huile qui étaient contenues dans l'olive.

Il s'écoule souvent un temps assez long entre le moment où les marcs sortent du moulin de l'huilier et celui où ils sont travaillés à la rescence. Il est important, pour l'objet qui nous occupe, de remarquer ce qui se passe.

Ces marcs sont ordinairement entassés, il y reste de l'eau de l'albumine d'un principe fermentescible ; il y a une fermentation qui, s'opérant dans des corps en contact avec l'huile, altère considérablement celle-ci; aussi cette huile a une odeur très-désagréable, elle est d'un vert foncé et ne présente aucun intérêt pour l'horlogerie ; lors même que l'on parviendrait à la rendre moins mauvaise, il n'y aurait pas lieu de fonder aucun espoir sur cette huile.

OBSERVATIONS.

En suivant par la pensée les opérations d'extraction des quatre qualités d'huile dont il vient d'être parlé, on remarque que plus elles s'éloignent de la première, plus elles sont élaborées pour être extraites, et qu'en même temps elles sont plus impropres à l'horlogerie.

Dans toutes les manipulations qui ont lieu, on voit figurer comme agents principaux l'eau et la chaleur, et l'on remarque que le temps pendant lequel l'huile est en contact avec ces agents, est de plus en plus grand. Pour nous, il est bien constant que l'huile de rescence, la plus mauvaise de toutes, serait aussi bonne que la première si elle était extraite immédiatement après le pressurage, par une opération purement mécanique exécutée avec rapidité. Des expériences de laboratoire ne nous laissent aucun doute à cet égard, mais les moyens d'agir, dans la grande exploitation, manqueront probablement encore longtemps.

Nous avons montré plus haut que la grande exploitation ne pouvait fournir une huile propre à l'horlogerie, en raison des fruits verts et de ceux qui sont avariés après leur maturité ; c'est là une première et très-grande cause qui s'oppose à la qualité qu'elle doit avoir. On peut remarquer, par ce qui vient d'être dit, que l'huile d'infer est identiquement la même que la seconde, dont elle ne diffère que par un long séjour en contact avec l'air et l'eau ; qu'elle est de beaucoup inférieure à la seconde ; que l'huile de rescence, qui reste plus longtemps encore en contact avec l'air et différents corps, est plus mauvaise. Il faut en conclure, nécessairement, que ce sont toutes ces manipulations de la grande exploitation qui vicient l'huile.

Ce sont ces observations qui m'ont guidé pour opérer l'extraction de mes huiles dans des conditions bien différentes de celles de la grande exploitation, et obtenir ainsi un produit qui se prête, plus tard, aux opérations ultérieures auxquelles je le soumets pour obtenir une huile très-propre à l'horlogerie et rendre tout le service qu'on peut en attendre.

En effet, lorsqu'une huile se conserve assez fluide pendant trois ans et plus, pour n'être point un obstacle à la marche de la montre, il n'y a pas lieu de s'en plaindre.

Dans les pendules qui ne sont pas exposées aux mêmes changements de température et autres inconvénients, l'huile se conserve mieux, toutes choses égales d'ailleurs.

CHAPITRE IV.

Influence des métaux sur les huiles.

§ 1. — *Du laiton nouvellement adouci.*

Tous les horlogers ont eu, nombre de fois, l'occasion de remarquer que lorsqu'une pièce en laiton vient d'être adoucie ou polie, et qu'elle est abandonnée à l'action de l'air sans être immédiatement couverte d'un vernis, sa couleur, d'un jaune très-pâle d'abord, prend en peu d'heures un ton plus foncé, et qu'avec le temps ce ton se fonce toujours de plus en plus.

Ce changement de couleur n'est qu'une oxydation de la surface de ce métal qui a une très-grande affinité pour l'oxygène de l'air.

Qu'on prenne une plaque de laiton polie, comme on le fait pour les mouvements de pendules, qu'on y étende de l'huile qu'on aura reconnue de qualité inférieure, une de ces huiles qui attaquent fortement le laiton, et qu'on abandonne cette plaque à l'action de l'air, en l'abritant de la poussière; après un mois ou six semaines essuyez parfaitement cette huile, savonnez la plaque et passez là à l'esprit de vin, sans frotter avec un corps dur quelconque tel que le blanc de Troyes (la craie), le rouge, etc.; blanchissez ensuite une partie de cette même plaque, en la frisant au charbon, déposez plusieurs gouttes d'huile sur la partie qui a été oxydée par l'huile, et d'autres sur la partie que vous aurez blanchie. Ce sera bien le même laiton et la même huile que vous aurez employés, et cependant l'huile s'altérera plutôt sur la partie blanchie que sur la partie qui a été oxydée par le séjour de la mauvaise huile.

Cette expérience montre quelle est l'erreur de ceux qui, lorsqu'ils nettoyent une pièce d'horlogerie, cherchent à blanchir soit l'intérieur des trous, soit les réservoirs.

§. 2. — Laiton doré.

L'huile se conserve parfaitement sur le laiton doré; elle n'y change pas de couleur. Non-seulement le métal, dans cet état, n'éprouve aucune oxydation apparente, mais il a un autre avantage très-précieux, c'est que l'huile reste parfaitement à la place où on l'a mise. Cela tient à ce que la surface du laiton, lorsqu'il est doré comme on le pratique dans les montres, à l'ancienne manière, par un amalgame d'or et de mercure (1), n'est plus lisse comme un métal poli ou même seulement adouci; elle est toute rugueuse et formée d'une multitude de petites aspérités et de petites concavités; vue à l'aide d'un fort microscope, elle a l'aspect que présente une écorce d'orange.

C'est un avantage précieux de la dorure que d'avoir le double effet de préserver le métal de l'oxydation et de fixer l'huile au point où elle doit rester. Dans les pendules, dont les mouvements sont polis, on voit, plus souvent que dans les montres, l'huile s'extravaser et couler le long des platines.

Cet inconvénient tient encore à ce que souvent on met aux pendules plus d'huile qu'il ne faut; elle s'extravase, coule, et il en reste moins que si l'on n'en eût mis que la quantité convenable et propre à se maintenir au réservoir.

---

(1) Au contraire, pour la dorure par la voie humide, on déroche le laiton dans des acides, on forme à sa surface une multitude de petites concavités plus ou moins profondes qui facilitent l'écoulement de l'huile hors du point où on l'avait mise. Ces deux manières de dorer produisent des résultats différents, quant à la conservation de l'huile en sa place. Nous constatons seulement le fait sans insister sur la cause qui le produit, car il y a en apparence une similitude, et la distinction à faire conduirait peut-être un peu trop loin.

Ainsi, c'est une faute sous ce rapport, de reboucher les trous dans des ponts ou des platines dorés, quand il n'y a pas nécessité. Lorsqu'on a employé des métaux polis ou adoucis, et non dorés, pour la construction des montres, on s'est privé d'un avantage dont on ne connaissait pas tout le prix. Les divers alliages imitant l'argent qu'on a employés dans ces dernières années, sont mauvais sous ce rapport et sous d'autres expliqués dans le paragraphe suivant.

Beaucoup d'horlogers pèchent par la trop grande quantité d'huile qu'ils mettent, soit aux montres, soit aux pendules.

§ 3. — *Action de divers métaux.*

A l'exposition des produits de l'industrie de 1844, il y avait parmi mes objets une boîte contenant quinze compartiments dans lesquels étaient des plaques de métaux divers, et des plaques d'un même métal dans des états différents, c'est-à-dire d'un métal dont la composition chimique n'avait pas changé, et qui, cependant, donnait des résultats bien différents sous le rapport de son action sur l'huile. Comme il ne s'agit ici que de faire comprendre ce fait démontré par mes expériences jusqu'à la dernière évidence, que la nature du métal et son état physique contribuent à l'altération ou à la conservation de l'huile, je ne ferai qu'énoncer les faits, laissant de côté la recherche des causes dont quelques-unes seraient peut-être bien difficiles à trouver.

Le *cuivre rouge* (1) est le plus mauvais de tous; j'ai connu des horlogers très-distingués qui, cependant, l'ont recommandé pour reboucher les trous, prétendant qu'étant *plus pur* que le laiton il était meilleur pour les frottements. S'ils eussent fait des expériences comparatives, il sauraient vu que, sous le rapport des frottements, il était inférieur au laiton, parce que, se travaillant moins bien, l'exécution était moins

______

(1) Dans beaucoup d'ateliers on donne le nom de *cuivre* au laiton, c'est pour éviter toute méprise résultant d'habitudes locales que j'ajoute le mot *rouge*. Le cuivre est un métal, tandis que le laiton est un alliage de trois parties environ de cuivre et une de zinc, plus quelques centièmes d'autres métaux.

correcte, et que, au point de vue de la conservation de l'huile, il avait une grande infériorité.

Le laiton fondu altère l'huile promptement; plus il est travaillé à froid, c'est-à-dire au marteau, au laminoir ou à la filière, plus il devient propre à la conservation de l'huile.

Dans la pratique, si l'on emploie du laiton fondu, on doit reboucher les trous en laiton tiré à la filière (1), ou laminé, puis coupé en barres à la scie et forgé.

Le laiton doré conserve parfaitement bien l'huile; après l'or c'est le meilleur métal.

L'argent fin conserve assez bien l'huile, mais il ne peut être employé en horlogerie à cause de sa mollesse. Il pourrait entrer dans un alliage binaire ou ternaire, et donnerait peut-être un bon métal; toutefois il est probable que le laiton restera encore longtemps employé.

Le zinc conserve bien mieux l'huile que le cuivre rouge, et cependant on entend tous les jours des horlogersse plaindre du laiton actuel, dire qu'il ne vaut rien parce qu'il est presque tout zinc, qu'autrefois le cuivre de chaudière était bien meilleur parce qu'on n'y mettait pas de zinc (2). Le laiton ancien, comme celui d'aujourd'hui, est un alliage de cuivre et de zinc dans des proportions qui varient très-peu; on y trouve, en petite quantité, d'autres métaux qui n'y sont pas introduits exprès, mais qui se rencontrent dans le cuivre et le zinc.

Je me suis assuré, par des expériences positives, que c'est une grande erreur d'attribuer au zinc la mauvaise qualité du laiton, sous le rapport de la conservation de l'huile.

Le maillechor, ou pacfonte, alliage composé de nickel et de cuivre, est un des métaux les plus impropres à la conservation de l'huile.

Il y a une dizaine d'années, on construisit beaucoup de montres avec ce métal. Avant d'employer cette nouveauté en hor-

(1) Il y a contre le laiton tiré à la filière un préjugé qui n'est pas fondé; du laiton peut être tiré à la filière et être excellent comme il peut être mauvais, sa mauvaise qualité n'est pas le fait de la filière, mais celui de la composition de l'alliage ou du vice de la fabrication.

(2) Le mode de la fabrication ancienne pouvait différer, mais la composition du métal était la même, sauf peut-être une légère nuance dans les proportions.

8

logerie, il aurait fallu se demander comment elle s'y comporterait sous le double rapport des frottements et de la conservation de l'huile ; une expérience de trois mois l'eût fait proscrire ; à moins qu'on ne veuille dorer le métal; mais alors quel avantage aurait-il sur le laiton (1)?

Le platine pur est difficile à travailler, il est trop mou; allié il pourrait probablement donner de bons résultats, cependant nous ne pouvons lui accorder aucune supériorité sur le laiton doré (2).

De toutes ces expériences, et d'un nombre considérable d'observations que j'ai faites, il résulte que l'or et le laiton sont, jusqu'à ce jour, les deux métaux ou alliages les plus convenables pour la conservation des huiles en horlogerie (3).

Il y a une quinzaine d'années, je m'étais occupé de la recherche d'un alliage moins cher que l'or et moins oxydable que le laiton, c'est-à-dire d'un moyen terme entre l'or et le laiton, pour l'employer au rebouchage des trous qui ne peuvent pas être dorés dans l'intérieur (4). D'autres travaux m'ayant empêché de donner suite à celui-là, je le repren-

(1) Un des fabricants les plus distingués de Suisse me montrait, il y a quelque temps, des pièces avec des échappements *duplex*, dont la roue était en nickel (c'était un alliage de nickel et de cuivre), et présentait cela comme une nouveauté heureuse. Sur l'observation que je lui fis de l'action que le nickel a sur l'huile, il convint qu'il ne s'en était pas occupé. On peut être sûr qu'un tel échappement ne conservera pas ses huiles bonnes longtemps; on en imputera encore la faute à l'huile.

(2) Vers l'année 1835, on essaya d'établir à Versailles une fabrique d'horlogerie. Pour faire quelque chose de nouveau on employa un alliage de 25 de platine et 75 pour cent d'argent et on l'appela du platine et non de l'argent selon l'usage ; mais il fallait éblouir par les noms, par les apparences, etc. Ce métal, qui n'acquérait sous le marteau ni la dureté ni l'élasticité du laiton, est tombé aussi vite qu'il s'était élevé dans l'opinion de quelques personnes par engoument et non par expérience. Aussitôt des spéculateurs ont fait établir des montres en métal blanc dont la base était le nickel ; alliages très-impropres à la conservation de l'huile, comme on vient de le dire.

(3) Voir les moyens que j'ai indiqués pour la conservation des huiles à la machine.

(4) On peut dorer les trous intérieurement et les réservoirs par le procédé que j'ai indiqué (*Art de connaître et de régler les Pendules et les Montres.* 2ᵉ édition, pag. 283 et suiv.) en se servant d'un bois tendre pour faire pénétrer l'or dans les trous, néanmoins je ne verrais pas une utilité bien marquée à le pratiquer.

drai peut-être un jour, ayant conservé note de ce que j'ai
fait.

CHAPITRE V.

De l'action de quelques agents sur l'huile.

Les trois agents qui ont l'action la plus propre à détériorer
l'huile en peu de temps sont : l'air, la lumière et la chaleur.
Pour qu'on puisse facilement s'en convaincre, nous indiquerons ici quelques expériences à faire, ceux qui voudront bien
les répéter acquerront par eux-mêmes la preuve des faits
qui leur seront bientôt signalés. Quant aux questions de physique et de chimie qui s'y rapportent, il ne nous appartient
pas de les aborder. Nous ne nous occuperons que des faits
et des considérations pratiques qui sont du domaine de l'art.

§ I. — *Action de l'air sur l'huile.*

L'horloger n'a pas besoin de connaître le fond des causes
de l'épaississement de l'huile par l'action de l'air, mais seulement d'être bien averti du fait afin de l'éviter autant que
possible.

L'action de l'air sur l'huile est la moins appréciable de
toutes, parce qu'elle exige, pour être reconnue, une observation soutenue, et qu'elle échappe à l'œil inexpérimenté.
Laissons aux chimistes le soin de nous donner une théorie
du fait suivant. Bornons-nous à le présenter simplement aux
yeux de l'horloger, ce qui sera suffisant pour lui.

Il se forme, à la surface de l'huile, une pellicule plus dense
que les couches inférieures qui ont été moins longtemps en
contact avec l'air. Lorsque cette couche est brisée et mélangée avec les couches inférieures et que d'autres parties d'huile
viennent former une nouvelle surface en contact avec l'air,
il se forme alors une nouvelle couche viciée par l'air comme
la précédente, il en résulte que si de temps à autre on agite

une huile et que l'on donne ainsi naissance à la formation de nouvelles couches à la surface, on hâte l'altération de l'huile.

Mettez de l'huile dans des carafes de verre blanc, bouchez, exposez ces carafes dans un lieu où la température peu variable s'abaisse successivement à l'entrée de l'hiver et se soutienne à quelques degrés au-dessus de zéro pour que l'huile se fige légèrement; on voit quelquefois d'une manière très-distincte cette pellicule formée dans le goulot, se marquer en se figeant dans des conditions qui en font un véritable flotteur. Si l'on agite l'huile et que l'on rompe l'adhérence légère qui retient cette couche contre les parois du verre, on la voit descendre au fond du vase avec une vitesse bien plus grande qu'on ne pourrait le supposer; cela accuse une différence notable dans la pesanteur spécifique de cette partie comparée aux autres portions d'huile figée. Nous attribuons cette différence à l'oxygène de l'air absorbé par l'huile et combiné avec elle.

Craignant d'effrayer le lecteur par des détails un peu scientifiques, nous nous arrêterons à l'énoncé de ce seul fait, car chacun peut comprendre qu'il faut forcément que l'état de cette couche ait changé pour qu'elle soit devenue d'une pesanteur spécifique plus grande que le tout dont elle faisait partie. Comme on sait que l'huile va toujours en se détériorant, nous admettons que l'action de l'air en soit la principale cause dans nombre de cas.

Si l'on étend une couche d'huile sur une plaque de laiton préparée comme pour être polie et que sur une partie de la couche d'huile on pose légèrement un morceau de verre qui, en s'appliquant sur elle, n'aura d'autre effet que d'éviter le contact de l'air sur cette couche qui se trouve alors entre le laiton et le verre, on remarquera que l'altération de l'huile et celle du laiton par l'action de l'huile est plus prompte sur la partie qui n'a pas été couverte de verre que sur celle qui l'a été.

Une autre preuve bien remarquable de l'action de l'air sur l'huile et de la détérioration que celle-ci éprouve par cette action se trouve dans l'expérience suivante. Déposez quelques gouttes d'huile sur du laiton bien adouci au charbon et très-propre, conservez ces plaques dix-huit mois ou plus. Essuyez. Une ligne noire est gravée en creux par une forte oxydation du métal dessine le contour de la goutte d'huile, tandis que l'intérieur de la figure n'est point marqué, ou du moins le laiton n'est oxydé que très-légèrement.

Ce fait résulte de ce que toute la partie extérieure de cette goutte d'huile se combine avec l'air dont l'action ne pénètre pas dans l'intérieur de la goutte. C'est le point où cette couche extérieure viciée touche le laiton qui produit la destruction que nous venons d'indiquer.

Une mauvaise huile ne produirait pas cet effet, tout l'espace couvert par elle serait également oxydée. Tandis qu'une bonne huile produit une ligne bien arrêtée.

D'après la connaissance de ces faits, il sera impossible de partager l'opinion d'une de nos célébrités en horlogerie, qui prétend qu'il convient qu'une pièce d'horlogerie soit disposée de manière à ce que l'huile soit tournée et retournée chaque jour, et par conséquent, que la surface en contact avec l'air se renouvelle. Notre avis, diamètralement opposé au sien, est fondé sur les faits qui précèdent et plusieurs autres que nous n'avons pas cru devoir énumérer.

De l'observation de ces faits et de plusieurs autres inutiles de rappeler ici, il résulte que l'huile étant en contact avec l'air s'épaissit, a plus d'action destructive sur le métal, et par conséquent, devient impropre aux usages de l'horlogerie. Il est à propos que le vase qui contient la provision d'huile soit de forme telle, que la surface du liquide en contact avec l'air soit restreinte. C'est par ces motifs que nous avons fait faire des flacons cylindriques, présentant une surface très-petite, les dernières parties d'huile d'un flacon ne valent rien lorsqu'elles sont restées longtemps en contact avec un volume d'air assez considérable par rapport à la petite quantité d'huile. Lorsqu'il reste peu d'huile dans un flacon, cette petite quantité d'huile se conservera mieux en laissant le flacon débouché et seulement à l'abri de la poussière qu'en le bouchant hermétiquement.

Beaucoup d'horlogers sont dans l'usage de verser, avec le flacon, des gouttes d'huile dans un godet, pour prendre dans ce godet quelques atomes d'huile avec une petite broche semblable à un foret et la porter aux trous dans lesquels roulent les pivots. Cette manière de verser l'huile avec le flacon est très-vicieuse, parce qu'on promène le long des parois intérieures du flacon, une couche d'huile qui s'y attache en partie, s'altère facilement en raison de son peu d'épaisseur, puis se mêle à l'huile que l'on verse une autre fois. Il en est de même de celle qui adhère au bouchon ; la meilleure manière de faire est de plonger dans le flacon une petite tige d'acier, comme les horlogers en ont constamment sous la main ; en la retirant plus ou moins vivement, elle emportera avec elle plus ou moins d'huile que l'on déposera dans un godet. La propreté parfaite de la tige d'acier que l'on plonge dans le flacon est de rigueur.

§ II. — *De l'action de la lumière sur l'huile.*

La lumière qui a une action très-prononcée sur certaines couleurs et sur quelques produits chimiques dans divers cas, a la propriété de faire perdre à l'huile cette couleur légèrement jaune ou verdâtre qu'elle a à des degrés différents. L'action prolongée de la lumière la rend incolore.

Cependant, on voit beaucoup d'horlogers qui, sans avoir examiné attentivement les faits, pensent que l'huile décolorée par l'action de la lumière est purifiée ; que puisqu'elle est moins colorée, c'est parce qu'elle a été purgée d'une matière colorante qu'elle tenait en suspension ; ils croient que l'action de la lumière a produit l'effet d'un filtrage, tandis que c'est un commencement d'altération.

Les horlogers ont tort lorsqu'ils laissent leur flacon d'huile au jour sur leur établi, souvent même au soleil, ainsi que ceux qui, pour voir si de l'huile est plus ou moins figeable, la laissent au dehors, sur la fenêtre d'un appartement et dans la

plus grande somme de lumière possible et exposée à des températures variables.

Dans les nombreuses expériences que j'ai faites sur cette
question, j'ai vu des huiles qui n'avaient pas sensiblement
perdu de leur qualité, quoique décolorées par la lumière, mais
cela a été en très-petit nombre ; l'explication de cette altération plus ou moins grande de l'huile par l'action de la lumière, au point de vue de l'emploi en horlogerie, serait très-
intéressante. En attendant que la science l'ait étudiée, l'horloger doit soigneusement éviter l'action de cet agent.

Certain de ce mauvais effet de la lumière sur l'huile, nous
avons donné aux tubes que nous employons pour mettre nos
huiles supérieures une forme telle qu'ils ne peuvent se tenir
que quand ils sont enfermés dans une boîte de bois disposée à
cet effet. Alors, forcément, il faut mettre le tube dans la boîte
conservatrice ; un oubli même n'est pas possible.

Les huiles placées aux devantures des magasins de fourni-
tures d'horlogerie sont souvent détériorées par cette cause, et
l'horloger qui les emploie ne prend pas la peine de distinguer si l'huile est mauvaise par sa nature ou si elle a été détériorée par défaut de soins. Il condamne l'huile, c'est plutôt
fait.

§ III. — *De l'action de la chaleur.*

De même que nous avons constaté comme fait, sans en chercher les causes, que l'action de la lumière et celle de l'air vi-
ciaient l'huile et la rendaient moins propre à l'horlogerie, de
même nous sommes obligé de reconnaître et d'avertir simplement que toute huile traitée à chaud perd de ses qualités et
d'autant plus que l'opération est plus prolongée.

De toutes les huiles traitées par la chaleur que nous avons
essayées, pas une n'a réussi, sinon complétement, du moins de
manière à nous laisser quelque espoir que la chaleur puisse
être employée sans inconvénient. C'est pourquoi nous n'hésitons pas à proscrire cet agent dans la préparation de l'huile.
Toutefois, nous ne considérerions pas comme mauvais un
procédé qui élèverait *momentanément* la température d'une

huile à 40 ou 50°. Ce n'est pas là ce qu'on peut appeler une huile traitée à chaud. Ce que nous considérons comme mauvais, c'est une opération portant l'huile à plus de 50° et prolongée. Notre opinion à cet égard n'est fondée que sur l'expérience.

CHAPITRE VI.

De l'altération de l'huile à la machine et des moyens de la prévenir au moins en partie.

§ 1. — *Diverses causes d'altération*.

L'huile doit être placée dans les réservoirs avec soin, en évitant soit d'en mettre trop, soit de laisser traîner une partie sur le bord du réservoir, parce que, dans l'un et l'autre cas, on l'expose à s'extravaser et à laisser le pivot à sec.

La détérioration des parties frottantes, soit qu'elle résulte d'un cas fortuit, soit que la mauvaise exécution l'ait produite, amène toujours celle de l'huile. Ainsi, telle huile qui s'est bien conservée à l'un des pivots de la machine s'épaissit et se gâte en peu de temps au pivot opposé, et cependant la même huile a été mise partout. Il faut bien reconnaître que des circonstances différentes se sont rencontrées dans ces deux cas. La qualité du cuivre peut, à la vérité, y être pour quelque chose; mais la cause la plus ordinaire est la mauvaise exécution du trou ou du pivot. Si les horlogers avaient des microscopes convenables pour bien voir et juger les petits pivots après le travail du brunissoir, ils reconnaîtraient ce qu'on observe assez souvent sur les gros pivots faits par des personnes infidèles dans leur travail, c'est que les pivots ne sont pas ronds; ils sont souvent ovales, et même prismatiques, ce qui conduit à la destruction des trous et à la détérioration de l'huile.

On voit des pièces d'horlogerie dans lesquelles l'huile s'est gâtée et desséchée complétement en quelques mois, tandis que la même huile, mise à d'autres pièces qui ne se sont pas trouvées dans le même lieu, s'y conserve bien. Il faut en conclure que l'air atmosphérique qui, dans son état de pureté, a déjà une action sur l'huile, en a une bien plus puissante encore quand il entraîne d'autres gaz avec lui. Quels sont ces gaz? Comment agissent-ils? Dans quelles circonstances? Ne se forme-t-il pas des courants électriques? Et ne se passe-t-il pas des phénomènes que les chimistes pourraient étudier pour nous les expliquer? Ce sont là des questions fort intéressantes dont nous désirons vivement la solution.

Julien Leroy a dit quelque part que, s'il le pouvait, il mettrait une bouteille d'huile à chaque pivot. Partant de là, beaucoup d'horlogers mettent beaucoup trop d'huile dans leur réservoir, ce qui a l'inconvénient de la faire extravaser, comme on l'a dit plus haut. Sans contredit, une grande quantité d'huile serait très-avantageuse si elle pouvait être placée dans les réservoirs d'une manière sûre. C'est sous ce rapport que la forme et la dimension des réservoirs et des contre-pivots doivent fixer particulièrement l'attention des horlogers; on ne saurait trop les bien disposer pour que l'huile s'y maintienne avec sûreté et en quantité suffisante.

Dans les montres à roue de rencontre, surtout dans celles qui sont très-plates, on fait tourner le pivot supérieur de la verge du balancier simplement dans le coq, et comme celui-ci est toujours assez mince, on n'a pas la possibilité de le former en *goutte de suif* dans la partie qui est sous le coqueret d'acier. Souvent aussi la négligence fait omettre cette précaution.

§ 2. — *Des trous rebouchés et de la forme des réservoirs.*

L'une des opérations qui se font le plus fréquemment dans le rhabillage consiste à reboucher les trous devenus trop grands. Cette opération est souvent faite sans nécessité, parce qu'il faut plus de jeu dans les trous, vers les derniers mobiles surtout, que ne le pensent la plupart des horlogers.

D'un autre côté, elle est presque toujours faite sans les soins qu'elle mérite.

Il n'est pas possible de reboucher un trou sans enlever en partie la dorure qui l'avoisine, et le bouchon qu'on rapporte n'est pas doré, à moins qu'on ne fasse redorer la pièce, ce qui ne se pratique pas.

Sous ce premier rapport, un trou rebouché dans une montre est moins propre à la conservation de l'huile que le trou primitif; mais, de plus, il est fort rare de voir des trous rebouchés aussi proprement que le font les finisseurs dans les fabriques. Les ouvriers rhabilleurs, après avoir rebouché un trou, fraisent des deux côtés avec des fraises qui, au lieu d'être de forme appropriée aux circonstances, sont, le plus souvent, mal formées, en mauvais état, et mal gouvernées. Elles laissent, dans toute la partie qu'elles touchent, des sillons concentriques; d'où il résulte que le laiton présente à l'huile une plus grande surface que s'il était coupé, lisse et poli ; mais pour cela il faudrait des fraises bien faites, et c'est ce dont s'occupent peu la plupart des rhabilleurs.

Quelques horlogers, par excès de zèle, lorsqu'ils repassent une montre neuve, rebouchent tous les trous, lors même qu'ils ne sont ni mauvais, ni trop grands. Ils donnent pour motif que le laiton qu'ils emploient est meilleur que celui dont la montre est faite.

Cette précaution est plus ordinairement nuisible qu'utile. Voici pourquoi : d'abord, si vous demandiez à l'horloger qui le fait par quel essai comparatif il s'est assuré que son laiton soit meilleur que celui dont la montre est faite, il vous dirait de bonne foi : « Aucun, mais *je crois qu'il est meilleur*. » Il vous ajouterait « que le cuivre des fabriques est mal écroui, » ce qui est vrai, mais n'est pas suffisant pour justifier l'opération.

Dans cette manière de procéder, il y a substitution d'un laiton à un autre, sans motif suffisant, et dépouillement de la dorure qui protége l'huile. C'est donc une faute réelle que de reboucher un trou sans nécessité, parce qu'il n'est pas démontré qu'on gagne quelque chose du côté de la matière, et qu'il est certain qu'on sacrifie l'avantage de la dorure. C'est moins la dureté de la matière que la perfection dans l'exécution des trous et des pivots qui est un sûr moyen de conserver les parties frottantes et l'huile. Ainsi, j'aime mieux un trou et un pivot bien faits qu'un trou mal fait dans du laiton plus dur. La plupart des personnes faisant le rhabillage n'ont pas été appelées à fixer leur attention sur l'exécution des trous et des pivots et sont dans la sécurité la plus complète à cet égard, croyant faire l'un et l'autre tels qu'ils devraient être, tandis qu'il s'en faut de beaucoup. En tenant compte des recommandations faites en différentes parties de ce Mémoire et dans celui qui traite des causes de destruction des parties frottantes, l'huile se conservera mieux qu'elle ne le ferait sans ces précautions.

§ 3. — *Des réservoirs dans les pendules.*

La forme des réservoirs des pendules est peu propre à la conservation de l'huile ; s'ils sont remplis, elle s'extravase facilement ; s'ils ne le sont pas, l'huile, attirée par la partie concave du réservoir, ne présente plus à l'air une surface plane, mais bien une surface concave en contact avec l'air ; cette surface est très-grande, proportionnellement à la quantité d'huile. En posant avec précaution l'huile dans le fond, on éviterait qu'elle prît cette forme. Il y a en ce point quelques difficultés que l'on ne pourrait vaincre qu'en changeant la forme des réservoirs ; mais une telle réforme est bien difficile à introduire dans la fabrication de la pendule. Quand on aura des trous à reboucher et des réservoirs à faire, il sera bon de les tenir étroits, afin que l'huile présente moins de surface à l'air et qu'elle ne s'extravase pas.

D'autre part, quand on polit un mouvement de pendule, on est dans l'usage de bien nettoyer les réservoirs avec la craie, ce qui en enlève la légère couche d'oxyde formée et qui aurait évité qu'une oxydation se formât et accélérât l'altération de l'huile ; aussi voit-on l'huile mise au mouvement de pendule se gâter très-promptement.

Sans la déplorable manie de l'époque actuelle, à laquelle

le public veut tout à des prix tellement bas qu'il est impossible de faire tout ce qu'on voudrait pour la perfection des ouvrages de mécanique, on pourrait dorer l'intérieur de ces réservoirs.

§ 4. — De la propreté.

Savonner une pièce d'horlogerie démontée, la passer à l'esprit de vin, ne suffit pas ; il faut essuyer les trous et les réservoirs ; l'esprit de vin, en s'évaporant, laisse un résidu qui ne doit pas rester dans les trous, il contribuerait à l'altération de l'huile qu'on y mettrait. On essuiera les trous en y passant une pointe de bois de fusin dans les petits et de peuplier ou de saule dans les gros trous.

Pour bien essuyer les réservoirs, on se servira d'un morceau de peau convenable et d'un bois taillé dans la forme du réservoir.

Beaucoup d'horlogers sont dans l'usage de hâler sur une pièce et de la brosser ; c'est un moyen qui facilite pour faire briller les parties visibles, mais qui, le plus souvent, laisse une humidité nuisible dans les trous et les réservoirs ; c'est une mauvaise pratique.

§ 5. — Des courants d'air et de la détérioration de l'huile aux pivots de secondes.

L'huile se gâte assez promptement aux pivots de secondes par deux causes particulières à ces pivots, indépendamment de celles qui sont communes à tous.

PREMIÈRE CAUSE. — Lorsqu'une montre passe d'une basse température à une température plus élevée, l'air qui se trouve dans l'intérieur de la boîte se dilate, occupe un plus grand volume que lorsqu'il était plus froid ; comme il n'est pas comprimé, il y en a une quantité qui sort nécessairement de la boîte de la montre ; cette quantité est égale à la différence du volume.

Cet air sort par tous les points ouverts, quelque petits qu'ils soient ; le trou des pivots de secondes, dans le cadran, fait l'effet d'un détroit qui sépare deux mers, et dans lequel il y aurait nécessairement un courant si le niveau de l'eau s'élevait plus dans l'une des deux mers que dans l'autre. De même dans une montre : dès qu'il y a élévation de température il y a des courants d'air dans différentes directions, et les trous faits au cadran doivent nécessairement être un passage pour une proportion notable d'air.

Ce qui se passe lorsque la température d'une montre s'élève a également lieu quand la température s'abaisse, seulement les phénomènes ont lieu en sens inverse.

Il a été expliqué que l'huile exposée à l'action de l'air se détruisait plus promptement que quand elle en était à l'abri. Sous l'influence d'un courant, l'action sera encore plus grande, et comme le réservoir du pivot de secondes est exposé à un courant presque continuel, il est bien constant qu'il y a là une cause majeure de détérioration (1).

Indépendamment de l'effet que produit le courant d'air par son action comme agent chimique, ces courants ont un autre effet mécanique qui n'est pas moins dangereux. Dans une montre, surtout dans celles que l'on porte dans le gousset, il y a de la poussière qui commence à s'introduire dès le premier jour que le propriétaire la porte; cette poussière se compose en grande partie du duvet produit par les vêtements; elle est très-mobile, et les courants d'air la transportent d'un point à l'autre dans l'intérieur de la boîte. Lorsque cette poussière vient à passer près du pivot de secondes, si elle en approche assez près pour toucher à l'huile, elle s'y fixe et ne peut plus être entraînée par les nouveaux courants d'air. Telle est une des causes qui apportent un prompt épaississement à l'huile, en ce point de la machine; elle joue le même rôle vers les autres pivots, contribue en outre à faire extravaser l'huile par un effet de capillarité qui se produit bientôt.

DEUXIÈME CAUSE. — Le pivot de secondes est toujours plus gros qu'il ne le serait s'il ne devait porter l'aiguille; sa vitesse angulaire n'est pas diminuée en proportion; il y a

---

(1) On fait bien de placer sur la platine ou le pont qui porte le pivot de seconde un canon pour éviter cet effet ou tout au moins pour le réduire.

donc des surfaces plus étendues qui frottent l'une contre l'autre que s'il n'y avait pas d'aiguille de secondes, et de là une action destructive plus grande, en tant qu'elle provient du broiement de l'huile et de la poussière qu'elle contient, par le pivot contre la paroi du trou.

D'autre part, *quelques personnes pensent* que le poids de l'aiguille détermine une flexion dans le pivot, surtout lorsque la montre est verticale, et que cette difformation augmentant les frottements, contribue à l'altération de l'huile et du pivot.

§ 6. — *Des contre-pivots.*

Les contre-pivots ne sont employés ordinairement que pour diminuer la résistance qui aurait lieu et qui serait plus grande si le mobile s'appuyait sur une portée, ou, comme on est dans l'usage de l'exprimer en horlogerie, *pour réduire le frottement* (1). Ils présentent de l'avantage pour la conservation de l'huile ; s'ils étaient bien étudiés à ce point de vue, si le réservoir était bien combiné, si la partie de la pièce qui est près du contre-pivot était formée dans de bonnes conditions pour maintenir l'huile, ils seraient d'un grand secours pour sa conservation.

Dans l'ouvrage qui fera suite à ce volume, nous nous occuperons de ces différentes parties, qui sont du ressort de l'exécution et qu'il n'est pas possible d'aborder ici, où nous ne nous occupons que de la question de l'huile.

§ 7. — *Pourquoi l'huile se conserve moins bien aux mouvements de pendules neufs qu'aux anciens? Par quel moyen remédier à cet inconvénient?*

Tous les penduliers observateurs ont remarqué ce fait ; ils en ont demandé l'explication.

Les mouvements de pendules neufs sont remontés à l'instant où ils sortent des mains de la polisseuse ; lorsque le lai-

____

(1) Nous employons cette expression vicieuse pour être plus facilement entendu de tous.

ton vient d'être poli, il est très-oxydable ; du jour au lende-
main, sa couleur est changée par l'action de l'air ; dans cet
état, il s'oxyde aussi très-promptement par le contact de l'huile,
et l'action réciproque des deux corps amène une prompte altération de l'huile. Tandis que lorsque les réservoirs sont
tapissés d'une ancienne couche d'oxyde formée par la succession du temps, sous l'action de l'huile, cette couche, interposée entre le laiton et l'huile, conserve l'un et l'autre ; les faits
qui se passent ici sont analogues à ceux auxquels on attribue
la conservation des anciens objets en bronze trouvés dans la
terre, notamment en Égypte.

Il est plusieurs moyens d'éviter cet inconvénient ; le plus
simple consiste à chauffer les platines, avant de les donner
à la polisseuse, assez pour que la couleur du laiton change,
puis éviter que la polisseuse, après son poli fait, ne nettoie les
trous et les réservoirs avec du blanc, comme elle le fait ordinairement. L'horloger fera cela en savonnant avec une brosse
très-douce. Il faut ensuite essuyer avec une peau introduite
dans les réservoirs au moyen d'un bois façonné pour cela.
On voit que ce procédé a pour objet de tapisser les réservoirs
d'une légère couche d'oxyde. Si l'on avait quelques jours à
pouvoir sacrifier, il serait mieux de mettre de l'*huile à bronzer* ci-après désignée dans tous les réservoirs ; et laisser la
cage ainsi autant que possible, dans un lieu très-chaud,
pendant 6 ou 8 jours au moins, puis à faire polir en ména-
geant les réservoirs, comme il vient d'être dit.

Le procédé que j'emploie dans mes pièces marines consiste
à les faire marcher pendant tout le temps du réglage et des
épreuves avec une mauvaise huile qui ne peut servir qu'à cet
usage, et qui oxyde autant le laiton en deux mois qu'une
bonne huile l'oxyderait en deux ans. Lorsque je veux livrer
la pièce, je change les huiles avec toutes les précautions que
le cas exige, nettoyant les réservoirs et les trous, mais sans
les blanchir. L'huile dont je me sers pour bronzer ainsi les réservoirs, est un résidu de la préparation de mes huiles ; il est
sans valeur et à la disposition de mes confrères.

La dorure et plusieurs autres procédés que j'ai essayés pour parvenir au même but, ne me paraissent pas meilleurs que celui-ci.

§ 8. — *De l'huile Colorée en rouge et en noir.*

Indépendamment de la couleur verte dont nous avons parlé et qui est la seule que l'huile présente dans certaines expériences faites en dehors de l'application à l'horlogerie, elle en prend deux autres dans la marche d'une machine, sous l'influence des frottements. Tantôt elle devient rouge, d'autres fois elle devient noire. La couleur rouge résulte de la destruction d'une partie d'acier qui passe à l'état de protoxyde de fer. Ce n'est pas l'huile qui *devient rouge*, comme on est dans l'usage de le dire, c'est l'oxyde de fer qui se mêle avec elle et qui lui donne cette couleur. Cela est si vrai, que lorsqu'un pivot a marché sans huile, on y trouve de l'oxyde de fer semblable à du rouge à polir.

La couleur noire peut être attribuée soit à une destruction de l'acier qui n'est pas passé à l'état d'oxyde rouge de fer, ou bien à une destruction d'une partie de cuivre. Très-souvent aussi cette coloration en noir résulte d'un manque de propreté de la part de l'ouvrier qui a remonté la pièce.

Nous manquons de moyens pour déterminer, d'une manière rigoureuse, la cause de coloration en noir ; toutefois, comme cette question est peu importante pour le sujet traité ici, nous ne nous y arrêterons pas ; pour nous, il est constant que la malpropreté ou la destruction du laiton en sont les causes les plus ordinaires.

§ 9. — *Pourquoi une même huile tantôt se conserve et tantôt se détériore-t-elle? Des frottements.*

S'il fallait examiner tous les cas de détérioration de l'huile que cette question embrasse, la liste en serait longue ; ici, nous dirons seulement un mot de deux de ces cas, la nature du métal et les conditions du frottement.

Dans une même montre, l'huile est souvent détériorée à l'un des pivots d'un mobile et non à l'autre, la nature du cui-

vre peut agir (le laiton fondu dont on fait des ponts en pendule, altère promptement l'huile). Mais ce sont surtout *les
conditions dans lesquelles les frottements ont lieu* qui, agissant
*d'une manière différente, produisent sur l'huile des effets di-
vers,* et l'imperfection de l'exécution contribue à rendre les
frottements plus ou moins propres à détériorer les métaux
et l'huile.

Je me borne à énoncer ici ce fait ; son explication entraî-
nerait un peu loin, elle serait difficilement comprise par ceux
qui n'ont pas fait d'études, tandis que ce simple énoncé suffit
à ceux qui sont observateurs. Le mémoire suivant sur les
causes de destruction des parties frottantes fera comprendre
plusieurs cas de destruction toujours suivis d'altération de
l'huile.

§ 10. — *Des émanations.*

Un cas très-remarquable et dont on se préoccupe peu, est
celui de l'atmosphère dans lequel est placée l'huile. Il y a une
cause majeure de conservation ou de détérioration dans la
nature des émanations auxquelles l'huile est exposée. Plusieurs horlogers ont remarqué que les montres de certaines
personnes avaient les huiles bien plutôt épaissies que celles
d'autres. La nature de la transpiration, surtout pour les montres d'hommes portées dans le gousset, en est la cause ; nombre de faits observés m'ont convaincu que l'huile pouvait
éprouver des altérations plus ou moins grandes par l'action
qu'exercent sur elle les émanations des corps qui l'environ-
nent, et quelques-uns de mes confrères sont de mon avis.
Cette opinion, reposant sur des faits très-répétés et très-pal-
pables, trouve cependant des contradicteurs.

Je citerai un fait, parmi bien d'autres, que je pourrais
donner à l'appui de ce que je viens d'énoncer. En juin 1842,
je livrai à la marine trois chronomètres qui furent embar-
qués à Toulon, sur la corvette de charge *le Rhin,* commandée
par M. Berard, capitaine de vaisseau, allant à la Nouvelle-
Zélande. Dix-huit mois après environ, M. le commandant
Lavaud, qui avait été remplacé par M. Berard, rentrant en

France, rapporta deux de ces pièces, les N⁰ˢ 74 et 92. Il me dit qu'il avait su qu'elles avaient bien marché en allant; mais que pendant son voyage pour revenir elles avaient fort mal marché; qu'au reste je n'étais pas plus malheureux dans cette circonstance que les autres horlogers, car il avait plusieurs pièces à son bord, que pas une n'avait donné des résultats satisfaisants.

Ayant démonté ces pièces, je les trouvai dans le plus mauvais état : les cuivres étaient très-oxydés, les huiles très-épaisses et ne permettant plus ce qu'on peut appeler une marche. Il était bien évident pour moi que ces pièces avaient été détériorées par des émanations qui avaient pénétré dans les mouvements, et même oxydé le cuivre bien plus que cela ne se voit de coutume.

La troisième pièce revint lors du retour de M. Berard, plus de trois ans après, dans l'état où une pièce peut être après avoir tenu la mer pendant trois ans. Que s'était-il passé? Les pièces rapportées par M. Lavaud avaient été exposées à des émanations particulières, altérant le laiton et l'huile. Il serait à désirer que des chimistes entreprissent une série d'expériences pour reconnaître quels sont les gaz qui peuvent produire ces altérations; mes occupations ne m'ont pas permis de suivre un travail que j'avais commencé dans cette vue.

D'autre part, une dame porte sa montre avec des cassolettes contenant des odeurs, dans l'atmosphère desquelles elle la laisse constamment exposée. Les gaz qui s'échappent de ces cassolettes pénètrent dans la montre et peuvent agir sur l'huile. La nature de la transpiration est très-différente chez les hommes selon les tempéraments, les habitudes d'alimentation, etc.; elle est donc encore capable de vicier plus ou moins les huiles.

Si l'on pouvait suivre de point en point toutes les conditions dans lesquelles est mise une huile, on trouverait bien des causes de son altération indépendantes d'elle-même (1).

---

(1) Les hommes qui n'ont rien étudié disent tranquillement : faites une huile qui résiste à tout.

Ainsi l'on verra que l'horloger qui a remonté la montre a l'habitude de hâler sur ses pièces pour les brosser et les faire briller ; qu'un autre ne met aucun soin pour son huile, la laisse à la lumière et à la poussière ; qu'un troisième passe entre ses lèvres, pour la nettoyer, la petite broche dont il se sert pour poser l'huile, et que mille autres négligences de ce genre sont commises journellement.

Quand on considère ainsi toutes les conditions dans lesquelles se trouve une huile, depuis l'instant où elle sort des mains du préparateur jusqu'à ce qu'elle ait deux ou trois ans de service dans une machine, la chose la plus étonnante est qu'il y en ait qui ait pu résister.

§ 11. — *Des ressorts de pendule.*

Je dois signaler ici une pratique très-vicieuse, et pourtant presque générale, chez les penduliers. Lorsqu'ils ont retiré le ressort de dedans le barillet ils le tendent, l'essuient pour enlever toute huile ancienne et ordinairement desséchée, puis le remettent dans le barillet et versent de l'huile qui coule entre les lames. Ne parlons pas maintenant de l'inconvénient qu'il y a à ouvrir ainsi une lame de ressort, c'est une question d'horlogerie ; l'huile seule nous occupe.

En versant de l'huile sur le ressort dans le barillet, il faut en mettre beaucoup plus qu'il n'est nécessaire, afin qu'elle pénètre partout. L'huile en excès a l'inconvénient de couler en dehors du barillet, de salir la pièce et de laisser entre les lames beaucoup plus d'huile qu'il n'est nécessaire à l'usage. Lorsqu'elle vient à s'épaissir, elle détermine une très-forte adhérence des lames les unes contre les autres, ce qui fait pelotonner le ressort, altère la marche et cause même des arrêts.

Ceux qui voudront bien faire, procèderont autrement. Ils se borneront à verser sur la lame du ressort, bien nettoyée préalablement, quelques gouttes d'huile et l'étendront en passant la lame entre le pouce et l'index ; ayant ainsi bien étendu cette huile, de manière à ce que tous les points de la lame soient couverts d'une légère couche, il s'en trouverait

encore plus qu'il n'est utile ; on enlèvera ce qu'il y a de trop
en passant légèrement un petit linge, de manière à ne laisser
à la lame que ce qui ne peut couler.

En effet, l'objet qu'on se propose, en mettant de l'huile au
ressort, est d'éviter l'oxydation qui se formerait par le frottement des lames s'il avait lieu à sec, et de faciliter ce frottement lorsqu'il a lieu. Pour atteindre ce but, il ne faut pas
une très-grande quantité d'huile, la plus légère couche à la
surface suffit.

Ce qui vient d'être conseillé aux penduliers est pratiqué
par les artistes qui tiennent le premier rang dans l'horlogerie supérieure ; leur exemple sera sans doute suivi par les
jeunes gens jaloux de bien faire.

§ 12. — *Précautions pour la conservation de l'huile.*

Comme il est très-important pour l'horloger de conserver
la bonne huile dans son état primitif, j'indiquerai ici les
principales précautions ; les motifs sont faciles à trouver dans
les détails donnés dans ce Mémoire. La lumière, la chaleur,
l'humidité, l'air, ont chacun en particulier une action nuisible à la conservation de l'huile ; d'où il résulte que, pour la
bien conserver, il faut la tenir dans un lieu sec et frais, les
flacons parfaitement bouchés. Une application judicieuse de
ce que nous avons dit plus haut en parlant de l'action de
quelques agents sur l'huile contribuera encore à sa conservation. On prendra, en outre, les précautions suivantes :

1° Tenir le flacon dans une boîte de bois ou de carton pour
qu'il soit dans l'obscurité, et la boîte elle-même dans un
meuble où la lumière ne pénètre pas ;

2° Le flacon sera toujours droit pour que l'huile ne touche
pas au bouchon. Lorsqu'on reçoit un flacon et qu'on l'ouvre
pour la première fois, il est à propos d'essuyer l'intérieur du
goulot et le bouchon, même de couper une tranche mince
du bouchon et de le remettre avec précaution pour qu'il ne
prenne pas l'huile ;

3° Pour prendre de l'huile et la placer dans le godet qui
sert à l'usage ordinaire, il ne faut pas verser avec le flacon,

on mettrait de l'huile au goulot, on serait obligé de l'essuyer ;
c'est difficile et on ne le fait pas toujours très-bien. En plongeant une petite tige d'acier très-propre et en la retirant un
peu vivement, elle emporte avec elle quelques gouttes d'huile
qu'on laisse tomber dans un godet. Outre ces précautions, la
plus grande propreté est indispensable dans l'emploi. Cette
condition n'est pas toujours remplie, nous sommes même
obligé de dire qu'il est peu d'horlogers qui y mettent tous les
soins nécessaires.

CHAPITRE VIII.

De l'huile pouvant se figer.

§ 1. — *Épaississement de l'huile.*

Une huile qui aurait, indépendamment de toutes les autres
qualités, celle de ne point se figer par le froid, serait préférable à celle qui n'aurait pas cet avantage. Mais comme on a
beaucoup exagéré l'inconvénient résultant de la possibilité
de se figer, nous essayerons ici de réduire cet inconvénient à
sa juste valeur ; elle est bien minime.

Quand on veut examiner l'action du froid sur l'huile, il est
essentiel de distinguer si l'huile est ou n'est pas conservée
dans son état primitif. Il y a une grande différence dans ces
deux cas, auxquels on prête peu d'attention. L'huile épaissie
par le froid ne se présente pas dans le même état, lorsqu'elle
était bien conservée, que lorsqu'elle était épaissie par sa nature ou par une altération qui lui donne une consistance
sirupeuse. Cette distinction est importante, car dans le premier cas le froid agit beaucoup moins sur la marche de la
pièce que dans le second ; c'est ce que nous allons examiner.

§ 2. — *L'huile figée.*

L'huile d'olive non altérée, par aucune cause, étant exposée
à un prompt abaissement de température, se trouble par la

formation d'une innombrable quantité de petits cristaux qui restent quelque temps en suspension. Ces cristaux, d'une densité plus grande que le reste du liquide, descendent lentement au fond du vase. D'autres cristaux se forment encore et viennent augmenter le dépôt qu'on remarque d'abord; et l'huile est dite figée lorsque tout le vase qui la contient n'en laisse plus une assez grande quantité fluide pour qu'en le penchant elle coule.

Par un abaissement de température plus grand et plus prolongé que celui qui produit l'effet ci-dessus, les cristaux ne descendent point au fond du vase, ils restent supportés les uns par les autres et ne présentent plus à l'œil la fluidité qui existait avant.

Généralement, on croit alors que l'huile est passée à un état demi-solide, qu'elle a acquis une consistance sirupeuse, par exemple telle que celle que présente la mélasse. Tandis que la consistance de ces deux substances est un état bien différent.

A l'aide d'une forte loupe, examinant de l'huile figée, on distingue très-bien des cristaux liés les uns aux autres par une partie liquide; on remarque encore que, lorsque l'huile est exposée à un froid de plus en plus intense, la proportion des parties solides augmente et celle du liquide suit la raison inverse.

Le changement d'état physique de l'huile par le froid, tel que je viens de l'indiquer, se remarque très-fréquemment; c'est pourquoi il a été signalé d'abord. Quoique l'effet d'un abaissement de température soit toujours de cristalliser une partie plus ou moins grande de l'huile, la manière dont cette cristallisation s'opère varie beaucoup et présente à l'œil des aspects bien différents. Le premier des deux effets que nous venons de décrire ressemble à celui de la neige tombant lentement; d'autres fois, on voit se former à la surface de l'huile, contre les parois du vase et dans le fond, de petits globules d'un blanc tirant plus ou moins sur le jaune; on les voit aussi tantôt plus, tantôt moins compactes, très-rares d'abord et se multipliant ensuite; d'autres fois, ils apparaissent tout d'abord en très-grand nombre ; ils sont petits et durs ; la nuance qu'ils affectent dans leur coloration est aussi très-variable ; enfin, l'huile d'olive, la seule dont nous parlions ici, en passant de la température de 15° environ à celle de 0, présente bien toujours ce résultat que la plus grande partie se solidifie ; mais ce changement d'état offre des aspects assez différents chaque fois, selon que l'abaissement de température est plus ou moins rapide et qu'une multitude d'autres circonstances modifient la cristallisation. Ainsi, j'ai remarqué que des huiles de quatre et cinq ans résistaient plus au froid qu'elles ne l'avaient fait à l'âge de un et deux ans, et que les cristaux étaient beaucoup plus blancs, beaucoup plus durs. Il est assez rare de voir deux bocaux d'huile se comporter rigoureusement de la même manière, quoique paraissant dans des conditions identiques pour l'abaissement de température.

§ 3. — *De l'huile épaissie par le temps ; causes et effets.*

Lorsque l'huile est épaissie aux pivots d'une machine, par suite de la détérioration des parties frottantes ou par toute autre cause, le froid augmente l'épaississement, et l'huile présente alors une grande résistance au frottement, ce qui fait varier et souvent même arrêter les pièces d'horlogerie.

La différence qui existe entre ces cas et le précédent, dans lequel nous avons considéré une huile figée sous l'influence d'un froid arrivé graduellement, est que, dans celui qui nous occupe, le froid agit sur la totalité de l'huile et l'épaissit, tandis que lorsqu'elle est bien conservée, c'est un mélange de parties durcies et d'une partie fluide ; cette dernière vient aider aux frottements.

Il en résulte que tel degré de froid auquel sera soumise une machine lorsque les huiles sont fraîches aura fort peu d'action sur elle, tandis que, plus tard, si les huiles se sont épaissies, surtout aux derniers mobiles, ce même degré de froid fera varier ou arrêter la pièce.

L'observation de ce fait montre qu'on s'est souvent mépris sur le mode d'action des changements de température sur la marche de la pièce, en imputant au système de correction porté par le balancier ou le pendule, ce qui n'était que l'effet du changement d'état des huiles. Il m'a quelquefois été bien difficile de faire admettre, même par des hommes très-instruits, qu'un chronomètre étant bien réglé comme il doit l'être, soumis à des températures différentes, ne l'était plus également après deux ans de marche, par les mêmes différences de température. Ces observateurs pensaient que le balancier pouvait à lui seul tout corriger, tandis que les écarts amenés par le temps, lorsqu'ils se trouvent dans le changement d'état de l'huile, ne peuvent plus être corrigés par le balancier compensateur.

Cela est si vrai, que, si l'on change les huiles, qu'on remette la pièce dans son état primitif, sans toucher au balancier, on retrouve les effets de correction tels qu'on les avait obtenus d'abord.

Puisque l'huile épaissie altère la marche de la pièce et la fait varier, non-seulement par la plus grande résistance qu'elle oppose, mais encore parce que cette résistance est plus variable que celle de l'huile restée fluide, c'est un motif de plus pour demander à l'huile, comme qualité principale, de conserver sa fluidité longtemps. Aussi, nous avons dit en commençant ce travail que cette qualité l'emportait sur toute autre à nos yeux. Si tout le mérite d'une huile était de ne pas se figer, il serait bien facile d'en obtenir d'excellente; il existe des huiles qui ne se figent qu'à de basses températures, et des moyens pour empêcher celle d'olive de se figer.

Pendant l'automne qui précéda l'hiver très-rigoureux de 1820 ou 1821, époque à laquelle je m'occupais déjà de l'huile pour l'horlogerie, j'avais traité de l'huile par l'alcool à 80 degrés pendant quelque temps; ayant séparé l'alcool de l'huile, je la conservais dans un bocal qui fut placé dans le pavillon d'un jardin où se trouvaient beaucoup d'autres bocaux contenant différentes huiles que j'étudiais. Au milieu de cet hiver très-froid, le thermomètre était à 7 ou 8° au-dessous de zéro dans ce pavillon. Le bocal dont je viens de parler n'était pas figé; il était le seul.

Dans la parfumerie on a des moyens d'empêcher les huiles de se figer. Ainsi, une petite quantité d'huile essentielle, par exemple, ajoutée à l'huile, produit cet effet. Mais tous ces moyens rendent l'huile impropre à l'horlogerie.

En général, comme on a entendu dire que l'huile qui se fige ne vaut rien pour l'horlogerie, on le répète en se gardant bien d'étudier le pourquoi et les distinctions à faire. J'ai vu, au contraire, des artistes très-capables n'admettre que l'huile qui se figeait, non pas à la température de 10 à 12°, mais à celle de 4 ou 5° au-dessus de zéro.

Les horlogers qui demandent qu'une huile se fige à cette température, pensent trouver dans ce fait une preuve que c'est bien de l'huile d'olive, qui n'a point été dénaturée pour lui donner une qualité qu'ils ne considéraient pas comme indispensable. Ce sont ceux qui, avec raison, repoussent l'usage de l'huile animale dans la petite horlogerie.

Une des mauvaises pratiques que je dois signaler est celle-ci : les horlogers qui appréhendent que l'huile se fige, exposent en hiver un flacon d'huile en dehors d'une fenêtre pour voir ce qu'elle deviendra. C'est un excellent moyen pour la détériorer et un fort mauvais pour la juger, parce que la manière dont se comporte l'huile sous l'influence du froid est bien différente, lorsque le froid arrive subitement comme cela a lieu dans ce cas, et lorsqu'il arrive lentement et progressivement comme il agit sur nos pendules, par exemple. En laissant une huile exposée aux changements de température très-fréquents, on la détériore.

En résumé, une huile qui commence à se figer lorsque la température s'abaisse à 4 ou 5° au-dessus de zéro, n'est pas mauvaise par cela seul et peut être employée sans inconvénient. Pour les premiers mobiles de mes pièces j'emploie une huile qui se fige à 15°, sans y avoir trouvé le moindre inconvénient, depuis bien des années, j'en ai même employé qui restait encore figée à 20°. Je le dis ici pour ceux qui ont le goût de leur art ; ils essaieront et verront ; mais non pour ceux qui, n'ayant jamais rien étudié sérieusement, rien observé, répètent et n'ont d'autre argument que le funeste : *je l'ai toujours entendu dire.*

Suivons pour l'huile la même règle de conduite que les artistes les plus habiles, les plus expérimentés suivent dans tous les cas analogues, par exemple, les hommes qui fabriquent, et règlent les pièces d'horlogerie le font pour leur destination et non pour des circonstances accidentelles qui, selon l'ordre des choses, ne doivent pas arriver, par la raison toute simple que l'expérience leur a montré qu'en cherchant un réglage dans des limites trop écartées et presque toujours inutiles, on sacrifie le cas le plus ordinaire, celui dont on a besoin. Tandis que les jeunes gens ou ceux qui ne se sont point encore occupés d'une partie, veulent toujours des extrèmes inutiles.

Exemple : Un horloger très-capable dans d'autres genres d'horlogerie, mais qui s'occupait pour la première fois de chronomètres, me montrait un jour une pièce qu'il nommait un chronomètre, parce qu'il y avait un échappement libre, un balancier compensateur et un spiral cylindrique. Il me disait qu'il était parvenu à donner à ce spiral un degré d'isochronisme tel, que les arcs du balancier étant d'un tour lorsqu'il les amenait à n'avoir que 70 à 80° le mouvement diurne différerait à peine de 3 ou 4 secondes. C'était l'objet de son admiration, et pour moi la preuve qu'il n'avait fait, dans cette partie, aucune étude et n'avait acquis aucune expérience.

En effet, selon l'ordre naturel des choses, il n'était pas possible que dans sa marche la pièce fît d'aussi grands écarts dans l'amplitude de ses arcs ; il n'y avait qu'un accident qui pouvait changer autant que cela la vitesse angulaire du balancier, et qui aurait en même temps changé la marche. A quoi bon chercher un élément de régularité dans un cas où la pièce ne pouvait pas être. Il est très-probable que pour les amplitudes d'arcs intermédiaires, il n'aurait pas eu cette merveille. Cet artiste, qui a fait de fort belles choses dans son genre, avait alors seulement lu le Mémoire de Pierre Leroy et l'avait pris à la lettre sans l'avoir étudié dans la pratique, pour distinguer ce qu'il contient de vrai et ce qu'il y a d'erroné.

Les expériences et le réglage ne doivent pas être faits en dehors des limites dans lesquelles la pièce peut se trouver.

Les pièces d'horlogerie sont à l'usage des hommes dans des lieux habités par eux, dans lesquels il est rare de voir la température au-dessous de 4 ou 5°; on ne trouvera certainement pas un cas sur mille où il en soit autrement.

Les grandes horloges de clocher sont les seules qui soient exposées aux plus grands froids et aux plus grandes chaleurs; mais il est facile de leur donner la force nécessaire pour résister au froid, et d'ailleurs on ne regarde pas à la seconde avec ces machines.

Dans les pays septentrionaux tels que le Danemarck, la Suède, la Norwège, etc., je conviens très-volontiers que l'épaississement de l'huile par le froid peut produire des effets bien plus grands que dans les latitudes inférieures. Laissons aux habitants de ces régions le soin de traiter la matière en raison de leur localité; ils sont dans le cas exceptionnel. Tous les autres climats sont dans la règle générale, et c'est de ces derniers que nous nous occupons principalement.

Quand on aurait une huile qui ne se figerait pas à 10° au-dessous de 0, à quoi servirait-elle dans l'usage ordinaire, puisque nos montres et nos pendules ne sont point sujettes à y être exposées. Est-ce parce que, dans des voyages au nord, des navigateurs ont supporté des froids excessifs? Ce sont des cas trop rares pour s'en occuper, et d'ailleurs leurs montres dans leurs goussets ne se sont point aperçues de cette température. Les montres marines peuvent et doivent être garanties des grands froids par la chaleur d'une lampe; rien n'est plus facile. Quant aux pendules, on n'en porte pas dans les voyages de découvertes.

Je le répète, si l'on s'est autant préoccupé de l'influence du froid sur l'huile, c'est parce qu'on n'a pas fait la distinction entre les huiles qui étaient détériorées et épaissies, et qui dès-lors ne doivent plus être considérées que comme le serait une pièce de la machine détériorée et qui doit être changée; et les bonnes huiles, bien conservées dans leur état normal, ne seront point un obstacle à la marche, nonobstant la propriété de se figer dans les limites que nous avons indiquées. Vouloir en toute chose une perfection idéale qui ne se rencontre *nulle part* dans les arts, ni dans la nature, est une aberration d'esprit que l'expérience, l'étude, la méditation peuvent seules corriger.

CHAPITRE IX.

Du degré de fluidité de l'huile (1).

Deux huiles étant données, l'une plus, l'autre moins fluide, la question de savoir laquelle des deux devra être préférée, n'a pas été traitée avec assez de détail, nous croyons devoir y revenir.

Quelques horlogers veulent que l'huile ne fasse que lubrifier le frottement, sans présenter, s'il est possible, aucune résistance absorbant une quantité quelconque de la force motrice.

Ce principe a été plusieurs fois posé par des artistes très-éminents. Il a été même construit des machines propres à déterminer les rapports de fluidité entre plusieurs huiles. Si l'on expérimente comparativement de l'huile fluide dans son état naturel et le suif dont on se sert pour la fabrication des chandelles, on trouvera entre ces deux extrêmes une bien grande différence pour la liberté des frottements.

Les corps gras, de la nature du suif, sont inadmissibles pour les mobiles, animés d'une grande vitesse, employés en horlogerie. L'ancienne et judicieuse pratique qui consiste à employer pour les roues de voitures et autres cas analogues de grande pression des graisses bien plus consistantes que l'huile, donne à penser que les corps gras servant à lubri-

---

(1) Ce chapitre devait être placé à la fin de ce volume avec les additions qui s'y trouvent et à la suite d'une note reçue d'un horloger du plus grand mérite. Nous nous sommes conformé à son désir en supprimant sa note.

fier les frottements devraient être proportionnés aux pressions.

Comme dans l'horlogerie il n'y a pas nécessité d'établir un corps gras pour chaque mobile, on emploie partout l'huile qui convient pour certains cas donnés, et les plus importants. C'est pour l'échappement surtout qu'on cherche une huile convenable, et pour ne pas en employer deux ou trois, on met la même partout. Cependant il serait mieux d'employer une huile plus épaisse aux premiers mobiles et aux ressorts, et je puis assurer qu'au barillet, à la roue de temps, et même à celle de longue tige d'une pendule ordinaire de commerce, comme aux deux ou trois premiers mobiles d'une montre, il n'y aurait nul inconvénient à se servir d'une huile bien moins fluide que celles ordinaires, et cela à cause du peu de vitesse angulaire de ces mobiles et de la grande pression que leurs pivots ont à supporter. J'ai mis aux premiers mobiles de mes chronomètres nautiques une huile qui ne se défige pas complétement à une température de 20°; je m'en suis bien trouvé.

Pour que les jeunes gens ne prennent pas trop à la lettre l'inconvénient qu'il y a dans la résistance que présente l'huile, et n'aillent pas se mettre trop en frais pour découvrir une huile sans résistance, nous allons montrer que la résistance qu'opposent les diverses huiles est très-minime, et, d'autre part, qu'une huile extrêmement fluide aurait des inconvénients.

Quand on considère la petitesse extrême des pivots, par rapport aux diamètres des roues et des pignons, la force nécessaire pour mettre une montre en mouvement et la qualité atomistique de résistance que peut présenter l'huile, on a bientôt acquis la conviction que cette résistance est très-petite et que la quantité dont elle peut varier par l'emploi de différentes huiles est sans valeur appréciable dans la pratique.

Pour bien en juger, il faudrait entrer ici dans l'examen de la force motrice nécessaire à l'entretien du mouvement du balancier d'une montre, déterminer quelles sont les résistances qui peuvent produire une différence appréciable dans l'amplitude des arcs de vibration ; on verrait des quantités qui, sans doute, dans la théorie peuvent être exprimées par des chiffres, mais qui ne laisseraient pas traces dans la pratique. Choisissez parmi les huiles existantes dans le commerce et pouvant être employées en horlogerie celle qui sera la plus fluide et celle qui le sera le moins ; mettez alternativement l'une et l'autre aux pivots d'une montre, dans des *conditions parfaitement identiques,* il vous sera impossible de constater la moindre différence dans l'amplitude des arcs du balancier.

Admettant qu'une huile fût un peu moins fluide qu'une autre, de quoi s'agira-t-il? d'augmenter la force motrice proportionnellement pour arriver au même résultat, et tout sera fait ; tandis qu'on ne remédierait pas facilement aux inconvénients d'une huile extrêmement fluide que nous signalons plus loin.

Faisons ici l'application du principe suivant, rappelé par Ferdinand Berthoud (*Essai sur l'horlogerie,* tome II, p. 171, art. 1875) : « Ce n'est pas tant la quantité absolue du frottement à laquelle il faut avoir égard qu'à sa constante uniformité ; car, quoiqu'une machine ait moins de frottement qu'une autre, on n'en doit pas conclure qu'elle est meilleure, à moins que ces frottements soient de nature à ne pas changer par le mouvement de la machine, car sans cela il serait préférable que la quantité absolue des frottements fût plus grande, mais, en même temps, que le mouvement ne les altérât pas. »

Dans le cas où le frottement ou la résistance seraient de nature à amener des détériorations ou l'altération des parties frottantes, par exemple, c'est bien différent : il faudrait le réduire autant que possible ; rien n'est pis en horlogerie que la destruction des parties frottantes.

Ce principe étant assez évident par lui-même, nous croyons pouvoir affirmer, comme application, que lorsqu'il y aurait entre deux huiles une différence même sensible, sous le rapport du degré de fluidité, ce serait, par dessus tout, celle qui conserverait son état primitif pendant le temps le plus long qu'il faudrait préférer.

Une huile très-fluide ne tient pas à une roue d'échappement. La force centrifuge tend à la lancer au dehors; les angles rentrants qui se trouvent dans le voisinage exercent une attraction qui bientôt laisse les dents de la roue à sec; la poussière infiniment ténue qui se dépose sur tous les corps lui sert de véhicule, et elle se déplace d'autant plus facilement qu'elle est plus fluide. Il y aurait encore beaucoup à dire contre l'emploi d'une huile qui serait extrêmement fluide; mais nous nous arrêterons ici sur ce point. Si, dans les montres, l'huile était de nature à absorber une partie notable de la force motrice et à diminuer l'amplitude des arcs du balancier, nous y mettrions une grande importance; heureusement l'expérience n'a pas montré jusqu'à présent que la différence qu'il peut y avoir entre deux huiles telles que celles qui peuvent être employées soit d'une importance appréciable; et comme la constance de la résistance est l'objet capital à nos yeux, nous ne pouvons mettre sur la même ligne un peu plus ou un peu moins de fluidité.

C'est là une de ces choses sur lesquelles la méditation et le raisonnement induisent en erreur lorsqu'ils ne sont pas étudiées en même temps par l'expérience faite dans des conditions décisives.

— · —∞◦∞— · —

CHAPITRE X.

Examen et essai comparatif de l'huile (1).

§ 1. — *Moyen ordinaire d'expérimentation*.

Lorsqu'il s'agit d'essayer de l'huile, beaucoup d'horlogers

---

(1) Ce chapitre devait être le quatrième, mais je l'avais supprimé dans la crainte que ceux qui répéteraient les expériences indiquées les fissent mal. Il ne dépend pas de moi de donner dans un écrit ce que la pratique et l'intelligence peuvent seules accorder. Les conférences que j'ai eues nouvellement avec des horlogers m'ont décidé à l'ajouter ici.

percent de petits trous dans une plaque de laiton; ils forment ensuite des réservoirs semblables à ceux qu'on pratique dans les platines des pièces d'horlogerie pour retenir l'huile; ils mettent dans ces réservoirs des gouttes d'huile et attendent qu'elles verdissent; c'est celle qui verdit le plus promptement qui est réputée la plus mauvaise.

Ce moyen est insuffisant parce qu'il ne montre que la coloration de l'huile par l'oxydation du métal, et l'on verra plus loin que la coloration n'est pas le seul symptôme ni même celui qui indique le plus promptement une huile inférieure.

On verra de plus que si l'on s'en rapportait uniquement à la coloration, une huile qui se verdit légèrement et lentement serait considérée comme inférieure à de certaines huiles ne verdissant pas, et souvent c'est l'inverse.

§ 2. — *Autre moyen plus simple présentant quatre symptômes.*

Le moyen suivant nous paraît préférable; il consiste à couper une plaque de laiton carrée ou rectangulaire et à tracer des lignes parallèles aux côtés formant des cases de un centimètre semblables à celles d'un damier; si l'on marque chacune des lignes de ces cases par une lettre et chaque colonne par un chiffre, il sera très-facile de désigner chaque case en employant seulement une lettre et un chiffre, ainsi B 4 désignera la case qui fait en même temps partie de la ligne B et de la quatrième colonne, ou autrement dit sur la ligne B la case quatrième.

L'emploi de ces plaques sans réservoirs a sur les réservoirs une grande supériorité en ce qu'il permet d'observer, outre la coloration de l'huile, deux faits très-remarquables et qui servent souvent à reconnaître en peu de temps une huile qui doit être rejetée, *l'auréole* et la *coloration* du laiton dont il sera parlé plus loin.

PRÉPARATION DU LAITON D'ÉPREUVE. — Cette plaque étant ainsi distribuée et ayant été préalablement bien adoucie à la pierre à l'eau douce, on l'adoucira soigneusement avec un charbon de bois blanc et de l'eau, de manière à bien enlever tous les traits et cette couleur grise que laisse la pierre à l'eau ; on terminera l'adouci en frisant avec le même charbon et de l'eau, ce qui donne au laiton un aspect moiré.

L'adouci terminé, il *faut immédiatement* laver la pièce à grande eau, la bien sécher avec un linge, puis avec du blanc de Troyes (1), et la bien frotter avec une brosse propre, sèche et fortement chargée de ce même blanc ; puis la laver à l'esprit de vin pour enlever les atomes d'eau et de blanc qui pourraient rester ; bien essuyer ensuite.

Le laiton ainsi disposé est prêt à recevoir l'huile.

Il faut prêter une grande attention à ce que les opérations de l'adouci, du lavage et du séchage soient faites immédiatement sans laisser aucun intervalle, car si on laissait l'eau se sécher sur la plaque de laiton, il s'oxyderait très-inégalement et ne serait plus propre à l'expérience par les motifs qui seront expliqués. La condition essentielle est que l'huile à expérimenter soit posée sur un laiton qui n'ait pas la moindre oxydation ni totale ni partielle. Une oxydation de toute la surface rendrait l'expérience fort incertaine ; une oxydation de quelque partie induirait en erreur sur le mérite d'une huile comparée à une autre. Nous reviendrons sur ce point après avoir vu les résultats de plusieurs expériences.

Application de l'huile sur la plaque.

Prenez avec précaution une goutte de chacune des huiles que vous voulez expérimenter et déposez-là dans une des cases ; notez l'huile mise dans chaque case ; ayez la précaution de mettre le plus possible une égale quantité d'huile, car *les symptômes que donnent une même huile varient souvent en raison de la quantité d'huile déposée sur la plaque.*

Pour se rendre un compte exact des huiles, il faut ne pas s'en tenir à une seule expérience, mais opérer en même temps sur trois plaques semblables *au moins* et d'un même laiton ;

(1) Blanc de Troyes, blanc d'Espagne, de Meudon, etc., ne sont qu'une même chose nommée encore vulgairement craie.

on fera même bien d'opérer sur six plaques de deux laitons différents, car il arrive quelquefois qu'une même huile sur une même plaque de laiton, expérimentée et en même temps dans des conditions qui paraissent identiques, ne donne pas des résultats semblables sans qu'il soit facile de déterminer la cause de ces différences. Cette différence dans les phénomènes n'est pas toujours très-grande, ni très-fréquente ; j'ai cependant des exemples très-curieux par la différence des résultats sur des plaques différentes ; il est donc important d'opérer sur trois plaques au moins d'un même laiton, ou sur une grande plaque sur laquelle on mettrait une même huile dans plusieurs cases, et, si on le peut, sur plusieurs laitons, faisant toujours trois expériences sur un même métal.

C'est ainsi que nous avons procédé dans les expériences que nous avons faites pendant le cours des expositions des produits de l'industrie de 1844 et 1849, dans les salles de l'exposition. Avec nos autres produits, nous avions mis 1° une boîte contenant deux grandes plaques de laiton. Pour expérimenter et comparer entre elles vingt-huit huiles différentes, chaque plaque portait soixante cases, et sur chacune de ces plaques il y avait dans deux cases une goutte de la même huile ; ce qui faisait en tout quatre gouttes de chaque huile en expérience.

2° Une autre boîte, divisée en quinze compartiments, contenait quinze métaux différents, ou un même métal sous deux états différents ; sur chacune de ces quinze plaques, des cases étaient tracées et portaient seize huiles en expérience pour déterminer l'influence des différents métaux sur les huiles. Nous en avons rendu compte plus haut.

§ 3. — *Des principaux phénomènes que présente l'huile pendant l'expérimentation.*

OXYDATION DU LAITON. — Si l'on pose sur une plaque de laiton préparée, comme il a été dit, plusieurs gouttes de différentes huiles, et que huit jours après on les enlève complétement, en essuyant avec un linge propre, on remarque aux places où était l'huile inférieure des taches plus ou moins prononcées : on peut considérer comme un mauvais symptôme les taches que laisse l'huile sur le laiton, et au contraire ou comme un très-bon symptôme l'absence, de toute tache. Toutefois, pour que cette expérience soit concluante, il faut qu'elle soit faite avec tous les soins recommandés plus haut pour la préparation du laiton.

Cette expérience n'est qu'un premier moyen qui indique des huiles qui doivent être répudiées; mais il ne faudrait pas en conclure que toute huile ne tachant pas le laiton est bonne et peut être employée en toute sécurité. Des chimistes m'ont communiqué des huiles très-bien préparées qui ne laissaient aucune trace sur le laiton, mais qui étaient trop siccatives pour être utiles à l'horlogerie; après huit ou dix mois d'expérimentation, elles étaient durcies.

D'autres chimistes m'en ont communiqué qui ne verdissaient point, mais qui noircissaient le laiton d'une manière très-remarquable.

Si l'on opérait sur du laiton adouci depuis un ou plusieurs jours, ou sur du laiton oxydé par l'air depuis longtemps, l'action de l'huile serait plus lente et moins sensible que lorsqu'il est bien préparé, comme je l'ai indiqué.

L'oxydation du laiton faisant l'objet de ce paragraphe, diffère de celle dont nous parlons dans le suivant. La première se manifeste seulement par la couleur d'un brun plus ou moins noir que prend le laiton ; la seconde, par l'oxydation du laiton qui est creusé et la coloration de l'huile en vert de diverses nuances.

§ 4. — *Coloration de l'huile.*

Presque toutes les huiles, lorsqu'elles sont mises en contact avec le laiton, se colorent en un vert dont les nuances varient; tantôt c'est un vert assez clair et d'un beau ton bien prononcé, tantôt il paraît légèrement teinté de noir, d'autrefois c'est un vert bleuâtre. S'il importait de reconnaître à quoi est due la variété de ces nuances, on trouverait probablement que c'est aux acides qui peuvent exister dans l'huile, ou à ceux qui se forment, ou peut-être à quelques circonstances dues au métal, car l'analyse chimique du laiton montre qu'il n'est pas exactement le même, ni parfaitement homogène. Cette recherche ne touchant pas immédiatement à la question qui nous occupe, nous ne nous y arrêterons pas. Nous trouvons dans ces modifications de la couleur des symptômes qui nous aident à étudier les huiles; c'est là tout ce qu'il nous faut.

Lorsque la coloration de l'huile arrive lentement, qu'elle est peu prononcée, qu'elle s'arrête à un vert peu foncé, on peut la considérer comme une imperfection tenant à la nature de l'huile, mais non comme un défaut qui s'oppose à son emploi.

Cela est si vrai, que telle huile qui, dans un temps donné, se colore sur un métal, ne se colore pas sur l'autre, et que, sur un même métal, l'huile se colore plus ou moins promptement, selon l'état de la surface de ce métal, la quantité, etc. Si la coloration de l'huile était le symptôme le plus certain de sa mauvaise qualité, on serait donc conduit à réputer alternativement une même huile bonne et mauvaise, ce qui serait absurde.

On voit des huiles auxquelles on est parvenu à donner la propriété de rester longtemps en contact avec le cuivre sans se colorer; ces huiles seraient mal à propos réputées parfaites, car l'expérience nous a montré que des huiles qui ne se coloraient pas ou presque pas, s'épaississaient plus promptement que d'autres qui, après quelques jours d'expérimentation, s'étaient légèrement teintées d'un vert jaunâtre. Ces huiles ne verdissaient pas en raison des préparations auxquelles elles avaient été soumises; mais après sept ou huit mois, elles étaient tellement durcies qu'elles devenaient un obstacle à la marche de la pièce, au lieu de la faciliter.

§ 5. — *Auréole autour de la goutte.*

Souvent après cinq ou six jours, plus ou moins, il se forme sur le laiton, autour de la goutte, une petite zone presque imperceptible d'abord à l'œil nu. On ne saurait mieux la comparer qu'à cet effet de condensation que tout le monde connaît, et qui est produit par la respiration contre les vitres dans les temps de gelée ou dans les lieux très-froids. Cette zone suit exactement le périmètre de la goutte, sa largeur est d'abord de 2 à 3/10es de millimètre ; vue à l'aide d'un fort microscope, elle paraît formée d'une myriade de goutte-lettes, puis elle s'étend quelquefois jusqu'à 1 millimètre ; alors les gouttelettes grossissent également et quelquefois très-inégalement.

Tantôt cette espèce d'auréole se conserve assez longtemps dans cet état, tantôt l'huile s'étend sur elle et la couvre, puis quelquefois il s'en forme une seconde ; lorsqu'on essuie en-suite l'huile, le laiton porte la marque de la goutte primitive, et celle de l'auréole envahie par l'huile, et de la nouvelle au-réole formée.

L'apparition de ce phénomène caractérise bien une huile mauvaise lorsqu'il est très-prononcé et qu'il se développe ra-pidement, mais comme il se produit d'une manière assez va-riable avec une même huile, en attendant que l'on ait acquis l'habitude de voir les différentes manières dont il se com-porte, on fera bien de l'observer, mais de ne pas trop se pres-ser à en tirer des conséquences, car la rapidité avec laquelle il a lieu et son intensité, sont pour beaucoup dans la valeur qu'on doit lui attribuer. De bonnes huiles m'ont quelquefois donné une très-petite auréole qu'il ne faut pas confondre avec l'auréole forte et très-prononcée d'une mauvaise huile.

Il en est encore de ce cas comme des taches sur le cuivre ; il est des huiles qui ne donnent pas d'auréoles et qui, cepen-dant, sont trop siccatives pour l'horlogerie.

J'ai eu l'occasion de remarquer sur la partie plate de trous de roues en pierre, autour de l'huile qui était restée aux pi_ vots, une auréole analogue à celle qui se voit si souvent sur le cuivre, sur les pierres ; c'est rare.

Il serait bon de déterminer la cause de ce phénomène ; j'avais cru pouvoir l'expliquer par l'état de la surface métallique sur laquelle l'huile était en expérience ; mais l'observation de ce phénomène sur des pierres me laissant des doutes, je ne crois pas devoir donner cette explication quant à présent.

§ 6. — *Périmètre de la goutte d'huile.*

Lorsqu'on a laissé sur les plaques d'expérience les huiles pendant plusieurs mois, on observe, outre les faits que nous avons signalés, le suivant, qui n'est produit que par de bonnes huiles ; il est très-remarquable. L'huile étant enlevée avec le doigt et le laiton bien essuyé, le périmètre de la surface qu'occupait cette goutte est marqué par une ligne semblable à un trait de crayon, tandis que tout l'espace qu'enveloppe ce filet est resté très-net, quoique ayant été couvert d'huile. C'est un très-bon symptôme.

Ce fait résulte de ce que la surface de l'huile se combine avec l'oxygène de l'air et forme une couche ou pellicule extérieure que l'on pourrait peut-être appeler de l'huile oxydée, bien différente de l'huile qu'elle enveloppe ; la lisière de cette couche se terminant à la plaque de laiton, là elle est en contact avec lui, l'intérieur de la goutte d'huile reste dans son état primitif, abrité par la surface ou pellicule extérieure.

Il faut donc remarquer, dans cette goutte d'huile, deux parties distinctes : la surface qui s'est combinée avec l'oxygène de l'air, et l'intérieur qui a été préservé. Ces deux états différents produisent sur le laiton deux effets : la couche extérieure combinée avec l'oxygène de l'air laisse une trace très-notable, et l'huile de l'intérieur, abritée de l'oxygène, ne s'étant pas combinée avec lui, n'en laisse pas.

C'est encore un cas analogue à la conservation des anciens objets en bronze trouvés dans la terre, et dont l'intérieur a été préservé par la couche d'oxyde.

Observations sur ces divers symptômes.

Cette première épreuve servira seulement à montrer quelles sont les huiles qui sont à rejeter *à priori* et celles sur lesquelles l'étude doit être prolongée. Ce sera ensuite en continuant l'examen des faits qui se passent pendant un an au moins, que l'on pourra vraiment se prononcer positivement sur une huile. J'ai vu très-souvent des huiles présenter les meilleurs caractères pendant plusieurs mois et changer ensuite presque subitement ; c'était des huiles qui n'avaient reçu cette apparence de bonne qualité que de l'art, c'était ce que l'on nomme une chose *fardée*.

Je répéterai encore ici que l'on doit bien se garder de s'en tenir à une seule expérimentation, qu'il faut en faire au moins trois sur un même métal et sur plusieurs laitons en même temps, si on le peut ; mettre les plaques d'expérience dans des conditions identiques *autant que possilbe, et tenir compte de tout. Là, se trouve une difficulté réelle pour celui qui commencera ce genre d'observations.*

Exemple : sur une plaque de laiton placée dans une boîte de carton même ancienne ou dans des boîtes de bois, tous les points de la plaque ne sont pas dans des conditions identiques ; les bords, plus voisins du carton que le centre de la plaque, en reçoivent des émanations qui agissent sur l'huile ; j'en ai vu nombre de cas. Les courants d'air qui ont lieu dans les changements de température (1) sont plus prononcés dans certains points que dans d'autres ; il en résulte encore une action différente sur l'huile.

Cet exemple est donné seulement pour ceux qui, n'ayant pas une grande habitude d'observer des faits de ce genre, seraient induits en erreur par des apparences trompeuses. Je dirai plus, j'engage les horlogers qui voudront se livrer à

(1) Lorsque la température s'abaisse, l'air intérieur se condense et l'air extérieur entre dans la boîte et réciproquement, par une élévation de température, l'air contenu dans la boîte se dilate et il en sort une partie. Il y a donc alternativement un courant d'air entrant et un courant d'air sortant.

cette étude à se défier des conséquences qu'ils pourront tirer de leurs observations, tant qu'ils n'en auront pas acquis *une très-longue expérience*. Depuis plus de trente ans que je m'occupe de l'huile pour l'horlogerie, j'ai dans cette matière des faits si imprévus, que je suis autorisé par là à donner ce conseil aux horlogers. Pour se familiariser à cette étude, on devra prendre des huiles différentes et en grand nombre, les mettre en expérience, les observer souvent et noter chaque fait; et, après une année, rapprocher les faits observés et voir les résultats.

Il est plusieurs horlogers qui ne voudront pas admettre le mode d'expérimentation isolé que nous indiquons et qui prétendent qu'aux montres et aux pendules seules il appartient de juger l'huile; je leur répondrai qu'il est impossible d'admettre cette allégation quand on a la moindre habitude de l'expérimentation; et, en effet, après avoir reconnu ce que l'on vient de voir et ce qui est démontré plus haut : 1° qu'une huile ne se comporte pas de la même manière sur les différents métaux; 2° que la nature de l'air et des émanations auxquelles elle se trouve exposée influent considérablement sur sa conservation; 3° que le plus ou le moins de perfection de l'exécution des parties frottantes a également une grande influence; 4° qu'une même huile qui a rendu de bons services dans un temps, doit être rejetée plus tard (1).

En présence de tels faits, que devient le raisonnement de ces mêmes hommes, qui disent et répètent avec opiniâtreté : l'huile est destinée aux montres et pendules, ce n'est que par l'usage dans ces machines qu'on peut la juger. Ce qu'ils nous démontrent le mieux, par là, c'est qu'ils ne veulent rien voir, rien étudier.

Sans contredit, si on pouvait faire l'expérience dans les conditions suivantes, ce serait très-bien; il faudrait prendre vingt montres, par exemple, identiques pour le métal et la perfection de l'exécution; mettre une même huile à dix de

(1) Comme toute chose perd de ses qualités avec le temps, et finit, il en est de même de l'huile.

ces montres, et l'huile qu'il s'agit de comparer à dix autres montres, puis les mettre dans des conditions complétement identiques pendant tout le cours de l'expérimentation. Pour ceux qui ont l'habitude d'expérimenter, c'est ainsi qu'on procède, autrement, aucune expérience ne serait concluante. Mais où trouvera-t-on *vingt montres identiques* pour expérimenter deux huiles comparativement ?

Pour moi, je ne connais de véritable expérience que celle faite dans des conditions sensiblement identiques, et la marche d'une pièce d'horlogerie présente en elle-même des phénomènes trop variables et trop propres à altérer l'huile pour qu'elle puisse servir à la juger. Ne voit-on pas, en effet, que dans une montre où la même huile a été mise partout, elle est devenue mauvaise à l'un des deux pivots d'un même mobile, qu'elle est bien conservée à l'autre, et qu'elle ne s'est pas comportée de même en tous les points de la machine? Là elle est rouge, ici noire, ailleurs bien conservée, dans un autre point sèche. Le mode d'expérimentation sur des plaques est le seul qui puisse, quant à présent, donner des indications sur les qualités comparatives de deux huiles.

Je n'ai pas cru devoir rappeler ici ces divers procédés qui ne sont basés sur rien, qui ne méritent même pas le nom de procédés, et dans lesquels rien n'est précis ni positif ; ainsi, l'un vous dira que le plus ou le moins d'épaississement de l'huile sur la pierre à l'huile lui indique sa qualité; l'autre, qu'il en étend avec la barbe d'une plume sur une glace, pour voir le temps qu'elle emploie à se dessécher, etc., etc. Ce sont là de véritables babioles.

Conclusions.

On ne devra donc pas décider de suite ni qu'une huile est bonne parce qu'elle ne se colore pas, ni qu'elle est mauvaise parce qu'elle se colore *un peu et lentement;* cependant, on doit considérer comme mauvaise celle qui, en six ou huit jours, sur un laiton bien préparé, sera devenue d'un vert très-prononcé, surtout s'il se forme autour de la goutte une auréole bien marquée, ou bien lorsqu'elle aura taché le laiton.

Si nous manquons de procédés pour reconnaître en peu de jours une huile qui doit conserver sa fluidité longtemps, c'est tout au moins quelque chose que d'avoir déterminé les moyens de constater celles qui doivent être rejetées sans une longue expérience.

En attendant un mode d'essai aussi certain pour constater en peu de temps la bonne qualité de l'huile (c'est-à-dire la propriété qu'elle doit avoir de rester longtemps fluide), que celui par lequel nous avons déterminé les symptômes qui doivent faire éloigner quelques mauvaises huiles, nous dirons que toutes celles qui nous ont été communiquées, et qu'on était parvenu, par des manipulations chimiques, à mettre dans l'état de ne pas donner les mauvais symptômes signalés, que toutes ces huiles, disons-nous, ne résistaient jamais à une année d'épreuves sans s'épaissir fortement. Toutes les huiles traitées par les procédés chimiques dont nous avons parlé doivent donc être éloignées, jusqu'à ce qu'on se soit assuré, par une très-longue expérience, qu'on peut les employer sans danger.

CONSIDÉRATIONS PRATIQUES

SUR LA LONGUEUR DES LEVIERS

DE

L'ÉCHAPPEMENT DANS LES PENDULES

Nous nous proposons de démontrer que dans les pendules de cheminée, nommées à demi-secondes, l'échappement est, par ses mauvaises proportions, une des principales causes de l'infériorité de ces pendules comparées à celles à secondes. Nous attribuerons cette infériorité à ce que plus les leviers d'un échappement sont longs par rapport à la longueur du pendule, plus les différences dans la force motrice ont une influence marquée sur la durée des oscillations en raison de la pression sur les repos. Pour rester strictement dans cette question, nous nous abstiendrons d'aborder l'examen de toutes les causes connues qui peuvent affecter la marche de ces machines.

Le meilleur échappement est celui qui satisfait aux conditions suivantes :

1° Laisser au régulateur la plus grande liberté après que la roue lui a donné la pulsion nécessaire à l'entretien de son mouvement ;

2° Changer le moins possible la durée des oscillations que celui-ci aurait s'il était dégagé de l'échappement (1) ;

3° Permettre un régulateur puissant par sa masse et décrivant de petits arcs, sans qu'on doive cependant tomber

---

(1) Ces deux conditions paraissent autoriser l'emploi de l'échappement libre de préférence à celui à repos, tandis que nous voulons dire ici que l'échappement à repos doit être combiné de telle manière que ces conditions s'y trouvent. Voyez, page 44, les inconvénients de l'échappement libre en pendule.

dans les extrêmes dans lesquels on a souvent été conduit;

4° Être d'une longue durée.

Ces conditions se rencontrent très-facilement dans une pendule à secondes, tandis que dans celles dites à demi-secondes les dispositions généralement usitées sont un obstacle à leur accomplissement.

Dans le cours de cette notice, ce que nous désignerons par pendule à demi-secondes est ce genre de pendules bien connues dont l'aiguille des secondes est au centre et fait 120 battements en une minute. Pour être plus intelligible aux horlogers, nous nous servirons du langage des ateliers.

Dans une pendule à secondes bien raisonnée, la cage du mouvement ayant environ 0^m15, tout étant dans de bonnes proportions (1), les bras du levier auraient environ 0^m04 de longueur, le pendule ayant à très-peu près 1^m. Ainsi, dans cette disposition, la longueur des leviers de l'échappement est à celle du pendule comme 1 est à 25. Mais dans les pendules à demi-secondes généralement construites, la roue d'échappement qui porte 60 chevilles a plus de diamètre que celle de la pendule à secondes dont on vient de parler, et les bras de levier sont portés jusqu'à une longueur de 0^m05, tandis que la longueur du pendule n'est que de 0^m25 à très-peu près. Ainsi, dans les pendules de ce genre, le bras de levier de l'échappement est à la longueur du pendule : : 5 : 25. Elle est donc proportionnellement 5 fois plus grande que dans une pendule à secondes; sous ce rapport, le régulateur d'une pendule à secondes est 5 fois plus puissant que celui d'une pendule à demi-secondes.

Les expériences qui sont rapportées dans le tableau suivant prouvent que plus les leviers d'un échappement sont longs, plus la marche de la pièce est troublée par un changement dans l'intensité de la force motrice : ainsi, dans les

---

(1) Que l'échappement soit celui de Graham ou celui à cheville, peu importe; la forme est différente, mais l'action sur les repos est la même. On a beaucoup discuté dans un temps sur ces deux échappements, dans lesquels l'action sur les repos est à très-peu près la même. Il n'y a pas de raisons majeures pour donner la préférence à l'un plutôt qu'à l'autre.

pendules à demi-secondes ayant pour moteur un ressort dont la force est inégale, toutes les causes d'anomalie résultant de cette inégalité sont doubles de ce qu'elles seraient si les leviers étaient moitié moins longs.

Pour se rendre un compte exact des causes de variations d'une pendule, il fallait analyser les différences dans sa marche et faire la part due au changement dans l'étendue des arcs et celle résultant de la pression de la roue sur les repos, du recul, etc. Les indications se trouvent dans le tableau suivant (1).

Pour faire des expériences décisives, j'ai construit une pendule avec le plus grand soin ; quatre échappements différents pouvaient s'y adapter alternativement sans que, d'ailleurs, rien fût changé. Je ne rendrai compte que des résultats obtenus en employant alternativement deux forces qui étaient entre elles comme 2 : 3, et l'on verra que : *Plus les leviers d'un échappement sont longs par rapport à la longueur du pendule, plus les différences dans la force motrice ont une influence marquée sur la durée des oscillations,* en raison de la pression sur les repos.

On verra dans le tableau suivant que nous avons comparé les résultats de deux échappements à repos; les bras de levier de l'un étaient de 0^{m}011, et ceux d'un nouvel échappement étaient seulement de 0^{m}0055. On verra aussi que dans les expériences qui ont été faites, les changements dans la marche de la pendule ont été à très-peu près en raison directe des longueurs des leviers; il est donc on ne peut plus urgent de réduire la longueur de ces leviers à la plus petite dimension possible, sans cependant tomber dans un excès nuisible.

Les résultats des expériences qui suivent étaient faciles à prévoir, le raisonnement les indiquait d'avance. En effet, la pression que la roue exerce sur les repos est une force retardatrice qui s'oppose à ce que le pendule fasse ses oscillations aussi librement et aussi promptement que si cette cause

____

(1) Voir ci-après la Table de la plus grande durée des oscillations du pendule par l'augmentation des arcs qu'il décrit.

n'existait pas, et comme cette action est d'autant plus intense que le levier par lequel elle agit est plus long, il en résulte que plus les leviers de l'échappement sont longs, plus les variations d'intensité de la force motrice sont sensibles sur la marche du pendule.

Il faut croire que beaucoup d'horlogers n'ont attaché aucune importance à ce point, car on voit journellement des pendules ou horloges dont le régulateur n'a qu'un mètre environ et qui bat la seconde, avoir des leviers d'échappement qui vont jusqu'à 15 centimètres et même plus.

La pression sur les repos est si grande et contribue tellement à déterminer la durée des oscillations, que dans le cours de nos expériences, le pendule qui était réglé avec le nouvel échappement fut ôté de l'horloge, mis à part avec soin; l'échappement de Graham ayant été mis à la place du précédent, la suspension et toutes les autres parties de la machine restant dans le même état, la pendule retarda de 16" par heure, soit 6' 24" par jour. Cependant, dans notre échappement de Graham, les bras de levier n'ont que 0^m011, tandis que dans les pendules à demi-secondes usitées, ils ont de 0^m050 à 0^m060 de longueur. Comme l'action retardatrice est en raison de la longueur des leviers, la pendule aurait donc retardé de 30' au moins, si on eût appliqué un échappement dans les proportions usitées. On peut juger, d'après cela, combien de telles disproportions sont loin de laisser au régulateur la plus *grande liberté possible après que la roue lui a donné la pulsion nécessaire à l'entretien de son mouvement.*

L'excès dans la longueur des leviers de l'échappement est un défaut capital, non-seulement parce qu'il diminue la liberté et par conséquent la puissance du régulateur, mais encore parce que les résistances variables qui résultent du changement d'état des huiles, de la force motrice, de la gêne que peut éprouver le rouage, etc., etc., sont d'autant plus puissantes pour changer la durée des oscillations, qu'elles agissent par un plus grand levier.

Lorsqu'on réfléchit à toutes ces causes d'anomalie de nos pendules à demi-secondes, on n'est plus étonné de remar-

quer que de simples pendules ordinaires avec de petits ancres dits à demi-repos (1), des lentilles beaucoup moins
pesantes, aient une marche souvent égale et même supérieure aux demi-secondes, quoique ces dernières soient affu-
blés d'une suspension à couteau (2) ou à ressort, d'un pendule lourd, d'un échappement à cheville, choses considérées
comme un grand élément de régularité.

Il est bien constant pour nous que, dans ce cas, la puissance
des bonnes proportions de ces pendules à petites ancres sup-
plée avec beaucoup d'avantage à tous les accessoires introduits dans les pendules à demi-secondes.

Ces échappements à demi-repos, que quelques horlogers
appellent échappements isochrones, parce qu'en effet on
peut les construire et les combiner avec une lentille de poids
tel que, malgré les changements dans la force motrice, la
durée des vibrations soit à peu près la même ; ces échappements ont l'inconvénient d'avoir du recul, de ne pas permettre un régulateur aussi puissant que s'ils étaient à repos,
et par suite de diminuer les belles propriétés du pendule.

L'impossibilité de construire dans une pendule à demi-
secondes un échappement de Graham ou à cheville ordinaire, dont les bras de levier ne soient pas plus longs proportionnellement au court pendule, que dans une pendule à
seconde ils ne le sont par rapport au long pendule, nous a
suggéré l'idée de chercher en dehors de ce qui se fait une
forme nouvelle qui se prêtât à l'accomplissement de cette condition que nous considérons comme capitale.

Le tableau suivant et quinze années d'études et d'expérience que nous avons acquises aujourd'hui (c'est en 1835
que ce travail a été fait) sur cet échappement, ne nous laissent
aucun doute sur le bon emploi qu'on peut en faire, lorsqu'on

(1) Expression très-impropre, mais usitée dans la fabrique de Paris, pour
exprimer un échappement à repos d'un côté et à recul de l'autre.

(2) La suspension à couteau ne vaut absolument rien, surtout dans les horloges à courts pendules. (Ailleurs nous traitons cette question. Voyez un mot
à ce sujet dans l'*Art de connaitre et de régler les pendules et les montres*,
2ᵉ édition, p. 124.)

voudra d'une horloge à court pendule la plus grande régularité possible.

NATURE de L'ÉCHAPPEMENT	POIDS de la lentille.	LA PENDULE étant réglée sur le temps moyen donne pour différence diurne résultant de :		TOTAL de la différence, la force 2 étant remplacée par celle 3.	ÉTENDUE DES ARCS.			LONGUEUR des bras de LEVIER.
		La pression sur le repos	La plus grande amplit. des arcs.		la force étant 2	la force étant 3	de levée	
Graham.......	24 onc	— 8" 3	— 2" 7	— 11"	2° 1	2° 45		
	7	— 20" 5	— 2" 5	— 23"	2° 4	2° 70	0° 8	0m011
	2 1/2	— 16" 0	— 7" 0	— 23"	2° 7	3° 40		
Echappement nouveau	24	— 3" 2	— 2" 8	— 6"	1° 9	2° 30		
	10	— 5" 0	— 3" 5	— 10"	2° 2	2° 70	1° 2	0m0055
	2 1/2	— 8" 2	— 5" 8	— 14"	2° 6	3° 20		
		(1)						
Repos d'un côté recul de l'autre.	4	— 3" 0	— 9" 0	— 12"	3° 2	4° 00		
	2 1/2	— 2" 0	— 12" 0	— 14"	3° 2	4° 2	2° 3	0m006
	1 1/4	— 4"	— 12"	— 16"	4° 2	5° 0		
		(2)						
Grand recul.	4	+ 0" 5	— 5" 5	— 5"	3° 2	3° 7	2° 4	0m006
	2 1/2	+ 14" 5	— 5" 5	— 9"	3° 2	3° 7		

OBSERVATIONS.

Dans ces expériences, la longueur du pendule étant 0m25 à très-peu près, battant la demi-seconde, la pendule était réglée sur le temps moyen, la force motrice était exprimée par 2, et celle qui a donné les résultats du tableau était exprimée par 3.

En comparant les expériences faites sur l'échappement de Graham avec celles faites sur l'échappement nouveau, on voit

(1) Le retard qui résulte ici de la pression sur le repos serait beaucoup plus grand, mais le recul déterminant une accélération, le retard exprimé n'est que l'excès du retard produit par la pression sur le repos sur l'avance occasionnée par le recul.

(2) Dans cette expérience, l'accélération du recul a à peu près totalement compensé la pression exercée sur l'ancre; mais dans l'expérience suivante, avec une lentille plus légère, l'empire du recul a augmenté et donné plus d'accélération.

que la pression sur les repos change la marche à très-peu près comme la longueur des bras de levier ; qu'ainsi, l'échappement qui a les bras de levier les plus courts *laisse au régulateur une plus grande liberté après que la roue a donné la pulsion nécessaire ; que cet échappement, appliqué au régulateur, change moins que l'échappement Graham la durée des oscillations que le pendule aurait s'il était dégagé de l'échappement.*

Ainsi, d'une part, la résistance par les longueurs des bras de levier ayant diminué de moitié, et l'amplitude des arcs qui est un des éléments de la puissance du régulateur ayant à peine diminué de 1/24ᵉ, il est évident *qu'avec cet échappement le régulateur est bien plus puissant qu'avec l'échappement précédent.*

On verra dans la description que la nouvelle forme d'ancre est la seule qui puisse s'exécuter dans des dimensions aussi petites qu'on le voudra, et par conséquent établir toujours le même rapport entre la longueur des leviers de l'échappement et la longueur des régulateurs.

Quant à la durée de cet échappement, une longue expérience la garantit. Ce n'est qu'une modification de celui à cylindre employé dans les montres, et on sait depuis plus de trente ans que cet échappement, fait tout en acier bien trempé et bien exécuté, est d'une très-longue durée. Cependant dans une montre les causes de destruction sont incomparablement plus grandes. Les fonctions de l'échappement se font 5 fois par seconde au lieu de 2 fois dans une pendule ; la roue d'échappement n'agit que pendant 1/30ᵉ de seconde à très-peu près pour produire une levée. Cette vitesse excessive au point d'action de la roue sur la levée est une cause de destruction, tandis que dans les pendules à demi-secondes, le temps d'action de la roue pour produire la levée est d'un cinquième de seconde à peu près.

Des expériences et observations qui précèdent on peut conclure :

1° Que l'un des plus grands vices de nos pendules de cheminée à demi-secondes est d'avoir les leviers de l'échappebeaucoup trop longs :

2° Que dans notre échappement les bras de levier pou-vant être réduits à des proportions qui le mettent dans un rapport convenable avec la longueur d'un pendule, il permettra d'obtenir une marche plus régulière, toutes choses étant d'ailleurs les mêmes;

3° Qu'il peut facilement être exécuté tout en acier trempé comme l'échappement à cylindre dans les montres, ce qui offre une garantie de durée bien plus grande que tout autre échappement;

4° Enfin les repos, qui doivent être des parties de cercle, s'exécutent sur le tour par des moyens qui en assurent la parfaite concentricité.

Description de l'échappement identique à repos parfait (1).

ABCD (fig. 1re) est une virole d'acier représentée en élévation par les mêmes lettres dans la figure 2. Elle est entaillée pour le passage de la roue dont la pénétration dans cette entaille est telle que les dents puissent faire les fonctions d'échappement, et que le rayon *b*I, mené du point de contact de la dent sur la circonférence de l'ancre, soit perpendiculaire à la tangente en ce point, ou, en d'autres termes, que le repos se fasse à la tangente.

Cette virole devient l'ancre, ou pièce de l'échappement; elle est tournée en dedans et en dehors et ajustée à frottement dur sur l'assiette F faisant corps avec la tige d'ancre.

La roue plate E est en acier trempé; elle porte à l'extrémité de ses dents les plans inclinés qui donnent la pulsion, et les devants des dents qui agissent pendant les repos sont polis avec soin.

---

(1) *Identique*, parce que tous les ancres, ainsi que les roues, peuvent être rigoureusement les mêmes ; *à repos parfait*, parce qu'il n'est pas possible de les faire aussi fidèles par les méthodes ordinaires.

Une pendule, construite avec cet échappement, marche depuis l'année 1835 dans les bureaux de la Société d'encouragement pour l'industrie nationale ; elle porte en outre un pendule compensateur cylindrique laiton et sapin.

Les fonctions d'un échappement sont connues, nous n'en parlons pas, non plus que des principes communs à tous.

La courbe extérieure Bb, sur laquelle la première dent fait repos, est un arc de cercle parfait, étant exécuté sur le tour ; tandis que dans les trois autres échappements représentés figures 3, 4, 5, la courbe correspondante ne peut être formée que par tâtonnement à la lime. Il en est de même, et à plus forte raison, pour la courbe intérieure Dd, qui, dans les échappements ordinaires, est presque toujours mal exécutée en raison de la difficulté de bien former à la lime une courbe concave, surtout lorsqu'elle est de petit rayon.

L'ancre cylindrique permet de réduire les bras de levier à des proportions convenables, sans rendre l'exécution plus difficile, tandis que dans l'échappement fig. 5, dont les proportions sont les mêmes, la courbe intérieure serait mal exécutée par le moyen ordinaire de la façonner à la lime.

Dans l'échappement fig. 4, le rayon Ib = 0^{m}056 et celui Id = 0^{m}054 ; ainsi le plus long levier par lequel la roue fait repos, est au plus petit : : 56 : 54 ; tandis que dans l'échappement fig. 5, le rayon Ib = 0^{m}013, et celui Id = 0^{m}011 ; ainsi le plus long levier par lequel la roue fait repos dans cet échappement, est au plus petit : : 13 : 11.

Dans l'échappement à ancre cylindrique, la virole est de 0^{m}0002, le rayon Ib est de 0^{m}0110, celui Id est de 0^{m}0108 ; la différence est donc comme 110 à 108, ou comme 55 à 54. Ainsi, dans cet échappement les repos se font à des distances à peu près égales de l'axe de rotation. On pourrait, il est vrai, dans l'échappement fig. 5, faire le rayon Ib=Id, et le repos se ferait à des distances égales du centre ; mais alors l'action de la roue sur les plans inclinés, pour produire la levée, se ferait tantôt beaucoup plus près, tantôt beaucoup plus loin que le point de repos. C'est ainsi que des artistes ont exécuté cet échappement, mais depuis on a préféré la construction représentée ici par les figures 3, 4, 5.

Dans l'échappement fig. 3, 4, 5, pour que la roue agisse uniformément à tous les points de la levée, il faudrait que le plan incliné fût une courbe, que les géomètres décriraient facilement, mais que les horlogers ne pourraient exécuter ; tandis que dans le nouvel échappement, la roue portant les plans inclinés et agissant comme sur un point, transmet au régulateur, à chaque portion d'arc que parcourt une dent, une vitesse sensiblement égale, d'où il résulte une levée qui s'opère dans des conditions plus favorables.

Le mémoire ci-dessus a été déposé à la société d'encouragement en 1835 avec une pendule dont l'échappement est celui qui vient d'être décrit.

Vers la fin du deuxième volume de son *Traité d'horlogerie,* M. Moinet avait parlé de la longueur des bras de levier de l'échappement à repos en pendule, notamment, en citant les travaux de M. Vulliamy de Londres et de M. Kessels d'Altona. Je lui adressai une lettre (insérée t. II, p. 500 de son ouvrage) dans laquelle j'essayai de montrer la nécessité de proportionner la longueur des bras de levier à celle du pendule. C'était au mois d'août 1847.

Dans une note à la suite de ma lettre, l'auteur fait remarquer la conformité d'opinion entre les deux artistes cités et mes expériences ; il ajoute que « un tel accord, multiplié sur divers points de l'Europe, n'en confirme que mieux la confiance que le sujet mérite. »

Il nous semble donc que la question de savoir si les leviers d'un échappement de pendule peuvent être d'une longueur arbitraire est jugée, et que ces leviers sont dans les proportions les plus convenables, sous le rapport des repos, lorsqu'ils ont environ un vingtième ou un vingt-cinquième de la longueur du pendule.

La durée de l'oscillation augmente avec l'étendue des arcs.

La table suivante a été calculée pour déterminer la quantité de temps dont une pendule retarderait en vingt-quatre heures, si les arcs de 0°,1 d'abord augmentaient successivement. Exemple : l'horloge étant réglée au temps moyen, le pendule décrivant des arcs de 0°,01, retarderait de 1″55, lorsque les arcs auraient 1° de chaque côté de la verticale. Ce retard serait de 6″,60 lorsque les arcs arriveraient à 2°, de 41″,30 lorsqu'ils auraient atteint 5°, etc. Ce retard serait celui qui aurait lieu dans le pendule libre, abstraction faite de toute influence modifiant la durée de ses oscillations.

La connaissance des valeurs indiquées dans cette table est indispensable dans les études sur la pendule, car sans elle on ne peut déterminer d'où proviennent les différences dans la marche, et faire la part de ce qui résulte de l'amplitude de l'arc d'oscillation et celle qui doit être attribuée à l'échappement ou à d'autres causes. Je l'ai calculée d'après la formule admise par les meilleurs auteurs, en négligeant toutefois les peties quantités inutiles dans le cas particulier. Elle n'a été prolongée jusqu'à 30° que pour donner une idée de l'accroissement considérable de retard à mesure que les arcs augmentent. Jusqu'à 5°, c'eût été suffisant pour les observations, car on porte rarement les arcs au delà de 2° dans les pendules à secondes qui doivent donner la plus grande précision, et de 5° dans les grandes horloges qui n'exigent pas la même précision.

ARC d'oscillation	RETARD EN 24 heures	ARC d'oscillation	RETARD EN 24 heures	ARC d'oscillation	RETARD EN 24 heures
0° , 01	0″ , 0	2° , 0	6″ , 60	4° , 0	0′ , 26″ , 25
0 , 1	0 , 20	2 , 1	7 , 20	4 , 1	0 , 27 , 40
0 , 2	0 , 25	2 , 2	7 , 95	4 , 2	0 , 28 , 80
0 , 3	0 , 28	2 , 3	8 , 75	4 , 3	0 , 30 , 30
0 , 4	0 , 34	2 , 4	9 , 50	4 , 4	0 , 31 , 80
0 , 5	0 , 43	2 , 5	10 , 20	4 , 5	0 , 33 , 30
0 , 6	0 , 52	2 , 6	11 , 10	4 , 6	0 , 34 , 80
0 , 7	0 , 59	2 , 7	11 , 95	4 , 7	0 , 36 , 50
0 , 8	1 , 94	2 , 8	12 , 80	4 , 8	0 , 38 , 00
0 , 9	1 , 30	2 , 9	13 , 80	4 , 9	0 , 39 , 60
1 , 0	1 , 55	3 , 0	14 , 80	5 , 0	0 , 41 , 30
1 , 1	1 , 90	3 , 1	15 , 80	6 , 0	1 , 05 , 00
1 , 2	2 , 35	3 , 2	16 , 85	7 , 0	1 , 15″, 00
1 , 3	2 , 80	3 , 3	17 , 90	8 , 0	1 , 35″, 00
1 , 4	3 , 20	3 , 4	19 , 00	9 , 0	2 , 15 , 00
1 , 5	3 , 65	3 , 5	20 , 10	10 , 0	2 , 50″, 00
1 , 6	4 , 15	3 , 6	21 , 25	15 , 0	5 , 60 , 00
1 , 7	4 , 85	3 , 7	22 , 50	20 , 0	10 , 70 , 00
1 , 8	5 , 30	3 , 8	23 , 80	25 , 0	17 , 00 , 00
1 , 9	5 , 90	3 , 9	25 , 10	30 , 0	24 , 00 , 00

DES CAUSES DE DESTRUCTION
PAR LE FROTTEMENT

Et des moyens de conserver les parties frottantes

EN HORLOGERIE.

Il existe en horlogerie des préjugés trop enracinés pour qu'on puisse espérer les détruire ; le peu d'études auxquelles on se livre généralement sur l'état des corps et sur les phénomènes qui se passent dans les frottements seront toujours un obstacle qui cachera, pour le grand nombre, les vérités dans cette matière. Dans la génération nouvelle, beaucoup de jeunes gens ont déjà compris qu'il fallait acquérir des notions, au moins élémentaires, sur les propriétés des corps qu'ils emploient; on ne saurait trop les engager à persister. Il est déplorable d'entendre des praticiens éclairés attribuer toutes les causes de destruction à la qualité du laiton employé dans l'horlogerie, et ne pas remarquer qu'ils ont sous les yeux la preuve matérielle qu'il en existe beaucoup d'autres. Nous sommes bien loin de contredire qu'un laiton de mauvaise qualité ne soit une cause capitale de destruction ; mais il sera bientôt démontré que ce n'est point la seule, ainsi que beaucoup de personnes persistent à le croire.

Comme cause de destruction, on n'a jamais parlé de l'acier et de l'altération qu'il éprouve dans une trempe mal faite. Il est cependant incontestable qu'un acier mal trempé (comme cela arrive très-souvent) ne peut pas résister de la même manière que résisterait un bon acier bien trempé. Si cette cause de destruction n'est pas une des plus fréquentes et des plus grandes, elle n'en est pas moins réelle.

La forme des parties frottantes, les conditions dans lesquelles les frottements et les chutes s'opèrent ont encore une grande influence sur la conservation des points de contact; elles ne sont pas signalées à l'attention des artistes.

On impute à la qualité du laiton la cause de destruction, mais on ne dit pas en quoi consiste sa bonne qualité, à quel signe on doit la reconnaître. Si la mauvaise qualité tient à une seule cause ou à plusieurs, quelles sont ces causes? où résident-elles? comment peut-on les reconnaître et les corriger?

Ayant étudié depuis longtemps ces différentes questions, nous nous faisons un devoir de communiquer aux jeunes gens des faits constants à nos yeux. Toutefois, n'ayant en cette matière que notre propre expérience et notre seule étude, puisque aucun auteur n'en a traité, notre tâche est bien plus difficile à remplir que si d'autres artistes avaient déjà étudié ces questions et publié leurs travaux ; nous avons donc besoin de toute l'indulgence du lecteur.

Première cause de destruction.

Qualité du laiton.

Le laiton n'usant pas toujours l'acier, on doit en conclure nécessairement que celui qui use n'est pas identiquement le même que celui qui n'use pas ; mais où réside la cause de ces deux effets différents? Voici comment nous l'entendons.

En général, lorsque deux corps parfaitement unis se frottent, quelle que soit la différence de dureté de ces corps, il n'y a pas destruction, ou il y a très-peu de destruction si une couche d'huile les sépare ; mais si le plus dur de ces corps porte quelques parties saillantes, elles endommagent bientôt l'autre corps, et réciproquement si le corps le moins dur portait quelques parties saillantes d'une dureté égale ou supérieure à celle de l'autre corps, il y aurait destruction. Ceci posé, si on conçoit une surface de laiton parfaitement homogène et aussi unie que la surface d'acier qui frotte sur elle, il n'y aura pas de destruction *résultant de la nature des deux métaux*. Mais si on conçoit la surface du laiton hérissée de quelques pointes saillantes et plus dures que l'acier, celui-ci sera bientôt détruit, et une fois qu'il est entamé, la limaille qui en résulte peut se *gripper* dans le laiton et former de nouveaux points destructeurs de l'acier.

D'après cela, il faut concevoir que, dans certaines circonstances, une surface de laiton peut porter des points saillants et plus durs que l'acier, et que cet état du laiton doit être considéré comme accidentel, et non point, dans sa nature, à l'état de pureté parfaite.

J'ai remarqué assez souvent des corps étrangers dans le laiton. Une roue polie au feutre par une polisseuse en pendule, m'a présenté le fait suivant : Il était resté des traînées saillantes dans le sens du poli ; cela résultait de ce que des corps durs et graveleux existaient dans le cuivre, que ces corps, n'ayant pu être atteints par le charbon, formaient une saillie, tandis que la généralité du cuivre avait cédé sous le charbon ; alors, en passant le feutre, ces pointes saillantes creusaient le feutre, qui, étant sillonné, ne mordait plus dans cette direction, et, par suite, laissait une partie haute.

Pour peu qu'on suive par la pensée ce qui se passe dans la fusion de l'alliage nommé laiton, et dans le travail à froid pour amener cet alliage au point où on l'emploie dans l'horlogerie, il est facile de reconnaître qu'effectivement le laiton doit contenir, en plus ou moins grande quantité, des éléments de destruction, qui sont disséminés sous différentes formes dans son intérieur.

Ces éléments de destruction sont des oxydes métalliques produits dans le travail de la fusion de l'alliage. Sans examiner les causes chimiques qui les produisent, il suffira de reconnaître le fait de leur présence ; plus tard, nous essaierons peut-être d'exprimer notre pensée sur les conditions les plus favorables dans lesquelles cet alliage pourrait être fabriqué.

Si l'on prend un morceau de laiton fondu qui n'ait point été forgé, et qu'on le lime, on y rencontre assez fréquemment des cavités ; elles ont ordinairement la forme sphérique, l'intérieur est d'une couleur analogue à celle que présente la pièce à l'extérieur ; les parois intérieures de ces cavités sont de même nature que la surface extérieure du cuivre fondu, et tout le monde sait que cette *croûte* (en terme d'atelier) est tellement dure qu'elle détruit en peu de temps les limes employées pour l'attaquer. On sait aussi que, pour ménager les limes, on est dans l'usage de *dérocher* la pièce fondue (1), et qu'après cette opération l'extérieur du métal n'est guère plus dur à limer que l'intérieur de la pièce.

Nous avons supposé, pour rendre les choses palpables, qu'en limant une pièce de fonte on ait reconnu une soufflure assez grande pour bien juger l'état de ses parois, et on a vu qu'elle était tapissée intérieurement, comme la pièce entière l'était à l'extérieur, d'une couche d'oxyde métallique plus dure que le laiton et capable de détruire l'acier, comme cette couche extérieure détruirait les limes si on ne dérochait pas la pièce.

Une soufflure aussi grande que celle dont on vient de parler n'existe pas dans les travaux d'horlogerie ; si on la rencontrait, le morceau de métal serait mis au rebut ; mais la même cause qui a produit la grande soufflure visible à l'œil en produit de plus petites qui échappent à nos sens et même aux observations microscopiques. Pour se convaincre de l'existence de ces petites soufflures, il suffit d'examiner attentivement divers cuivres fondus ; on en rencontre souvent qu'on nomme *cendreux* parce qu'ils contiennent en certaines places des quantités innombrables de petites soufflures visibles à l'œil nu, à côté desquelles il s'en trouve d'autres de plus en plus petites, qui ne peuvent être aperçues qu'au microscope.

Ces petites soufflures, comme les grandes, sont tapissées intérieurement d'oxyde métallique, et les bords venant à frotter sur les parties d'acier, doivent les détruire, en raison de leur grande dureté et de ce qu'elles agissent comme les points saillants dont nous avons parlé plus haut.

(1) L'opération nommée *dérocher* consiste à dissoudre l'oxyde métallique à la surface d'une pièce. Cette opération est fondée sur la propriété des acides nitrique ou sulfurique faible de dissoudre les oxydes métalliques.

Nous n'avons pas tenu compte du forgeage du cuivre et des modifications que cette opération apporte à la forme des soufflures. Lorsqu'on forge le cuivre, qu'on le lamine ou qu'on le tire à la filière forcée, il en résulte que les parois d'une soufflure ne restent point écartées, elles cèdent sous la pression et viennent se toucher, c'est ce qu'on nomme *une paille*; mais cette paille, pour avoir changé de forme et de nom, n'a pas changé de nature; ce sont alors deux surfaces métalliques oxydées et appliquées l'une contre l'autre. Les pailles peuvent résulter d'autres circonstances, peu importe au sujet qui nous occupe.

Si on tient pour certain deux choses incontestables à nos yeux : que le laiton est sans action destructive sur l'acier, mais que les oxydes métalliques qu'il contient accidentellement sont au contraire très-destructeurs de l'acier, on sera sur la voie pour le rendre inoffensif en le dépouillant de ces oxydes destructeurs.

Procédés pour éviter la destruction dans ce cas.

Le meilleur moyen pour éviter la destruction dans les frottements de l'échappement, consiste à dissoudre les oxydes métalliques qui forment les petites pailles imperceptibles dont nous avons parlé, et à en purger ainsi les surfaces frottantes pour mettre à nu une surface métallique homogène et sans action sur l'acier.

Beaucoup d'horlogers, sans expliquer pourquoi ils le font, soumettent les roues de rencontre à un véritable *déroché*, en plongeant les pointes des dents dans l'acide nitrique ou sulfurique plus ou moins fort. Tantôt ce procédé leur réussit et tantôt il manque son effet; il peut même arriver qu'une roue ainsi traitée soit plus mauvaise qu'avant l'opération. En effet, comment arriver autrement que par hasard à la réussite dans la pratique d'un procédé de cette nature, si on ne comprend pas suffisamment les phénomènes qui se passent? Par exemple, tout en dissolvant l'oxyde qui se trouve à la pointe des dents en très-petite quantité, on produit beaucoup d'oxyde vers la partie de la roue qui ne plonge pas dans l'acide. Quelques personnes, pour conserver précieusement l'effet de l'acide sur la pointe des dents, ménagent la grande quantité d'oxyde qu'elles ont produite ; elles mettent la roue en place après l'avoir simplement lavée à grande eau, puis passée dans l'esprit de vin, pour la sécher, et se refusent à dépouiller la roue du bourrelet d'oxyde qu'elles ont formé ; la roue, disent-elles, ne travaille pas sur la verge dans le point tapissé d'oxyde, ainsi il est sans effet.

En tenant ce raisonnement, on ne fait pas attention à deux choses : d'abord que l'oxyde, formé sur une partie reculée de la roue, s'en détache en partie, va où le hasard le porte, et que, si une petite quantité d'huile a gagné les palettes, elle peut servir de véhicule à cet élément de destruction. En second lieu, comme on ne plonge pas la roue dans un grand bain d'acide, mais que la pointe des dents en est à peine baignée, il peut arriver qu'en même temps que l'acide dissout l'oxyde du métal, il s'en forme d'autre à côté bien plus destructeur que celui enlevé ; aussi, entend-on journellement des personnes dire que le procédé est mauvais, qu'elles ont passé des roues à l'eau forte, que quinze jours après la verge était coupée.

Selon nous, il n'y a aucun inconvénient à nettoyer la roue avec une brosse et du charbon, après l'avoir dérochée, pourvu qu'on ne prolonge pas tellement cet adouci, que l'on vienne mettre à découvert des parties oxydées autres que celles qu'on a enlevées dans l'opération.

———

Deuxième cause.

Des corps hétérogènes dans le laiton.

Les oxydes métalliques, dont on vient de parler, ne sont pas sans doute les seules causes accidentelles, dans la matière, qui produisent la destruction ; il est un cas assez rare, mais possible, dans lequel la destruction est inévitable : c'est le mélange de quelques substances hétérogènes que le laiton emmène avec lui dans la fusion. On a rencontré dans le laiton, et principalement dans les alliages fondus au creuset, pour les pièces à mouler en sable, du fer, des fragments de pierre, du charbon, etc.; mais dans les laitons provenant des fontes sur de grandes masses, ces accidents sont tellement rares qu'il ne nous en est parvenu que peu d'exemples. Le dérocher pourrait être utile dans ce cas, puisqu'il purgerait le métal de toute substance hétérogène attaquable par les acides.

Troisième cause.

De l'acier adhérant au laiton.

Il est une autre cause de destruction que peu de personnes veulent admettre au premier coup d'œil, mais dont nous avons souvent reconnu l'existence; et des artistes de mérite, qui l'avaient rejetée bien loin d'abord, lorsque nous la leur signalâmes pour la première fois, sont aujourd'hui convaincus des effets qu'elle produit. La voici :

Lorsqu'on taille une roue sur l'outil, si on emploie une fraise neuve, le sommet des dents de cette fraise est une partie d'acier extrêmement mince et on ne peut plus fragile par l'effet de la trempe ; cette fraise coupe le laiton avec une grande facilité, mais en même temps elle se détériore, et le sommet des dents, qui était une partie extrêmement fine et délicate, disparaît : une partie tombe avec la limaille du laiton, une autre partie reste *grippée* dans le laiton même et y présente des pointes d'acier excessivement dures, très-déliées, qui ne manqueront pas d'endommager les parties de l'échappement qn'elles frotteront. C'est toujours une faute de laisser une roue sous la taille de la fraise et de ne point l'adoucir ; c'est encore une autre faute de passer le brunissoir sur les dents de la roue, car il n'enlève pas ces pointes d'acier, il ne fait que les enfoncer et les incruster plus fortement.

Si on veut être convaincu que les choses se passent ainsi,

qu'on prenne un instrument d'un tranchant très-mince, qu'on s'en serve pour râcler un morceau de bois, même très-tendre, on verra en un instant l'instrument couvert de petites brèches très-multipliées, et si on emploie des moyens assez efficaces pour le reconnaître, on s'assurera qu'il est resté dans le bois une grande partie de l'acier enlevé au tranchant.

Un autre moyen consiste à limer avec une lime neuve un bois dont on voudra se servir pour polir; il sera impossible de réussir dans le poli, qui sera constamment couvert de traits prononcés produits par les pointes d'acier grippées dans le bois.

Ce qui se passe pour le bois a lieu dans le laiton, et toute fraise neuve produit une roue qui détruit en peu d'instants la verge, si elle n'est préparée de manière à enlever l'acier qui pourrait être resté à la surface de la partie coupée par la fraise.

Cette cause de destruction explique comment il se fait que des montres ayant à peine marché quelques jours ont une verge entièrement coupée, et que si on adoucit la roue, comme on le dira plus loin, et qu'on change le point d'action, la même verge et la même roue se conserveront quelquefois très-longtemps.

Le procédé de dérocher, qui réussit si bien pour faire disparaître la cause de destruction résultant des oxydes qui se trouvent dans la matière, réussit bien encore pour enlever les atomes d'acier qui peuvent causer de si grandes détériorations, car l'acier est très-promptement dissout par les acides nitrique et sulfurique qu'on peut employer à cette opération.

Ainsi donc ces deux causes de destruction, la présence des oxides métalliques dans la matière et l'adhérence des atomes d'acier, seront facilement détruites par un dérocher bien fait; mais, nous le répétons, cette opération exposant à quelques dangers, ceux qui ne pourront pas raisonner et bien apprécier tous les phénomènes qui se passent feront mieux de se borner à un adouci bien fait, comme on l'expliquera plus loin.

L'équarrissoir qui se détruit par l'usage, de même que la fraise dans le taillage de la roue, laisse dans l'intérieur des trous des atomes d'acier qui se grippent facilement aux parois et qui sont une cause de destruction des pivots.

Le dérocher dans les trous produirait, s'il était facile, le même effet que sur la roue ; mais les difficultés et les inconvénients qu'il y aurait seraient un obstacle à l'emploi de ce moyen ; il est préférable et suffisant d'adoucir un trou en y passant une pointe de bois garnie de charbon de bois tendre broyé à l'huile.

L'horloger soigneux fera bien de se servir, pour donner le dernier coup d'équarrissoir à un trou, d'un équarrissoir dont il aura bien préparé les angles, de manière à ce que ceux-ci soient moins aigus que ceux donnés par la forme pentagonale, et n'aient aucune rebarbe ; il est bon de les polir à la manière nommée *tirer de long*.

DES PROCÉDÉS

généralement employés pour éviter les destructions, et servant de preuves aux explications qui précèdent.

Si on passe en revue quelques-uns des procédés purement empiriques et suivis par beaucoup d'horlogers qui ne donnent aucune explication du mode d'action de ces procédés, on y trouve la preuve des faits que nous avons annoncés.

Ébullition dans les corps gras.

Le procédé le plus généralement employé par les anciens horlogers consiste à faire bouillir la roue de rencontre dans un corps gras, et, bien entendu, chacun trouve celui qu'il emploie le plus propre à produire un bon effet. Ainsi, on entend vanter tour à tour le suif, l'huile, l'huile d'olive, celle épurée pour les lampes, le beurre, le saindoux. Voyons ce qui se passe dans la mise en pratique de ce procédé, puisque ceux qui l'emploient ne nous en disent rien.

Presque tous ces corps gras contiennent des acides en plus ou moins grande quantité ; l'huile épurée pour les lampes est traitée dans l'épuration par l'acide sulfurique, elle en retient une proportion assez forte pour produire un véritable dérocher sur les lampes dans lesquelles on l'emploie. Le suif et le beurre contiennent également des proportions notables de divers acides; en faisant bouillir une roue à une température élevée, on la soumet à dérocher, dont l'effet est augmenté par la grande élévation de température; cette action chimique produit nécessairement un effet plus ou moins efficace selon la proportion d'acide et selon le besoin de la pièce.

Outre cet effet chimique, il en est un autre purement mécanique dont le succès doit être infaillible lorsque la cause de destruction est la présence de quelques atomes d'acier grippés dans le laiton; en voici l'explication : On sait avec quelle extrême facilité les corps gras pénètrent entre deux surfaces métalliques en contact. Par une élévation de température, la petite capacité dans laquelle est contenu l'atome d'acier se dilate plus que l'acier lui-même, et le vide produit par cette dilatation attire l'huile ou autre corps gras, qui vient s'interposer entre le laiton et l'acier, et, lors du refroidissement, une certaine quantité de cette huile reste dans l'intérieur de la cavité, en diminue l'espace et renvoie au dehors l'atome d'acier. Lors même qu'on ne supposerait pas que l'huile puisse repousser ainsi l'acier, il est néanmoins impossible de contester qu'elle diminue considérablement son adhérence avec le laiton, et qu'ainsi elle lui permet de se détacher sans peine lorsqu'on adoucit.

D'après cela, on peut juger que le procédé d'ébullition dans les corps gras produit deux effets différents bien distincts l'un de l'autre et qui ont chacun un mode d'action différent; en même temps que les acides se portent sur les oxides pour les dissoudre, s'il y en a, le corps gras s'interpose entre le laiton et l'acier qui peut avoir adhéré dans l'opération du taillage, et le fait détacher de la roue.

De l'application de la chaleur seule.

Un moyen pratiqué par quelques horlogers, qui n'en expliquent pas non plus le mode d'action, consiste à poser les dents d'une roue de rencontre sur un *revenoir* et à chauffer jusqu'à ce que le cuivre change de couleur. Ce procédé nous paraît agir de la même manière que le précédent, mais dans des conditions bien moins efficaces. En effet, il n'y a pas un dérocher, quelque faible qu'il soit, et le déplacement des atomes d'acier n'est pas facilité par une grande quantité de liquide gras dans lequel le corps baigne ; quelques atomes d'huile qui arrivent souvent à la pointe des dents de la roue peuvent seuls jouer un rôle utile dans cette opération ; on peut aussi dire que les atomes d'acier grippés à la roue prennent un recuit qui les rend moins durs et par suite moins destructeurs.

D'autres personnes modifient ce procédé en graissant la roue et en la chauffant de la même manière jusqu'à ce qu'elles voient fumer le corps gras ; ce procédé, préférable au précédent, n'équivaut pas à l'ébullition dans l'huile.

DE LA DORURE.

On a souvent doré les roues d'échappement de pendule surtout pour éviter la destruction. Ce moyen est efficace toutes les fois que la destruction résulte d'oxydes métalliques dans la matière. En effet, la dorure couvre la surface du laiton d'une couche d'or aussi pur qu'on puisse le désirer ; elle couvre les oxydes, même les parties d'acier résultant de la destruction de la fraise, à supposer que celles-ci ne soient pas tombées dans le travail de l'application de l'or pour lequel on emploie souvent l'acide nitrique. La dorure est, dans bien des cas, un excellent moyen de conservation, et c'est principalement dans les échappements de pendule qu'il doit être employé.

L'explication simple et naturelle qu'on peut donner du mode d'action de ces procédés, confirme ce que nous avons annoncé dès le principe, que deux des causes de destruction étaient les oxydes métalliques, qui se rencontrent dans le laiton et les parties d'acier, qui se détachent de la fraise ; ces deux causes sont incontestables et les procédés anciens devaient avoir sur elles un effet réel, mais moins efficace que le dérocher par les acides. Aussi ont-ils donné d'assez bons résultats, pour mériter la confiance des horlogers qui les ont employés.

De l'adouci des roues d'échappement.

Pour finir le plus convenablement possible une roue d'échappement, il faut enlever, avec une lime d'étain et de la pierre, à l'eau douce, broyée à l'huile, tous les traits de la fraise et n'en conserver que quelques légères traces, pour s'assurer de ne pas perdre l'égalité de la division. Puis on passe du charbon broyé à l'huile, avec un bois tendre, et ensuite, on frotte avec une brosse bien garnie du même charbon broyé à l'huile (le charbon de bois blanc et tendre, tel que peuplier, saule, etc…, doit seul être employé). La brosse adoucit les angles préalablement rabattus, elle donne à l'adouci un plus grand degré de perfection que celui obtenu par le bois, et le léger arrondi qu'elle produit convient aux fonctions de l'échappement.

Quelques personnes emploient la corne de cerf calcinée et pulvérisée, d'autres, les os de pied de mouton également calcinés et pulvérisés; ces substances reviennent à trop peu près au même, pour qu'on puisse leur assigner une cause de préférence l'une sur l'autre; la manière de les préparer en constitue la propriété plus que leur nature. Le charbon est toujours le plus doux, le plus inoffensif.

De l'huile indiquée comme cause de destruction.

On entend souvent dire que l'huile venant aux palettes de la verge, celles-ci se détruisent, et on paraît attribuer cette destruction à la seule présence de l'huile; nous n'admettrons jamais que la présence de l'huile, qui est le moyen le plus efficace d'empêcher la destruction dans tous les frottements, soit précisément une cause opposée dans ce cas.

Pour supposer à l'huile une telle propriété, il faudrait des

expériences faites de la manière la plus rigoureuse par des
hommes habitués à l'art de l'expérimentation, et surtout s'être
assuré qu'il n'existe aucune autre cause de destruction. Quel
est celui qui pourrait donner une telle affirmation ?

Que l'huile serve de véhicule à des éléments destructeurs,
qu'elle les retienne et que parfois elle les mette dans des
conditions favorables à la détérioration, ce n'est pas impossible (1); mais qu'elle seule soit destructive sans autre cause
qui aurait produit le même effet en son absence, c'est ce que
nous devons nier.

Si on veut que l'huile ait cette propriété, nous l'accorderons
pour un instant, car il en résulterait évidemment que ce ne
serait plus alors la qualité du laiton dont l'influence unique
se ferait sentir comme cause de destruction, il y en aurait
d'autres.

Si l'huile est une cause de destruction, comment se fait-il
que des roues de rencontre en acier marchent parfaitement
bien et ne se détruisent pas, en y mettant de l'huile?

Des horlogers ont fait l'expérience de mettre à dessein de
l'huile à des échappements à verge qui leur présentaient
toute garantie, et l'huile n'a pas produit de destruction.

L'échappement libre à détente marcherait avec de l'huile
et ne se détruirait pas ; le cylindre doit être abreuvé d'huile,
l'échappement à ancre de même : il n'est pas un seul cas où
l'huile ne facilite les frottements. C'est une erreur trop gros-
sière d'attribuer à la présence de l'huile la détérioration de
quelques échappements à verge, pour insister plus longtemps
sur cette matière.

Disons le fait tout simple : En levant des verges qui étaient
piquées, on a vu que l'huile y était arrivée ; on a dit : c'est
l'huile ; on l'a dit et répété ; le préjugé s'est répandu et a ac-

______

(1) Pour rétrécir les palettes d'une verge, on se sert de pierre broyée, puis
de rouge pour polir. Il est peu de personnes assez soigneuses pour parfaitement
savonner la verge et détacher complètement toute cette matière qui adhère
dans les petites cavités de l'assiette autour de la grande palette; ces parties de
rouge ou de pierre broyée sont déplacées par la présence de l'huile, elles s'in-
terposent entre les parties frottantes, et la destruction arrive.

quis de la force par le fatal : *Je l'ai toujours entendu dire,* qui est venu propager l'erreur.

Quatrième cause.

Qualité de l'acier.

La différence qui existe entre les qualités de l'acier et celle qui résulte, dans un même acier, des différentes conditions dans lesquelles il a été trempé, changeant d'une manière notable son état, ne doivent pas être sans influence sur la destruction. S'il n'est pas facile de déterminer ces circonstances dans l'action comme on l'a fait pour le laiton, il est du moins des faits qui ne laissent aucun doute à cet égard. Ainsi, on a observé une pièce d'acier trempé, soumise en deux points différents à une action égale et alternative de toutes les dents d'une roue ; toutes choses étant d'ailleurs égales, l'une des parties de la pièce d'acier était détruite plus tôt que l'autre. Si la cause de destruction eût résidé seulement dans la roue, les deux parties d'acier auraient également souffert.

On voit fréquemment des verges dont *l'une des palettes* est très-endommagée, *tandis que l'autre l'est peu ;* quoique cette cause de destruction puisse être expliquée, comme on le verra plus tard, par la plus grande chute sur une des palettes que sur l'autre, il n'est pas impossible qu'un défaut d'homogénéité de l'acier et surtout une trempe mal faite participe à cette cause. Dans tous les cas, ce fait seul démontre que la nature du laiton dont est formée la roue n'est pas la seule cause de destruction, quoiqu'on l'ai dit si souvent.

Cinquième cause.

Des conditions dans lesquelles le frottement s'opère.

Les conditions dans lesquelles le frottement s'opère sont une des grandes causes de destruction ; après l'examen des faits suivants, on ne pourra le révoquer en doute :

1° Un échappement à verge conservé dans un état parfait, la montre étant démontée, les pivots de la verge repolis et ses trous n'étant pas jugés assez grands pour qu'il soit nécessaire de les reboucher, la montre remontée et mise en marche, la verge a été endommagée après quelques mois; plusieurs horlogers ont constaté ce fait: ici, la roue n'avait pas changé, c'était bien le même laiton, le même acier; mais les conditions du frottement n'étaient plus les mêmes par la diminution des pivots, l'agrandissement des trous et le plus grand ébat qui en résultait dans les trous.

2° Dans les échappements à verge, dans les échappements libres à détente dont la levée est en acier, et dans presque tous les échappements, lorsqu'il y a destruction, on remarque que la destruction est plus forte en deux points déterminés: celui où la chute se fait et celui où la roue a atteint sa plus grande pénétration sur la pièce d'échappement; c'est en ces deux points que la destruction commence à se manifester. Il se passe donc là quelque chose qui concourt à la produire, qui ne peut plus être attribué uniquement à la qualité du laiton, puisque c'est le même qui frotte en tous les points.

Quelque petite que soit la chute de la roue sur la pièce d'échappement, elle doit être considérée comme dangereuse; on en acquiert la preuve par l'inspection des échappements, qui ont une très-grande chute et qui se détruisent en peu de temps.

La palette d'une verge est assez généralement détruite au point où la plus grande pénétration à lieu. Il en est de même de la levée en acier d'un échappement libre à détente. Il paraît que lorsque la plus grande pénétration est acquise, la vitesse du passage des parties l'une contre l'autre est suspendue un instant et qu'il s'opére un *grippement* analogue à celui qu'on remarque dans bien des cas. Si dans cette circonstance le fait de destruction n'est pas expliqué, il est du moins positif qu'il résulte d'une autre chose que de la nature du laiton, et qu'il doit être attribué aux conditions dans lesquelles le frottement s'opère.

3° Toutes les roues d'échappement à cylindre en laiton,

même doré, détruisent le cylindre ; il faut cependant croire que, parmi elles, quelques-unes étaient ce qu'on appelle en bon cuivre. La manière dont le frottement s'opère de la part du plan incliné sur la lèvre du cylindre, explique ce fait selon nous.

Lorsque la roue n'est pas dorée, le plan incliné dont la longueur est incomparablement plus grande que la lèvre sur laquelle il agit, passe avec une extrême rapidité sur cette lèvre, il se couvre d'une couche d'oxyde et devient très-dur ; ce frottement doit produire une grande destruction. Ce n'est pas tout, le cylindre n'a que deux lèvres et la roue a douze et même quinze dents dont le plan incliné de chacune vient successivement agir sur chaque lèvre du cylindre. Ainsi, quelque petite que soit la destruction produite par le frottement d'un des plans inclinés, elle doit devenir sensible par l'action continuelle de ces plans nombreux ; l'expérience l'a prouvé et a fait adopter les roues de cylindre en acier trempé.

On a doré les roues en laiton pour éviter la destruction ; ce moyen a produit une amélioration, mais non pas un succès complet. Lorsqu'on a doré les roues et qu'elles ont encore détruit le cylindre, ce n'était donc pas la nature du laiton qui produisait cette destruction, mais bien les conditions dans lesquelles le frottement s'opérait. Ce genre de roue étant abandonné, et les faits qui précédent démontrant suffisamment que la qualité du cuivre n'est pas à beaucoup près la seule cause de destruction, il est inutile de développer le reste.

De l'altération du pignon de la roue d'échappement dans les montres à cylindre.

Rien n'est plus fréquent que de voir le pignon, sur lequel est rivée la roue de cylindre, nommé pignon d'échappement, usé par le frottement de la roue qui le mène. Faites l'expérience suivante, et la cause de cette détérioration du pignon s'expliquera aisément.

Mettez une roue de cylindre sur le compas d'engrenage de manière à ce que l'un des marteaux (on nomme ainsi les dents de ce genre de roues) puisse appuyer contre l'une des deux autres broches qui se trouvent libres, puisqu'il n'y a dans ce moment qu'un seul mobile sur le compas; faites appuyer cette dent assez fortement contre cette broche en poussant la roue par un point quelconque autre que la dent qui appuie pour cette expérience, la partie du champ de la roue qui est évidée de chaque côté pour venir porter la colonne se gauchira d'une petite quantité, le marteau se renversera et les autres parties de la roue et du pignon tourneront dans le sens de la marche. Maintenant, diminuez la pression que vous exerciez précédemment, la partie de la roue qui se déformait n'étant plus courbée, reprendra sa forme et renverra en sens rétrograde la roue et le pignon qui tourneront autour de leur axe commun pour reprendre la position première qu'ils occupaient, lorsque la force qu'imprimait votre main était suffisante seulement pour faire toucher la pointe du marteau contre la broche. Nous avons dû considérer cette broche comme obstacle fixe, quoiqu'en réalité elle ait bien aussi une flexion qui, étant infiniment petite comparativement à celle de la roue, doit être négligée.

C'est pour simplifier que je n'ai parlé que de la flexion de la partie désignée de la roue, car il y a d'autres parties qui fléchissent et dont il aurait aussi fallu tenir compte.

Les effets que je viens de décrire comme produits avec la main s'entendent facilement pour ceux qui ont quelque habitude de ces genres d'étude. Ceux qui ne pourraient pas les estimer exactement par la pensée, feront bien de les rendre sensibles de la manière suivante. Fixez au pignon ou à l'un des points quelconques de la roue un long index dont l'extrémité aille s'approcher d'un point immobile et faisant corps avec le compas d'engrenage qui sert à cette expérience; vous verrez l'index s'éloigner de ce point quand vous appuierez sur la roue dans le sens où le rouage la pousse pour faire marcher la pièce, puis revenir à ce point lorsque votre main aura diminué l'action de manière à réduire la force donnée précédemment à la quantité strictement nécessaire pour qu'il y ait contact.

Ce qui vient d'être produit dans cette expérience a lieu dans la marche de la pièce chaque fois qu'un marteau tombe sur le cylindre; on conçoit très-bien, en effet, qu'à l'instant où le marteau tombe sur le cylindre, son action est plus grande en raison de la vitesse acquise que lorsqu'ensuite il appuie simplement sur le cylindre.

Il en résulte qu'à chaque chute d'un marteau sur le cylindre, il y a un petit mouvement angulaire de va-et-vient dans la roue et le pignon, et qu'ainsi la roue qui mène ce pignon exerce sur lui un frottement dans le sens de ce va-et-vient le plus destructeur de tous. Telle est, selon nous, la cause capitale de la destruction si fréquente de ce pignon. Toutefois, il est bien évident que cette cause peut être aggravée ou diminuée par diverses circonstances; qu'ainsi, lorsqu'une roue a peu d'incliné, beaucoup de chute, des colonnes hautes, le fond de la roue très-mince, les U très-dégagés, les conditions de destruction seront plus favorables que dans le cas contraire.

Les personnes qui aiment la magie et qui ont une prédilection toute particulière pour expliquer les effets sans tenir aucun compte des première notions de mécanique, voudront sûrement que ce soit un effet du cuivre dont est faite la roue. Elles diront surtout que la cause dont nous parlons est si peu de chose, qu'on ne peut lui attribuer un tel effet.

Les fonctions que nous venons d'expliquer s'accomplissent 18,000 fois par heure; le pignon d'échappement, quand il est de six ailes, est donc soumis à cette action pour chacune de ses ailes 3,000 fois par heure ou 72,000 fois en un jour. Si cet effet est très-peu de chose en lui-même, il est répété si souvent pendant une ou plusieurs années, qu'il n'est pas étonnant qu'il laisse des traces sensibles de son existence.

Toutes les autres causes de destruction étant communes aux autres pignons de la machine, et celui d'échappement étant affecté de cette cause particulière, nous avons acquis la conviction que c'est pour cela qu'il s'altère si promptement.

Ce qui le prouve, c'est que la force transmise à ce pignon étant beaucoup moindre que celle avec laquelle les autres roues de la machine appuient sur les pignons qu'elles mènent, la destruction serait donc bien moindre s'il y avait en ce point une action destructive particulière qui n'existe pas dans les autres engrenages. En effet, ailleurs les causes générales de destruction sont les mêmes et, de plus, augmentées par une pression plus considérable qui va toujours croissant des derniers mobiles aux premiers.

Sixième cause.

Les roues d'échappement à cylindre en acier non trempées.

Elles sont une cause de destruction prompte, quoiqu'on ne puisse pas expliquer d'une manière positive pourquoi elles détruisent; l'expérience ne permet pas d'en douter. Elles paraissent dans les mêmes conditions que les éléments qui fonctionnent dans l'expérience suivante, et l'on pourrait peut-être expliquer la destruction qu'elles produisent par les mêmes raisons.

Si on place sur un tour un disque de tôle mince, qu'on le fasse mouvoir avec une grande rapidité au moyen d'une roue assez puissante et qu'on présente à sa circonférence un morceau d'acier trempé de la plus grande dureté, ce disque de tôle le coupera avec une rapidité qu'on eût été loin de supposer. Nous expliquerons ce fait de la manière suivante.

La chaleur qui se développe par le frottement dans les points de contact ramollit le point de l'acier où le frottement est produit, tandis que le fer, dont les points de contact changent à chaque instant, conserve sa température; ce ramollissement de l'acier permet au fer de lui enlever quelques atomes qui adhèrent instantanément à une grande masse froide, se trempent et forment des pointes dures qui augmentent l'action destructive; aussi on remarque que, dès que l'acier commence à être entamé, la puissance du disque de fer augmente et qu'il coupe plus rapidement.

Septième cause.

Excès de force motrice, ou disproportion dans les organes de la machine.

Une roue d'échappement petite et légère tombe avec force sur la levée en acier d'un échappement libre à détente, elle la détruit ; si on répare la levée et qu'on remette la roue en état, qu'on change le balancier, qu'on diminue considérablement son poids, la force du spiral et celle du ressort moteur, dans une même proportion, la destruction n'aura plus lieu ; cependant, c'est bien là le même cuivre, le même acier, mais la force motrice a changé, tandis que l'inertie du rouage est restée la même ; la chute de la roue ne s'opère plus dans les mêmes conditions, et la somme de pression qu'elle exerce sur la levée est considérablement diminuée.

Ce fait permet d'expliquer pourquoi dans les montres à verge d'aujourd'hui les verges sont *piquées* plus promptement qu'elles ne l'étaient dans les anciennes montres. Celles qu'on fait aujourd'hui sont tellement plates, que le diamètre de la roue d'échappement est réduit à moitié de la dimension qu'on employait anciennement ; cependant, on n'a pas diminué dans les mêmes proportions le balancier, la force du spiral et celle du ressort moteur, etc. En réduisant ainsi le diamètre des roues d'échappement, on a marché à grands pas vers la destruction.

Pour convaincre les plus incrédules, admettons un instant que tout le laiton soit capable de détruire l'acier, on ne contestera pas que la *destruction augmente comme la pression que la roue exerce sur la pièce d'échappement ;* ainsi la destruction qui arrivera en un an par une grande roue, sera produite en six mois si on double la force motrice ou si on diminue le diamètre de la roue de moitié, ce qui revient au même, toutes choses supposées d'ailleurs les mêmes.

Nous saisirons cette occasion de rappeler que : *dans toutes les machines qui mesurent le temps, de bonnes proportions dans les éléments qui les composent sont un des puissants moyens de conservation des parties frottantes et par suite de régularité dans la marche.*

L'huile est indispensable dans certains frottements, dans d'autres elle n'est pas nécessaire et deviendrait nuisible par l'épaississement qu'elle acquiert. Si on laisse marcher une montre marine sans mettre d'huile aux pivots d'axe du balancier, en 24 heures des contre-pivots, même en diamant, sont creusés au point qu'il soit nécessaire de les repolir.

Lorsque le balancier est très-lourd, quoiqu'il y ait de l'huile, on remarque quelquefois des destructions qui résultent de ce que le poids du balancier ne permet pas à une petite quantité d'huile, de s'interposer entre le pivot et le contre-pivot, et alors il est des points de contact qui sont dans les mêmes conditions que s'il n'y avait pas d'huile.

De la destruction de la levée en rubis par la roue dans l'échappement libre à détente.

Il arrive quelquefois, mais très-rarement, que la levée en rubis est détruite par une roue en laiton dans l'échappement libre à détente. On a prétendu expliquer ce fait en disant que cela avait lieu lorsque la roue est trop écrouie, trop dure; un artiste d'une grande réputation, pour le prouver, a prétendu avoir remédié à cet inconvénient en faisant revenir la roue, pour qu'elle fût moins dure. Dans le même cas, nous avons simplement repoli la pierre et adouci la roue sans la faire revenir, et nous avons obtenu un bon résultat. Nous ne partageons donc pas l'opinion de cet horloger; nous allons expliquer la sienne et la notre sur ce point.

On a dit que toutes les roues d'acier sont plus dures que les roues de laiton; que puisque toutes détruisent, il faut en conclure que la cause de destruction tient à la dureté de la roue; qu'ainsi plus on donne de dureté à la roue sous le marteau, plus on la rapproche du degré de dureté de l'acier, et qu'alors elle est d'autant plus propre à détruire la pierre.

Cela résulte selon nous de la différence qu'il y a dans le mode d'action des deux métaux. Nous essaierons de montrer que la roue d'acier détruit non par l'effet de sa dureté, mais parce qu'elle donne lieu à la production d'un oxyde qui s'interpose entre elle et la pierre.

Lorsque dans les fonctions d'une pièce d'horlogerie il arrive qu'une partie d'acier vient fréquemment tomber sur une pierre, sans qu'il y ait une couche d'huile interposée, bientôt l'acier s'oxyde ; cet oxyde se détache et se répand sur le point de contact comme centre et tout autour, il s'interpose donc souvent entre les deux parties pendant le choc. En fait, c'est incontestablement là ce qui se passe.

Répandez sur une glace bien polie un corps pulvérulent, même pas très-dur ; frappez avec un marteau d'acier, de cuivre ou même de plomb des coups faibles, mais en très-grand nombre, et voyez ensuite ce que sera devenu le poli de la glace.

La roue d'acier fournit, par l'oxyde qu'elle produit, le corps pulvérulent, elle fait en même temps l'effet du marteau dont il vient d'être parlé ; la pierre une fois entamée fournit elle-même un élément très-destructeur ; voilà selon nous l'application du fait de destruction cité.

On voit aussi dans le même échappement des levées d'acier qui, après s'être conservées pendant de longues années, finissent par s'altérer : cela tient uniquement à ce que, par la suite du temps, la roue se couvre d'une couche d'oxyde qui devient de plus en plus forte et capable de détruire.

Si le plus ou le moins de dureté de la roue en laiton déterminait la destruction de la levée en pierre, comme une levée en acier est incomparablement moins dure qu'une en pierre, celle en acier ne résisterait pas six mois, et l'on en voit marcher dix ans sans inconvénients. Je suis même très-fondé à croire que si lorsqu'une levée en acier a duré trois ou quatre ans, on adoucissait la roue chaque fois qu'on nettoie la pièce, cette levée durerait indéfiniment ; mais la facilité qu'on a aujourd'hui d'exécuter cette partie en pierre, fait que les levées d'acier ne sont plus usitées.

Huitième cause.

De la forme des parties frottantes.

L'infidélité dans l'exécution est une des plus grandes causes de destruction ; mais comme elle est le fait de l'horloger, c'est celle dont il se défie le moins. Les artistes consciencieux devront porter leur attention sur cette partie.

Un pivot mal rond ou légèrement faussé est une cause de destruction. En examinant la manière dont les pivots sont polis au brunissoir et même au rouge, on ne peut pas admettre qu'ils conservent après le poli cette forme cylindrique qu'ils avaient, étant parfaitement tournés au burin ; la manière de procéder n'assure point que l'effet du brunissoir ou de la lime à polir soit uniforme sur tous les points de la circonférence du pivot, et l'archet dont on se sert ne faisant pas faire au pivot un nombre *entier* de tours sous le brunissoir, il est bien certain qu'un pivot n'est presque jamais exactement cylindrique, mais un peu elliptique. Qu'on suive avec attention l'effet du poli, on verra que des traits légers qui restent en dernier lieu disparaissent quelquefois sur un point et restent sur l'autre. Ceci indique assez que l'action du poli n'a pas été uniforme, et qu'un pivot, au lieu d'être rond, est le plus souvent un peu ovale. Lorsqu'il le devient assez pour que le frottement éprouve une modification, il y a destruction. Les personnes les moins expérimentées commettent ces fautes, surtout celles qui ne soupçonnent pas la possibilité de telles déformations.

Nous ne possédons pas d'instruments assez sensibles pour indiquer un léger défaut dans la *rondeur* d'un pivot, aussi beaucoup d'horlogers ne voudront point admettre cette cause de destruction tenue comme constante par les horlogers observateurs les plus capables.

Un pivot faussé s'endommage et détruit en peu de temps un trou qui s'était parfaitement conservé pendant plusieurs années ; on n'attribuera pas cette destruction à la nature invariable de la matière qui n'avait produit aucun changement dans l'état des parties frottantes avant que le pivot fût faussé.

Un trou mal fait ou trop grand peut encore être une cause de destruction; si on se sert d'un foret trop gros, on laisse dans les parois du trou des cavités qu'on nomme *chambres* et qui retiennent parfois dans leur intérieur des corps étrangers capables de détruire.

Des angles mal arrondis amènent la destruction, parce qu'ils retiennent aussi des corps destructeurs.

Des formes vicieuses produisent des décompositions de force, des frottements dans des conditions défavorables qui détruisent les points de contact; aussi les maîtres de l'art recommandent-ils à leurs élèves d'apporter une grande attention dans la parfaite exécution des formes des parties frottantes, et de ne pas suivre l'exemple des fabriques qui ne s'occupent que de donner du brillant.

Un fait bien remarquable est que dans les pièces d'horlogerie plus soignées, on a beaucoup moins de trous à reboucher que dans les pièces communes. Cependant le cuivre et l'acier employés sont les mêmes; mais les mains sont différentes.

<hr>

Neuvième cause.

De la malpropreté.

Rien n'exige plus de soin et une propreté plus parfaite que de remonter une pièce, et franchement nous dirons que le plus grand nombre des horlogers n'y mettent pas, à beaucoup près, l'attention nécessaire. Les détails sur cette matière nous conduiraient à un examen trop long et trop minutieux; bornons-nous à signaler quelques faits.

Les horlogers les plus soigneux savonnent une pièce, la lavent à grande eau, l'essuient, puis la passent à l'esprit de vin pour sécher parfaitement. Bien que ce moyen soit le meilleur, il exige beaucoup plus de soin qu'on n'en met généralement, et le savonnage n'atteint les angles rentrants que dans les mains des horlogers qui veulent bien prendre la peine d'examiner si leur opération est bien faite et de recommencer au besoin ; sans cela les parties qui échappent naturellement à la brosse restent garnies des ordures qu'elles contenaient.

Si le savonnage laisse à désirer, lorsqu'il n'est pas très-bien fait, on conçoit combien est insuffisant le nettoyage à la brosse, tel que le pratiquent la plupart des horlogers. La brosse attaque et fait briller aisément les platines, les ponts ; mais les trous et les réservoirs sont négligés. L'ouvrier qui brosse le plus sa platine pour lui donner de l'éclat est presque toujours le plus infidèle, et celui qui nettoie mal les parties essentielles. Delà est venu le nom de *brosseur*, pour désigner un homme inhabile.

Dans le maniement d'une pièce qu'on remonte il est des soins particuliers à prendre pour la propreté que la plupart des horlogers négligent.

En dehors du mouvement, il y a encore des choses qui exigent des soins et qu'on néglige trop ; ainsi, par exemple, l'intérieur d'une boîte de montre est poli avec du rouge (oxyde de fer) ; l'ouvrier qui fait ce travail ne s'occupe pas de nettoyer la boîte, il en laisse dans les chiffres qui sont ordinairement gravés au fond de la boîte, tout autour de la bate et à profusion, et vers les charnières ; si l'horloger n'a pas soin de nettoyer ces parties, ce rouge se détache dans le *porter* et va, où le hasard le jette, dans la montre ; s'il se fixe sur des parties frottantes, il y a destruction.

Quels que soient les soins que l'horloger puisse mettre en remontant une montre, elle n'est pas à l'abri des causes de destruction résultant de la malpropreté ; car dans l'usage, une montre est exposée à recevoir dans son intérieur une grande quantité de poussière, et lorsque parmi cette poussière il se trouve des corps durs, tels que la poussière qui s'élève dans les jardins, sur les routes, etc..., et que cette poussière, qui n'est autre que des pierres ou de la terre pulvérisée, pénètre dans les points de contact des parties frottantes, il arrive nécessairement des destructions.

Les personnes qui prennent du tabac en introduisent dans leurs montres, d'autres les remplissent de duvet en peu de temps. Tout cela conduit à la destruction.

Dixième cause.

Effet du poli de l'acier.

Il y a, dans la manière de polir les leviers d'échappement d'une pendule, les palettes d'une verge, un cylindre, etc., une précaution à prendre pour éviter l'usure de l'acier par la roue. Généralement, on met tous ses soins à adoucir la roue, à en abattre les angles, etc., sans examiner si, dans la manière de polir l'acier, il n'y aurait pas des éléments de conservation, et cependant, dans certains cas, l'acier reçoit du poli ce principe pernicieux qu'on cherche tant à éloigner de la roue. Voici comment :

Lorsqu'on polit soit l'ancre de l'échappement d'une pendule, soit les palettes d'une verge, soit toute autre partie d'acier, pour arriver à un beau poli, on sèche le rouge à polir dont la lime de cuivre ou d'étain est garnie ; c'est alors seulement que l'acier prend ce beau poli noir et vif que l'on recherche. Dans cet état, cette belle surface d'acier n'est pas parfaitement pure ; elle est recouverte d'une certaine quantité de rouge qui a servi à la polir, et d'une portion notable de limaille d'étain ou de cuivre, suivant la matière dont la lime est faite.

Pour se convaincre de l'adhérence de ces atomes, il suffit de bleuir la pièce d'acier ainsi polie ; on n'obtiendra jamais un bleu égal, les parties de la surface polie seront tachées inégalement, on verra très-distinctement alors le cuivre qui se montre. Pour s'assurer que ce n'est point un caprice de la coloration de l'acier, il suffirait d'un examen attentif. L'expérience suivante en sera une nouvelle preuve.

Si on repolit de nouveau, de la même manière, ce morceau d'acier, et que, lorsqu'il est dans l'état où on a bleui le précédent, on le frotte avec du bois tendre et du même rouge

délayé avec de l'huile qui a servi à finir de le polir, on lui
fait perdre un peu de ce beau noir qu'il avait, mais aussi on enlève les parties de rouge et de cuivre qui adhéraient à l'acier,
et il prend alors un beau bleu qui ne présente plus ces taches d'un rouge brun, résultant de la présence du rouge à
polir ; l'acier ne prend pas toujours un bleu égal, mais il est
facile de distinguer l'inégalité de coloration résultant de la
présence d'un corps étranger.

Lorsqu'il reste sur l'acier poli une certaine quantité de
rouge, il est probable qu'il se détache de l'acier par le frottement, adhère à la roue, s'y grippe et détruit ensuite l'acier.

Des expériences faites sur plusieurs échappements de
pendule ne laissent aucun doute à cet égard.

Ainsi, pour les ancres des pendules, pour les verges dans
les montres, on fera bien de ne pas chercher à faire un beau
poli en séchant le rouge, et dans tous les cas il est bon de
passer un bois avec du rouge après la lime de cuivre ou
d'étain, de manière à enlever celui qui aurait adhéré. Cette
opération, faite avec intelligence, sera un moyen puissant de
conservation des parties frottantes.

Onzième cause.

Oxydation du laiton.

On voit quelquefois dans une montre, ayant marché pendant huit ou dix ans, des pivots qui, jusqu'alors, n'avaient
aucune trace d'altération, blanchir, et si on laissait plus longtemps les choses marcher dans cet état, la destruction s'ag-
graverait. Cependant c'est bien le même cuivre, le même
acier : dans ce cas, la destruction doit être attribuée à l'oxydation du laiton dans le trou. En effet, lorsqu'on regarde l'intérieur des trous, on les voit plus ou moins colorés en brun,
en violet, etc... Ces colorations ne sont autre chose qu'une
oxydation.

Pour expliquer l'altération qui vient d'être signalée, il faut
concevoir que cette oxydation est parvenue à un point capa-

ble d'altérer l'acier ; et c'est, en effet, ce qu'on voit dans diverses circonstances.

Quoiqu'il ne soit pas impossible de supposer que l'introduction de la poussière cause ce genre de destruction, nous avons beaucoup plus de motifs pour l'attribuer à l'oxydation. Le parti le plus simple à prendre, dans ce cas, est d'adoucir le trou au charbon, de repolir le pivot sans changer autre chose.

Des métaux et alliages proposés pour remplacer le laiton.

Lorsqu'on est persuadé que le laiton est destructeur de l'acier, l'idée qui se présente le plus naturellement est de chercher un métal ou alliage qui n'ait pas ce défaut ; aussi, depuis longtemps on propose chaque année des combinaisons nouvelles ; n'eût-il pas été plus sage de considérer que, dans beaucoup de circonstances, le laiton ne détruisait pas, qu'ainsi il n'était pas destructeur par sa nature ? Alors on eût été conduit à chercher comment il détruisait et de quelle manière on pourrait l'obtenir sans qu'il eût ce vice, ou tout au moins à réduire le plus possible les causes destructives.

La propriété de l'or et du platine de ne point s'oxyder, a toujours fixé l'attention sur eux ; mais leur prix, le peu de dureté du platine, et plus encore le non succès des tentatives faites et reprises nombre de fois, les ont fait abandonner définitivement. On a souvent fait des roues d'échappement en or, à différents titres, alliés à divers métaux, on a rebouché des trous avec le même métal ; tantôt il y a eu destruction, et tantôt les parties se sont bien conservées. Une maison qui avait un double intérêt pécuniaire et moral à remplacer des trous en pierre par des trous métalliques dans les montres marines qu'elle établit, a fait des tentatives nombreuses et des essais infructueux pour substituer des trous en platine à ceux en rubis ; après plusieurs années de persévérance, elle est sagement revenue à l'emploi des rubis.

Dès qu'un métal ou un alliage nouveau a paru, on a essayé
son introduction, et l'année suivante on est revenu au laiton.
Le palladium a été employé, un alliage d'argent et de platine
a été essayé, tout cela a été oublié. Le métal employé par une
maison d'horlogerie de Versailles est à très-peu près composé
de vingt parties de platine sur quatre-vingts parties d'argent ;
ce métal devrait être nommé de l'argent, car c'est l'argent
qui en forme les 4/5es environ ; mais le platine étant plus précieux et moins connu, cette maison a employé cette déno-
mination.

Nous en resterons ici de l'énumération des recherches
faites pour remplacer le laiton et les pierres fines. Le laiton
jouit en même temps de plusieurs propriétés qui ne se rencontrent pas dans les autres métaux ; il est léger, élastique,
se travaille facilement, il n'est pas plus destructeur par sa
nature que tous les autres métaux ou alliages essayés ; enfin,
il a été démontré qu'il existe dans les machines des causes
de destruction indépendantes de la nature du métal.

De tout ce qui précède, il résulte évidemment que s'il est
vrai que le laiton détruise quelquefois par des oxydes ou des
corps étrangers qu'il renferme, il n'est pas vrai que sa nature
soit, en tout cas, la cause de destruction, comme on le croit
généralement. De plus, il est hors de doute qu'une connaissance acquise des causes de destruction et qu'un soin scrupuleux éviteraient le plus grand nombre de ces accidents.

Des pierres.

La grande perturbation dans la marche d'une montre, par
la destruction des parties frottantes, fit considérer comme
un grand moyen de régularité l'emploi des pierres fines, en
raison de leur dureté ; on les crut d'abord inattaquables, et
on en fit abus comme de toutes les bonnes choses. Elles sont
préférables à tout, jusqu'à ce jour, pour les six derniers trous
et pour quelques parties de l'échappement. Comme elles ne
résistent point à une forte pression, leur emploi est inutile

et mauvais dans les premiers mobiles d'une machine, et la
prodigalité de quelques Anglais, qui en mettent jusqu'à la
fusée, est une faute; les plus habiles constructeurs français
n'en mettent qu'aux derniers mobiles.

Avec l'échappement libre à détente, on met ordinairement un balancier grand et lourd de $0^m,030$ par exemple, et
du poids de 6 à 8 grammes; on fera bien de mettre une
pierre à la levée; mais avec un balancier de $0^m,025$ environ,
et dont le poids sera au-dessous de 3 grammes, la roue de
$0^m,015$ environ de diamètre, le nombre des vibrations étant
de 14,400 par heure, une levée en acier trempé très-dur,
l'angle bien arrondi, réussira presque toujours aussi bien
qu'une levée en pierre. Le repos de la roue porté par la détente peut être en acier; mais le doigt de dégagement doit
être en pierre. Toutefois, quand on est dans les grands centres de fabrication, et qu'il est facile de faire ces parties en
pierre, on fera sagement de les employer.

Il a été constaté à diverses époques, par plusieurs artistes,
que toutes les fois qu'il y avait percussion ou frottement à
sec d'une partie d'acier contre une pierre, l'acier s'oxydait et
la pierre se détruisait; d'ailleurs, on a vu plus haut l'explication de l'effet que produit l'oxyde d'acier, qui explique
très-bien la destruction de la pierre par l'acier.

S'il y a de l'huile, la destruction ne se manifeste pas; mais
comme la résistance de l'huile change avec son épaississement, on est obligé de remplacer l'acier par le laiton ou l'or
toutes les fois qu'il doit y avoir frottement ou contact avec
des pierres et sans huile. Dans l'échappement libre, on fait
la roue en laiton; dans l'échappement à cylindre en pierre,
la présence de l'huile et le peu de force qu'on y met généralement évitent la destruction et permettent l'emploi d'une
roue d'acier sans qu'il en résulte d'inconvénient; cependant,
il n'est pas sans exemple de voir la pierre, formant la partie
sur laquelle agit la roue, coupée par cette dernière. Cette
partie du cylindre est nommé tuile.

On a construit, en ces dernières années, des machines où
tout le luxe d'exécution et la prodigalité de la dépense sem-

blaient devoir assurer un plein succès. Avec des balanciers
de 1 décimètre de diamètre et du poids de 30 grammes, on
pensait obtenir une régularité parfaite. L'axe du balancier
était vertical, toutes les précautions étaient prises pour as
surer la présence continuelle de l'huile à ses pivots; mais la
pièce ne pouvait marcher plus de six mois sans que le diamant le plus dur, qui servait de point d'appui au pivot inférieur du balancier, fût creusé et fît arrêter la machine. Nous
avons vu des pièces anglaises avec des échappements nouveaux dans lesquels les pierres étaient multipliées à l'excès;
on les présentait comme merveilleuses. On avait cru remédier
aux fautes de principe par l'emploi des pierres, on s'était
trompé. C'est en raison de ces différents faits bien constants
que nous avons dit, et que nous répéterons ici, que s'il est
vrai que dans plusieurs cas les pierres soient la meilleure
matière pour faire des trous et certaines parties de l'échappement, il faut bien se garder d'en conclure que plus il y a
de pierres dans une montre, meilleure elle est, et l'on doit
considérer la prodigalité des pierres comme une faute en
horlogerie plutôt qu'un perfectionnement. C'est ordinairement une charlatanerie pour vendre la pièce plus cher.

CONCLUSIONS.

L'examen attentif des faits rapportés dans ce Mémoire,
montre que la destruction des parties frottantes ne résulte
pas seulement de la qualité du laiton, mais d'autres circonstances qui ont été énumérées, d'où on peut conclure que :

1° Dans tous les cas de frottement du laiton et de l'acier,
il n'y a pas toujours destruction. La propriété parfois destructive du laiton doit être attribuée à des oxydes ou à des
corps étrangers introduits dans la fusion, ou à la présence de
corps étrangers très-durs qui surviennent accidentellement.
Ce qui prouve la présence des oxydes ou des corps étrangers,
c'est que si on traite le laiton destructeur par les acides capables de dissoudre ces oxydes et autres corps, et que l'opé-

ration soit bien faite, le laiton perd la propriété destructive. Dans quelques cas, le traitement du laiton par les acides produit exactement, et d'une manière plus puissante, les mêmes résultats que le traitement par les corps gras employés par les anciens horlogers, qui ne donnaient aucune explication du mode d'action de ce traitement.

2° Dans aucun cas de frottement la présence de l'huile ne peut être considérée comme cause de destruction ; ce préjugé n'est fondé sur rien, et les horlogers doivent l'écarter sans y prêter aucune attention.

3° La qualité de l'acier peut jouer un rôle dans la destruction des parties frottantes, et notamment par l'altération qu'il éprouve à la trempe.

4° Les conditions dans lesquelles le frottement s'opère, le plus ou moins de chute dans l'échappement, la forme des parties frottantes, l'oxydation du laiton, les mauvaises proportions de la machine, etc., etc., sont encore des causes de destruction dont l'effet a été démontré par de nombreux exemples.

5° Le peu de soin que l'on met généralement en remontant une pièce d'horlogerie, et la poussière qui s'introduit dans l'usage et par suite du temps, sont encore des causes puissantes de destruction.

6° Les différents métaux et alliages qui ont été proposés pour remplacer le laiton ne pouvaient être un obstacle à toute destruction, puisqu'il existe beaucoup de causes indépendantes de la qualité du laiton. Celui-ci mérite la préférence à tous égards par la dureté qu'il acquiert sous le marteau, la facilité avec laquelle il se travaille, son élasticité, etc.

7° Les pierres sont la meilleure matière qu'on puisse employer pour faire les trous dans lesquels roulent les pivots des derniers mobiles des montres ; leur emploi doit être restreint à ces mobiles, qui sont animés d'une grande vitesse angulaire, et à certaines parties de l'échappement. Mais toutes les fois qu'il y a une grande pression, comme aux pivots des premiers mobiles, les pierres doivent être rejetées. Elles doi vent l'être également lorsqu'il y a contact à sec avec l'acier, ou du moins on ne doit pas employer l'acier dans ce cas.

Ainsi, les causes de destruction par le frottement peuvent, dans presque tous les cas, être reconnues, expliquées d'une manière rationnelle, et corrigées par les horlogers qui, mettant de côté les préjugés et les explications erronées (1), entreront dans la voie du progrès par une étude sérieuse et approfondie de tout ce qui a trait à leur art.

Les questions que nous avons soulevées ici sont plutôt destinées à éveiller l'attention de la génération laborieuse et avide de savoir qui s'élève, qu'à lui présenter comme doctrine le résultat de notre seule étude, aucun auteur n'ayant rien écrit sur cette matière.

---

(1) Je vais citer, comme exemple des erreurs qui se débitent, un raisonnement que j'ai entendu faire par deux artistes vraiment amateurs de leur art, et auxquels je me plais à reconnaître beaucoup de talent et d'esprit d'observation. J'avoue que j'éprouve un sentiment pénible en entendant de tels hommes professer de pareilles erreurs. Si j'entre ici dans des développements, c'est pour montrer qu'on ne doit admettre rien de magique et de mystérieux en pareille occurrence.

On voit quelquefois une verge ou la levée d'un échappement libre, couverte, tout autour du passage de la roue de laiton, d'une poussière jaune extrêmement fine, et dans ce cas la verge ou la pièce d'échappement n'est nullement endommagée.

Voici l'explication que donnaient ces artistes de ce fait; nous présenterons ensuite la nôtre :

Il est certain laiton, disent-ils, dans les pores duquel se trouve une poussière jaune; cette poussière s'en détache et a la vertu d'empêcher que la verge se pique.

Quant à nous, nous dirons : Dans le frottement de la roue et de la pièce d'échappement, il peut arriver quatre cas différents : 1º les deux parties se conserver intactes; 2º la verge s'user et la roue rester intacte; 3° la roue s'user et la verge n'être point endommagée; 4° les deux parties se détruire.

Si la roue s'use et que la verge ne s'use point, cette destruction donne naissance à une limaille qui doit être d'une finesse extrême, et, en raison de l'attraction qu'exercent tous les corps, cette limaille doit se fixer en grande partie sur la pièce d'échappement dans le voisinage du point où elle est produite; quoi de plus simple et de plus rationnel?

Voyons maintenant si l'explication donnée par ceux dont nous ne pouvons partager l'avis, peut supporter le plus léger examen.

Ces artistes pensent qu'il peut exister dans le laiton une poudre jaune impalpable, qui en sort, se range autour des points de frottement, et que, par sa présence, elle est un obstacle à toute destruction.

Quand on a examiné avec attention les travaux de fusion des métaux, on repousse cette explication, parce que, s'il est vrai que des corps étrangers puissent se rencontrer dans les métaux qui ont éprouvé une fusion, soit au fourneau, soit au creuset, ce sont ordinairement des corps solides, infusibles et d'un assez gros volume pour être reconnus. Ce fait est d'ailleurs extrêmement rare. A supposer que dans l'opération de la fusion, la poudre jaune dont il s'agit se formât, elle viendrait nécessairement à la surface du bain en raison de son état d'extrême division et du peu d'affinité qu'il faudrait qu'elle eût pour le métal, pour s'en détacher aussi facilement; qu'ainsi, il ne s'en trouverait pas une grande quantité accumulée en des points aussi peu étendus que le sommet des dents d'une roue.

Bien plus, cette poudre occupe un très-grand volume; les capacités dans lesquelles on suppose qu'elle était doivent être des cavités d'un volume égal et par conséquent très-visibles, et jamais on n'a dit en avoir vu, à moins qu'on suppose que cette poudre jouisse d'une élasticité analogue à celle du duvet, qui, comprimé dans un très-petit espace, occupe un très-grand volume quand il est libre; encore faudrait-il admettre cet état de compression qui aurait lieu et cesserait on ne dit pas comment.

Enfin, à supposer qu'il se formât dans la fusion du laiton la poudre jaune dont on parle, 1° ce ne pourrait être qu'un oxyde métallique très-dur et destructeur par sa nature ; 2° à l'état pulvérulent et dans l'extrême division où on voit la poudre jaune dont il s'agit, il ne pourrait rester en suspension dans le bain, il viendrait à la surface ; 3° une explication simple, naturelle, toute fondée sur ce qui se passe journellement, montre que cette poudre résulte de la destruction de la roue par le frottement ; pourquoi aller chercher sa naissance dans des espaces imaginaires que la saine raison et la connaissance la plus élémentaire du travail des métaux repoussent avec force ?

DEUXIÈME PARTIE.

COMMUNICATIONS

DE DIVERS HORLOGERS

L'objet de cette deuxième partie est de faire connaître quelques travaux d'artistes contemporains. Ils sont présentés tels que les auteurs les ont communiqués et sans observations. Le motif qui a décidé leur admission n'a pas été le même pour tous. Les uns présentent des choses dès à présent utiles, les autres pourront le devenir. Quant à plusieurs communications n'ayant pour elles ni présent ni avenir, elles n'ont pas dû être reproduites.

Le volume suivant aura également plusieurs feuilles à la disposition des personnes qui pourraient faire des communications utiles à l'art de l'horlogerie. Alors comme aujourd'hui ces additions ne devront être considérées que comme de simples communications faites par des horlogers entre eux.

RECHERCHES
SUR L'ÉCHAPPEMENT A ROUE DE RENCONTRE

PAR **M. CLAUDIUS SAUNIER**

ancien directeur de l'école d'horlogerie de Mâcon.

Les recherches et les travaux de beaucoup d'hommes instruits ont apporté dans l'art de l'horlogerie une théorie géométrique de l'échappement à verge. Mais les modifications dans les formes et les proportions proposées en même temps comme application de ces principes, ont été repoussées par les praticiens. En cherchant la raison de ce fait on la trouve dans les résultats obtenus, qui ont été précisément le contraire de ceux annoncés, signe évident d'une contradiction entre la théorie et la pratique, et, par conséquent, d'une erreur d'application.

Ayant étudié tout ce qui est parvenu à notre connaissance sur cette matière, il nous paraît utile de rapprocher les données indiquées par quelques auteurs, ensuite nous dirons ce que notre étude et notre expérience personnelles nous ont fait considérer comme étant le plus propre à donner une marche régulière et durable à la montre. Nous ne présentons pas ce travail comme un traité de la matière ; c'est une simple communication faite entre confrères. Nous désirons vivement qu'elle ait quelque utilité pour ceux qui sont dévoués à leur art.

Des proportions adoptées à différentes époques.

THIOUT. — Julien Leroy et Sully ont donné, dans l'ouvrage de Thiout, les proportions que leur longue expérience leur avait fait adopter, ainsi qu'une prétendue démonstration de l'échappement. Le paragraphe qui suit est extrait de leur article :

« L'action des dents de la roue d'échappement est ce qui exige le plus de jugement dans la théorie et le plus de délicatesse et de soins dans l'exécution. Trois choses principales, dans cet échappement, doivent avoir de justes proportions entre elles, savoir : la profondeur de l'engrenage des dents de la roue avec les palettes, la forme de ses dents et l'ouverture d'angle des palettes entre elles. »

Puis ce paragraphe est accompagné d'une suite de raisonnements abstraits (quelques-uns peu intelligibles et contenant de notables erreurs) qui sont apportés comme preuves à l'appui du choix des proportions suivantes, que Leroy et Sully regardaient, avec raison, comme les milieux les plus convenables et les plus propres à éviter les inconvénients des extrêmes.

Inclinaison des dents avec l'axe de la roue, 25° à 27° ;

Ouverture des palettes, entre 95° et 100° ;

Profondeur de l'engrenage de l'échappement, 2/3 de la largeur de la palette ;

Épaisseur des palettes, moitié du diamètre de la tige de verge. Elles étaient ainsi entaillées jusqu'au centre de l'axe.

Largeur des palettes, 6/10mes de la distance d'une dent à l'autre. (Ou, plus exactement, 180/302mes.)

FERDINAND BERTHOUD. — « L'échappement à roue de rencontre est le plus propre à mesurer le temps avec précision. (On sait assez le contraire.)

« Il faut à la roue d'échappement des dents petites et peu distantes entre elles, ce qui réduira la *traînée* sur la palette et par conséquent le frottement.

« Pour diminuer le recul, il faut mettre peu de dents à la roue de rencontre. Le corps de la verge n'ayant pas changé, les arcs de levée seront plus grands et le recul sera dans un moindre rapport, ce qui conduit à l'isochronisme des vibrations.

« Le recul tendant à détruire les trous de pivots, et par conséquent à changer les arcs de levée, il faut le réduire autant que possible, et faire en sorte qu'il se fasse lorsque la dent agit près du centre, autrement la vibration du balancier ne s'achèvera pas librement, et ce dernier subira davantage l'influence de la force motrice.

« Il faut diminuer, autant que possible, le corps de la verge, afin d'en pouvoir rapprocher la roue, parce que : 1° Le frottement est moindre puisque la pression de la roue est la même et la *traînée* plus petite ; 2° les arcs de levée seront plus grands et par conséquent ceux de supplément plus petits, d'où suit un moindre dérangement par les variations de la force motrice.

« Les palettes ne doivent pas être entaillées jusqu'au centre, afin d'avoir moins de chute. »

Nous trouvons dans ces extraits de Berthoud plusieurs contradictions, entre autres les suivantes : Il conseille des roues peu nombrées, c'est-à-dire à grandes dents, pour obtenir l'isochronisme, et, ailleurs, des roues nombrées, c'est-à-dire à petites dents, pour diminuer le frottement, sans s'inquiéter d'accorder ces deux extrêmes ; puis, il recommande de diminuer le frottement, et surtout le recul, et il veut des palettes qui ne soient pas entaillées jusqu'au centre ; on sait que ces palettes procurent plus de frottement et de recul que les autres.

On s'explique difficilement la prédilection de Berthoud pour l'échappement à verge, car ce qu'il dit des grandes vibrations, de l'utilité de diminuer le frottement, de rendre l'échappement aussi libre que possible, etc., semble écrit en faveur des échappements à repos contre celui à verge, et ses opinions, si favorables à ce dernier, trouvèrent des contradicteurs parmi ses contemporains, notamment dans Lepaute et Jodin.

Berthoud ne pose nulle part les principes de l'échappement à roue de rencontre, si ce n'est très-vaguement et dans un certain nombre de passages épars dans les deux volumes de son *Essai*. Trois choses ressortent clairement d'une lecture attentive de cet auteur : 1° La pénétration des dents de la roue sur la palette ne saurait dépasser les 2/3 de la largeur de celle-ci ; 2° le frottement et surtout le recul est un défaut capital de cet échappement ; 3° l'oscillation totale du balancier ne dépassera que rarement une demi-circonférence.

Ouverture de la verge, 90°, 95° et même 100°, lorsque l'on veut faciliter l'étendue des vibrations et empêcher les *renversements* ou *battements*.

Inclinaison des dents de la roue, de 15° à 20°. Ailleurs elle est portée à 25°.

L'arc total de vibration doit être de trois fois la *levée*.

TAVAN (Mémoire publié à Genève par la Société établie pour l'avancement des arts). — Ouverture des palettes, 100°.

Inclinaison des dents, 25°. — Levée, 40°. — Vibration totale sans renversement, 220°.

La largeur des palettes, mesurée à partir du centre de l'axe, doit être de 2/11mes du diamètre d'une roue de 11 dents, 2/13mes pour 13 dents, 2/15mes pour 15 dents.

La profondeur de l'engrenage doit être telle, que la verge étant ouverte à 100° et placée comme l'indique la *figure* 6, la dent de la roue fasse reculer chaque palette de 20° (pour avoir la levée totale de 40°). La pointe des dents se trouvera alors dans le plan vertical indiqué par la ligne ponctuée A B. « Avec cette profondeur d'engrenage il y a la chute nécessaire et point d'accrochement ; c'est celle qui est jugée la plus convenable dans la pratique. »

La seule inspection du dessin suffit pour démontrer que cette profondeur s'arrêtera aux 2/3 environ de la largeur de la palette.

M. MOINET (article de M. Duchemin). — Ouverture des palettes, de 100° à 110°. Peuvent être ouvertes jusqu'à 115°.

Largeur des palettes, prise du centre de l'axe, moitié de l'intervalle d'une dent à la suivante.

Levée totale, 40°. — Inclinaison des dents, de 30° à 35°.

« La méthode plus moderne des verges entaillées semble bien favoriser le principe de Berthoud, en permettant à la roue de se rapprocher davantage de leur centre, mais on ne doit pas en abuser, car le *levier, devenu plus court, exige un*

balancier moins lourd et moins propre à vaincre l'épaississe-
ment des huiles. »

M. WAGNER (Mémoire sur les échappements simples ;
1847). — Ouverture des palettes, de 100° à 115°. — Levée, 50°.
— Vibration totale, 170°.

Les autres proportions sont celles adoptées par M. Duchemin.

« En traitant l'échappement selon les règles posées par cet
artiste, dit M. Wagner, on obtient des montres à roue de rencontre une marche aussi exacte que celle des montres à cylindre. » (Le contraire est prouvé par l'expérience.)

L'auteur du Mémoire pose en principe et démontre géo-
métriquement que l'angle d'ouverture des palettes doit être
en raison de l'angle d'oscillation du balancier. Ce principe
n'était pas tout-à-fait inconnu de ses prédécesseurs, puisque
Berthoud, en proposant 95° pour l'ouverture de la verge,
ajoute : « et même 100°, si l'on veut favoriser l'étendue des
vibrations. »

« Malgré la défaveur qu'on a cherché à jeter sur cet échappement et la légèreté du pendule généralement employé
(dans les pendules dites *marqueteries* et les horloges *comtoi-*
ses), l'exactitude de la marche d'un grand nombre de ces
pièces est aussi satisfaisante qu'avec les échappements modernes, tant vantés. » Remarquez que dans les pièces en
question, la verge est, relativement, très-*fermée*.

« L'opinion que cet échappement ne souffre pas un pendule aussi lourd à faire mouvoir que les autres échappements
est une idée fausse. »

« Le principal but, dans la détermination des principes
que je vais poser, est de produire le plus d'effet *avec le moins*
de frottement possible. »

« Je ferai remarquer que pour réduire les frottements à
leur minimum, il faut que l'action de la dent sur la palette,
durant l'arc d'oscillation complet, et surtout pendant l'arc
complémentaire, se fasse le plus près possible de la ligne
qui passe par le centre de l'axe de l'échappement et celui de
la roue. »

« L'action que la dent exerce contre la palette influe très-peu sur le frottement des pivots. » (Ceci n'est vrai que pour les pendules et les horloges pourvues de verges très-fermées, car pour les montres le contraire est journellement prouvé par l'agrandissement rapide des trous des pivots.)

A la suite d'une comparaison de deux échappements, l'un système Leroy, l'autre système Wagner, nous lisons : « On aura dans le premier, où la verge est plus ouverte, une augmentation de frottement produite tant sur les pointes des dents que sur les pivots de l'axe de la roue, par l'action oblique des palettes sur les dents, pendant le recul de chaque dent, ou pendant l'arc supplémentaire. *Il est donc démontré que plus on donnera d'ouverture aux palettes, au delà de ce qu'il faut pour empêcher le renversement, plus on introduira de frottement et par conséquent plus il y aura de perturbation dans la marche des pièces.*

« Nous avons vu que les variations de marche, résultant des frottements, sont en raison de l'étendue de ceux-ci. »

« L'obliquité de la face des dents doit varier en raison de l'étendue des arcs, l'inclinaison des faces devant être de quelques degrés plus couchée que la moitié de l'arc additionnel (pris d'un seul côté). »

« Je ferai remarquer que l'étendue des frottements du bout des dents sur la face des palettes augmente en raison des arcs décrits, circonstance qui est sans remède dans cette application. *Cette indication démontre que cet échappement recevrait une application d'autant plus avantageuse que les oscillations seraient plus petites.* »

Il est difficile de comprendre, après ces quelques citations, pourquoi l'auteur, auquel nous les empruntons, a donné la préférence aux proportions adoptées par M. Duchemin. Il est évident que l'habile artiste s'est préoccupé, dans son travail, de divers faits observés dans les pendules et surtout dans les horloges, où l'échappement à palette est muni d'un pendule. Ainsi, par exemple, ne tient-il pas suffisamment compte du *recul,* qui tout-à-fait insignifiant dans un échappement d'horloge, où l'oscillation totale est de peu d'étendue, devient une cause d'usure et de perturbation, excessivement grave, dans les montres, où l'amplitude des arcs décrits est quatre ou cinq fois plus considérable.

Nous bornons notre analyse à cette simple remarque ; on comprendra notre réserve vis-à-vis d'un artiste vivant.

INCLINAISON DES DENTS.

Leroy et Sully....	25° à 27°	
Berthoud........ 15°à 20 puis 25°		Minimum 15°. — Maximum 35°.
Tavan..........	25°	
Duchemin,Wagner .	30 à 35	

OUVERTURE DE LA VERGE.

Leroy et Sully....	95° à 100°	
Berthoud.... 90°–95° et même 100°		Minimum 90° — Maximum 115°.
Tavan..........	100°	
Duchemin,Wagner	100° à 115°	

On voit, à l'examen du tableau ci-joint, que les proportions anciennes et les modernes diffèrent en ceci : que pour les anciennes l'angle d'ouverture des palettes est contenu entre les limites de 90° à 100°, tandis que les modernes l'enferment entre les deux points extrêmes 100° à 115°. La plus grande ouverture des anciennes est précisément la plus petite des modernes. Il paraît étrange, au premier abord, que des artistes comme Leroy, Sully, Berthoud, Jodin, etc., qui ont pratiqué l'échappement à roue de rencontre durant de longues années, ne se soient pas douté que quelques degrés de plus, ajoutés à l'ouverture, allaient procurer une exactitude supérieure à celle que l'on obtenait alors.

Une très-longue expérience de cet échappement leur avait révélé l'écueil que les partisans d'une grande ouverture, séduits par le système, en faveur un moment, des oscillation s très-étendues, n'ont pas prévu, et que quelques années passées dans les pratiques du rhabillage leur eussent certainement fait découvrir.

Une chose également digne de remarque, c'est que chaque fois que des artistes ont reproché à J. Leroy de donner à ses verges d'horloges une ouverture trop considérable et des palettes courtes, ce qui l'obligeait à employer un balancier léger et à grandes oscillations, construction qui évidemment engendrait beaucoup de frottement, ils ont condamné le système moderne des échappements à verges très-ouvertes, auxquels peuvent s'appliquer les reproches que nous venons de rapporter, et au moins aussi justement qu'à l'échappement d'horloges de Leroy.

DE L'OUVERTURE. — La *fig.* 7 nous représente une verge ouverte de 14°; nous voyons par la direction des deux forces *D E*, *H I*, que la force qui fait rétrograder la roue se dirige de *H* en *I*, à peu près perpendiculairement à la ligne *A B*, dans laquelle se trouve l'axe de la roue, et que l'action a lieu en sens inverse du mouvement de celle-ci; la roue est donc repoussée de quelques degrés en arrière. Cette espèce de recul n'offre aucun inconvénient, le *jeu* des engrenages permettant qu'il s'opère sans grande résistance de la part de la roue. D'ailleurs, par le peu d'éloignement du point *O* à la ligne des centres *A B*, la pression exercée par la dent sur la palette se fait par un frottement doux, approchant même d'un développement de rouleau; aussi ne voit-on pas d'usure aux palettes, à l'endroit de ce recul, dans les échappements d'horloges dont l'angle d'ouverture est de peu d'étendue.

Si l'on cherche la direction des forces pendant la levée, on remarque que la ligne *K L* s'éloigne beaucoup plus que *H I* de la perpendiculaire à l'axe de la roue, et que la pointe de la dent agit beaucoup plus loin de la ligne des centres. Mais, comme le frottement de la levée est moins intense que celui de recul, l'échappement est encore, dans ce cas, dans de très-bonnes conditions de durée.

On passe maintenant à l'examen de la *fig.* 11, où l'angle d'ouverture est porté à 115° et où la direction des forces est indiquée par les lignes *D E, H I, K L*. On remarquera que plus on ouvre les palettes, et plus les angles formés par les lignes *H I, K L* et la ligne des centres *A B* deviennent aigus. Il en résulte que la résistance tend, de plus en plus, à se faire dans le sens de l'axe de la roue; circonstance extrême-

ment défavorable, parce qu'une plus grande partie de l'effort
de l'échappement est supportée par la pointe d'un pivot ap-
puyée contre une plaque inflexible. La roue, prise entre la
pointe d'une dent et son pivot inférieur, agit, de plus en plus,
comme un levier rigide, arc-bouté par ses deux extrémités.
La décomposition de force est considérable; la puissance en
partie paralysée et, en vertu de l'inertie du balancier, la lutte
entre les deux forces produit un frottement tel que les palettes, même les plus dures, ne peuvent résister.

Concluons, ainsi que l'a fait M. Wagner : « que l'échappement à palettes recevra une application d'autant plus avantageuse que les oscillations seront plus petites. » Et, comme
il y a corrélation entre l'arc décrit par le balancier et l'ouverture de la verge, ajoutons : qu'un échappement sera dans
les meilleures conditions de durée, quand son angle d'ouverture ne dépassera pas l'étendue strictement reconnue nécessaire et justifiée par l'expérience. (100° pour maximum.)

DE LA LEVÉE. — La pénétration des dents dans les palettes
n'est pas abitraire, on le sait; elle dépend de l'ouverture. Il
en est de même de la distance de l'axe de la verge aux pointes
des dents. Ces pointes vont en se rapprochant de cet axe, à
mesure que l'on agrandit l'angle d'ouverture. Pour un angle
de 40° (*fig.* 8), la pénétration ira environ à $1/6^{me}$ de la largeur de la palette, à compter de son extrémité. L'éloignement des dents du corps de la verge sera égal, à peu près, à
la distance comprise entre une pointe de dent et la pointe de
la dent suivante.

L'ouverture étant fixée à 100°, la pénétration s'arrêtera aux
2/3 environ de la largeur de la palette. L'espace restant entre
l'extrémité des dents et l'axe de la verge se réduira, à peu
près, à $1/6^{me}$ de la distance de deux pointes de dent (*fig.* 9).

Enfin, pour une ouverture de 115° la pénétration ira aux
$5/6^{mes}$ environ ; c'est ce que l'on exprime dans la pratique en
disant que la roue prend jusque dans le corps de la verge.
Alors la distance de la pointe des dents à la tige du balancier
est à très-peu près de $1/12^{me}$ de la distance de deux pointes
(*fig.* 11).

Les chiffres que nous venons de poser ne sont qu'approximatifs, c'est-à-dire suffisants. Des chiffres rigoureux seraient inutiles et sans application dans l'échappement qui nous occupe.

Ce que nous venons de dire de la pénétration peut s'appliquer, en renversant le rapport, à la largeur des palettes. Cette largeur varie en sens inverse de l'ouverture. (*Voir* les *fig.* 7, 8, 9, 11, tracées sur une distance égale des dents des roues.) Plus l'angle en est ouvert, et plus la largeur des palettes diminue; par suite, la roue agit sur un levier de plus en plus court, et l'impulsion donnée au balancier est de moins en moins énergique.

On voit qu'il doit exister un rapport entre la force motrice et la longueur du levier; mais la solution de ce problème échappe au calcul et ne peut être donnée que par l'expérience. De savants praticiens fixent pour l'extrême limite de la pénétration, dans la montre ordinaire, les 2/3 environ de la largeur de la palette.

DE L'ARC SUPPLÉMENTAIRE.—Aucun horloger n'ignore qu'avec les échappements actuels la marche d'une montre est d'autant mieux soutenue que les arcs supplémentaires ont plus d'étendue, relativement à l'arc de levée.

Avec une levée de 40°, et dans les conditions ordinaires, on obtient d'un échappement à palette près de 180° de vibration totale. Si l'on augmente la levée beaucoup au delà de 40°, soit, par exemple, 50°, l'oscillation totale ne progressera pas dans la proportion de 40 à 50, et l'on n'obtiendra pas des vibrations de 225° (près de 3/4 de tour), qui sont celles indiquées par la proportion; seulement les vibrations s'accompliront alors d'un mouvement rapide et saccadé. Cette décroissance relative des arcs supplémentaires, quand on dépasse 180° pour l'arc total, s'explique par les causes suivantes : 1° la résistance du recul considérablement augmentée; 2° le raccourcissement du levier, qui est cause que le balancier est mu avec moins de force par la roue; 3° le rebattement du bord de la palette contre la face des dents, qui paralyse l'arc supplémentaire. Ce rebattement se produit près des limites d'une oscillation totale de 170°, et il acquiert d'autant plus d'énergie qu'on s'éloigne en plus de ce nombre. La puissance de ce rebattement est telle, que dans une montre soumise à des secousses, elle rend les grandes vibrations plus rapides que les petites. Ce fait est bien connu de tous les praticiens.

Le résumé de cet article, est que toute levée excédant celle absolument nécessaire pour procurer au balancier une vibration d'une amplitude suffisante ne peut qu'introduire dans le mécanisme des causes de destruction prompte et de perturbation. La longue expérience des artistes leur ayant prouvé que 40° de levée suffisaient amplement dans les montres, il convient de se borner à ce chiffre, puisqu'il offre, en outre, l'avantage de procurer le plus grand arc additionnel relatif; mais comme on sait que la levée et l'ouverture sont dépendantes l'une de l'autre, il s'ensuit que l'ouverture convenable sera celle qui procurera précisément cette levée de 40°, c'est-à-dire une ouverture de 100°.

DU RECUL. — Le recul est égal à la moitié de la totalité de l'arc additionnel. Pour un échappement ordinaire d'horloge, ayant environ 20° d'oscillation totale, le recul se représentera par 6; tandis que dans une montre, ayant 180° de vibration totale, le recul sera représenté par 70. Mais ces deux nombres n'indiquent que le rapport d'étendue des deux reculs et non leur intensité relative; car, dans ce dernier cas, la disproportion deviendrait encore beaucoup plus considérable. On se l'expliquera facilement si l'on se souvient de ce fait, signalé plus haut, que la *poussée* du balancier produisant le recul prend de plus en plus une direction se rapprochant de la parallèle à l'axe de la roue à mesure que l'on ouvre davantage les palettes. Il résulte évidemment de cela, que les règles qui régissent l'échappement à pendule doivent être beaucoup modifiées dans leur application à la montre.

Le recul est le plus grand défaut de l'échappement à roue de rencontre appliqué aux montres, ainsi que l'ont remarqué presque tous les artistes, et que M. Duchemin lui-même a fini par s'en apercevoir. (Voir l'*Art de conduire les pendules*, etc., de M. Robert, page 248.)

En outre de la gêne qu'il apporte à l'accomplissement de l'arc supplémentaire, la difficulté de son double frottement parvient toujours, à de très-rares exceptions près, à creuser les palettes, et réussit même quelquefois à les trouer, si la montre soutient une marche assez longue pour cela. C'est toujours au point où commence l'action du recul qu'une palette se pique tout d'abord. Ce point est très-visible à la loupe et même à l'œil nu. Aussitôt qu'une palette est marquée, l'extrémité des dents se déforme, la destruction de l'acier s'opère avec rapidité sur toute la surface frottante, et les variations du *réglage* deviennent de plus en plus sensibles. La puissance de ce recul se manifeste encore par le prompt agrandissement des trous des pivots, et fréquemment par l'usure de ces mêmes pivots.

Tous les essais d'amélioration qui ont été tentés, tels que : roue en or, roue en acier trempée fonctionnant avec un peu d'huile aux pointes, trous en rubis, etc., ont échoué complétement, par la raison toute simple qu'aucun d'eux ne supprimait les inconvénients du recul, c'est-à-dire du défaut capital de l'échappement.

Il résulte de ce qui précède que l'agrandissement de l'angle d'ouverture favorisant l'étendue et la dureté du recul, il convient de s'arrêter à la limite la plus restreinte fixée par la nécessité, si l'on veut éviter d'augmenter les causes de destruction et par suite l'irrégularité de la marche, qui se produit dans un avenir assez prochain.

INCLINAISON DES DENTS DE LA ROUE.

On sait qu'il faut donner aux dents de la roue la plus grande inclinaison possible, afin d'éviter le rabattement de la palette contre la face de ces dents. Les modernes portent cette inclinaison à 35°; nous pensons que c'est à tort, parce que, comme il faut alors, pour éviter le talonnement sur le dos de la dent, dégager beaucoup cette partie, on produit une denture mince et effilée, et dont le peu de force cause de sérieuses difficultés pour obtenir d'abord et pour conserver ensuite la justesse de la roue.

La figure 9, où les pièces représentées ont les proportions convenables, rend toute démonstration superflue.

On fera sagement de s'arrêter à 30°. Cette inclinaison laisse rigoureusement aux dents une solidité suffisante et n'exige pas, au même point que celle à 35°, les soins et les précautions auxquelles il serait ridicule de vouloir assujettir les praticiens, qui traitent cette partie de la médiocre et courante horlogerie.

D'après les divers articles que nous venons de parcourir, on voit que l'ouverture, la pénétration, la levée, l'arc supplémentaire, l'arc total, le plus ou moins de recul, etc., rien de tout cela n'est laissé à l'arbitraire ; tout se lie, il s'agit seulement de trouver le milieu le plus convenable, qui, en satisfaisant aux rapports proportionnels exigés entre les différents organes, leur permette d'accomplir leurs effets sans se nuire les uns aux autres.

On a peut-être remarqué que nous n'avons parlé jusqu'ici ni de la chute, ni de la largeur précise des palettes, ce qui est insignifiant par la raison que le plus sûr est de tenir ces dernières un peu plus larges que la moitié de la distance de deux pointes des dents de la roue, et de les diminuer ensuite avec précaution, jusqu'à ce que la roue passe sans accrocher et avec une très-petite chute.

Remarquons en passant que M. Duchemin, entre autres contradictions, donne une largeur unique de palette, tandis que cette largeur doit varier d'une assez notable différence, si de 100° on pousse l'ouverture à 115°.

Considérations générales et surtout pratiques.

Tous les artistes, sans exception, sont d'accord sur ce point, qu'une levée de 40° suffit largement, et qu'en la poussant au delà on ne fait qu'introduire des causes d'usure et de désordre. Évidemment, il convient d'arrêter son choix sur l'ouverture qui procure cette levée. Nous avons vu plus haut qu'en adoptant 100° pour l'angle des palettes, nous aurons, en outre d'une levée d'environ 40° : 1° Une vibration totale suffisante, puisqu'elle peut aller à 180° et qu'elle s'accomplira beaucoup plus librement que tout autre plus étendue ; 2° l'arc additionnel le plus libre et le plus grand qu'on puisse avoir, relativement à celui de levée ; 3° la pénétration aux 2/3, c'est-à-dire au bout d'un levier qui n'est pas assez long pour que la roue maîtrise le balancier, et qui n'est pas assez court pour qu'il se produise un *arrêt-au-doigt,* ce signe infaillible de l'impuissance de la force motrice. Tous ces faits, notoires et prouvés par la théorie et l'expérience (consulter Leroy, Sully, Berthoud, Jodin, Tavan, Perron, Duchemin, etc., etc.), suffiraient à démontrer qu'il ne faut, dans aucun cas, dépasser 100°, et si l'on considère que quelques degrés de plus ajoutés vont faire augmenter dans une progression rapide, non-seulement la pénétration, mais encore la puissance du recul, déjà si considérable et si nuisible même aux verges ouvertes à 100°, on s'étonne que la question de l'ouverture soit encore l'objet de controverses, et que l'on ait, à plusieurs reprises, proposé une levée de 50° pour produire une vibration totale de 170°, quand on sait, par l'expérience de plus d'un siècle, qu'on obtient, à volonté, avec une simple levée de 35° environ, un arc total de 170° au moins.

Passons maintenant à une série de faits incontestables, révélés par l'expérimentation.

Quand le balancier d'une montre a ce qu'on appelle un *mauvais cheminement,* il suffit, dans la plupart des cas, de fermer un peu la verge à la flamme de la lampe, pratique bien connue des rhabilleurs, pour obtenir une plus grande vivacité d'allure et un réglage mieux soutenu, sauf toutefois quand le balancier est trop léger.

Lorsque l'on demande à un rhabilleur capable quel est le signe caractéristique d'une trop grande ouverture, il répond sans hésiter qu'à défaut d'autre moyen de vérification, il le reconnaît à cet effet que l'échappement qui vibre hardiment tant que les huiles sont fraîches et les surfaces frottantes dans leur état primitif de parfait poli, perd de son cheminement après quelques semaines de marche, et varie fréquemment à partir de ce moment. Or, ce qu'il entend par une verge trop ouverte est celle qui dépasse 100°, ainsi que nous avons eu nombre d'occasions de le vérifier, et ainsi que cela ressort de l'expression usitée dans la pratique : *ouvrir la verge très-peu plus que l'angle droit.*

Dans les fabriques, où longtemps on a tâtonné l'ouverture, sa limite extrême est fixée à 100° depuis plus de quarante ans.

On remarque que tous les artistes, anciens et modernes, ont compris le nombre 100° parmi tous ceux qu'ils proposent.

Les montres anciennes allaient trois années environ, avec un réglage soutenu. Les montres modernes, établies dans de bonnes conditions de hauteur, mais avec des verges plus ouvertes, ont bien de la peine à marcher dix-huit mois à deux ans, et au bout de ce laps de temps elles ont à peu près toutes leurs palettes profondément piquées. Ces montres vont, d'ordinaire, assez bien pendant quelques premiers mois, et fort mal pendant tous les autres.

Enfin, tous ces faits, si connus et si concluants, sont corroborés par l'expérience décisive des montres anglaises. Le système anglais diffère entièrement du nôtre; les palettes plus fermées, le balancier plus pesant, l'arc d'oscillation plus court ; toutes conditions désavantageuses, selon les partisans d'une grande ouverture. Eh bien, l'échappement, ainsi traité, donne un réglage égal à celui des pièces françaises à verges ouvertes et fraîchement réparées, mais avec cette différence que les pièces françaises se dérèglent et se détruisent promptement, tandis que le réglage des pièces anglaises se soutient des années, au bout desquelles il n'y a aux parties frottantes que peu ou point de destruction.

Une preuve, et sans réplique, de la supériorité des échappements anglais, c'est qu'ils règlent bien avec des trous en pierres fines aux pivots du balancier, chose qu'on n'a pas encore pu obtenir des pièces françaises.

Les Anglais ont été judicieux; ils ont cherché et sont parvenus à diminuer l'influence combinée du recul et du rabattement de la palette, tandis que nos modernes ont fait le contraire.

Avec une verge trop fermée, le rabattement et le renversement ont lieu au bout d'une assez courte oscillation, et comme les palettes ont une grande largeur, la dent agit sur un levier trop long; son action sur le balancier en est d'autant plus énergique, et ce dernier, maîtrisé par la force motrice, en subit toutes les inégalités.

Avec une verge trop ouverte, la roue prend, à peu près, dans le corps de la verge. Le levier, à l'extrémité duquel agit cette roue, devient tellement court, qu'elle n'a pas, la plupart du temps, la force nécessaire pour vaincre la résistance opposée par l'inertie du balancier et l'épaississement des huiles, et l'on a un *arrêt-au-doigt,* même avec un balancier léger.

En outre, plus les palettes sont étroites et plus les frottements sont variables, par suite du jeu des pivots et de l'agrandissement des trous: soit $A\,B$ (*fig.* 10), la quantité dont chaque verge a reculé, il est évident que le frottement, transporté du point A au point B, aura varié pour le petit levier dans la proportion de 2 à 1, et pour le grand dans la proportion d'un cinquième seulement.

Les vibrations avec verges trop fermées sont courtes et brusques; mais, avec verges trop ouvertes, elles tardent peu à tomber en langueur, et dans les deux cas la montre ne demeure jamais longtemps réglée.

Les faits, tous pratiques, que nous venons de signaler, sont pour ainsi dire saisissables à l'œil de l'observateur, quand l'angle d'ouverture est au-dessous de 90° et au-dessus de 100°. Si l'on se souvient que la rudesse du frottement du recul et surtout le rabattement du bord de la palette contre la face des dents, acquièrent d'autant plus d'influence et de force que l'on s'éloigne, en plus, de ce dernier nombre, et si l'on ajoute, en outre, qu'avec une verge ouverte un échappement exige, dans sa *mise au point,* des soins et une précision incompatibles avec le bon marché des montres auxquelles il est destiné, on en conclura que dans aucun cas il ne faut dépasser 100°. Vouloir mettre les ouvriers dans la nécessité de traiter l'échappement à roue de rencontre avec les précautions nécessaires aux échappements de précision, est une erreur t d'indiquer, inutile de la réfuter.

RÉSUMÉ.

OUVERTURE DE LA VERGE.

100° (maximum).

Si l'on veut tenir les palettes de quelques degrés plus fermées, il faut laisser un peu plus de largeur à ces palettes et de poids au balancier que d'ordinaire et réduire l'oscillation de quelques degrés.

INCLINAISON DES DENTS.

30° avec l'axe de la roue.

La dent doit être suffisamment dégagée sur le derrière.

LARGEUR DES PALETTES.

(Pour une ouverture à 100°). Très-peu plus de la moitié de la distance de deux pointes de dents. Puis, on rétrécit, avec précaution, jusqu'à ce que l'échappement soit juste *à son point*. (La largeur des palettes se compte du centre de l'axe).

Pour toutes les autres proportions on se conformera aux instructions pratiques données par M. Duchemin dans le *Traité d'horlogerie* de M. Moinet, page 326 du 1er volume.

DORURE ET ARGENTURE.

Observations de M. Paul Rocca, *de Turin, sur l'article publié sur cette matière, page* 283, 2ᵉ *édition*, Art de connaître les pendules et les montres.

Avant de donner le Mémoire de M. Rocca, je dois dire que lorsque j'ai indiqué le procédé de dorure propre à diverses pièces d'horlogerie, les nouveaux procédés n'étaient pas répandus ; celui que je présentais pouvait rendre quelques services.

L'ancienne manière de dorer, dite au *pouce* ou au *bouchon,* ne peut être employée en horlogerie, parce que la couche d'or n'atteint pas l'épaisseur voulue, tandis que le procédé que j'ai indiqué permet de donner à cette couche telle épaisseur que l'on veut et un grain que le bouchon ne saurait produire, en raison de la manière dont est préparé l'or employé pour ce système de dorure.

C'est parce qu'on n'a pas fait attention à cette différence caractéristique, qu'on a cru voir similitude dans le nouveau procédé que j'ai indiqué et l'ancien.

Je n'avais pas donné les procédés pour réduire l'or en poudre, parce qu'il me semblait plus avantageux pour les horlogers de se le procurer tout préparé.

M. Paul Rocca, de Turin, très-amateur des sciences et d'horlogerie, a pensé qu'il serait agréable à plusieurs personnes d'avoir connaissance des procédés suivants, et il les a communiqués pour compléter ce que j'ai dit. Dans le Mémoire qu'il m'a adressé à ce sujet, après un préambule que l'énoncé ci-dessus peut remplacer, il s'exprime dans les termes suivants :

« C'est donc pour remplir la lacune qui se trouve dans l'ouvrage de M. Robert, et pour rendre en quelque sorte sa découverte complète, que je me vouai à la recherche de la manière de pulvériser l'or puisée dans les procédés anciens, simples et raisonnés. Je me flatte d'en avoir trouvé quelques-uns dont l'effet est sûr et l'exécution facile ; si j'ai atteint mon but, je serai bien aise d'avoir pu venir en aide à M. Robert, dans l'intérêt des ouvriers auxquels son ouvrage est consacré.

« Mettez dans une fiole : Acide nitrique pur, 1 partie; acide hydrochlorique, 2 parties; exposez ce liquide à une chaleur modérée, et jetez-y autant d'or en feuille ou en limaille qu'il peut en dissoudre; lorsque la solution est complète, c'est-à-dire que les acides en sont saturés, versez-la dans un bassin de verre ou de porcelaine que vous aurez préalablement rempli de morceaux de linge bien propre; quand ils seront imprégnés de toute la liqueur, faites-les sécher à l'ardeur du soleil ou à une chaleur équivalente; la dessiccation étant achevée, placez-les sur une assiette, mettez le feu et ramassez-en la cendre jusqu'à la dernière parcelle.

« En ajoutant à chaque gramme de cette cendre deux grammes d'un mélange formé de partie égale de sel marin (chlorure de sodium) et de crème de tartre (tartrate de potasse), vous obtenez une poudre dont vous ferez usage suivant l'indication de M. Robert.

« Si vous voulez obtenir une dorure plus rousse, employez-y la poudre de charbon d'or ci-dessus en l'arrosant d'une solution de tartrate de potasse, sans le concours d'aucun autre sel.

Autre méthode simple. — Mettez dans une assiette de l'or en feuille, ajoutez-y un peu de miel, broyez ou plutôt délayez soigneusement ces deux substances ensemble à l'aide d'un bouchon de cristal dont la partie inférieure soit bien plate, jetez la pâte qui en résulte dans un verre d'eau aiguisée avec un peu d'esprit de vin (alcool), lavez-la et laissez-la déposer. Décantez ensuite la liqueur et lavez de rechef le dépôt; répétez la même opération jusqu'à ce que vous ayez obtenu une poudre d'or fine, pure et brillante.

Cette poudre, ajoutée aux sels prescrits ci-dessus, d'après les proportions Robert, et délayée dans l'eau, produira la dorure indiquée par l'auteur.

Nouvelle manière d'argenter et de dorer à l'aide de petits courants galvaniques, sans pile composée. — Dissolvez dans un peu d'eau distillée 100 grammes de nitrate d'argent sec (pierre infernale), filtrez la liqueur et ajoutez-y le double de son volume d'ammoniaque liquide ; d'autre part, dissolvez 600 grammes de prussiate jaune de potasse, et 400 grammes de carbonate de soude cristallisé dans 6 kilogrammes d'eau, versée dans un vaisseau de fonte émaillé, que vous placez sur le feu. Lorsque le mélange est près d'entrer en ébullition, versez-y la première solution du nitrate d'argent, et faites bouillir durant une heure, ayant soin d'ajouter de l'eau chaude à la liqueur au fur et à mesure qu'elle s'évapore ; filtrez ensuite le tout au papier.

Pour argenter avec cette préparation un objet quelconque, prenez deux plaques ou disques égaux de la largeur d'un écu, dont l'un soit de zinc et l'autre de cuivre, liez-les l'un sur l'autre avec un fil de cuivre ou mieux encore d'argent, moyennant deux trous, et après avoir assujetti l'objet que l'on veut argenter au fil attaché à ces deux plaques, placez le tout dans un bassin de verre ou de faïence, versez-y par dessus le mélange préparé ci-devant, que vous aurez préalablement bien fait chauffer.

Si l'objet dont il s'agit était, avant l'opération, bien propre, brillant et privé de toute matière grasse ou onctueuse, vous l'obtiendrez en deux minutes, argenté de telle sorte, qu'il résiste au brunissoir ; et si ce même objet est petit, il suffira de le plonger dans la liqueur chaude et de le frotter ensuite avec le doigt pour obtenir le même résultat que produit l'or en poudre de M. Robert.

Dorure électro-chimique très-facile et sans appareil coûteux. — Dissolvez 3 grammes et demi environ d'or fin dans de l'eau régale, composée de : acide nitrique, 1 partie ; acide hydrochlorique, 2 parties ; faites évaporer presque à siccité la liqueur, à laquelle vous ajoutez un peu d'eau distillée, puis vous la filtrez après l'avoir un peu chauffée.

Vous aurez obtenu par ce moyen un chlorure d'or que vous dissolvez dans une solution préalablement préparée de 40 grammes de cyanure de potassium pur et 10 grammes de carbonate de sodium dans un litre d'eau de pluie ; faites bouillir le tout pendant dix minutes, filtrez-le et le conservez.

Les objets traités avec cette solution et soumis au faible courant électrique des deux disques ci-devant décrits, se couvrent fortement d'une surface d'or d'un jaune *mat* (la solution doit toujours être bien chaude).

Si vous tenez à éviter la perte des parties de l'or ou de l'argent qui pourraient adhérer aux surfaces des disques, vous pouvez employer le procédé suivant :

Enveloppez dans un morceau de vessie bien mince, ou mieux encore dans un morceau de baudruche les disques dont il s'agit, laissant à découvert les deux fils métalliques, dont l'un arrête l'objet à dorer, et l'autre plonge avec les plaques dans le liquide duquel ce même tire la *surface* de métal dont on veut le couvrir.

N. B. Nos procédés s'adressent aux ouvriers, chez qui nous supposons l'absence des principes de la chimie et de la physique. C'est pourquoi nous nous abstenons de développer la cause et la théorie des phénomènes et des effets qui se réalisent dans nos opérations.

Manière de mettre à neuf les cadrans d'argent. — Il est souvent fort difficile de remettre à neuf les cadrans d'argent jauni ou sales, sans courir le risque d'effacer les heures, surtout lorsqu'elles sont peintes au lieu d'être émaillées ; car alors les acides et la chaleur les font disparaître.

Pour remettre à neuf un cadran d'argent (blanc mat), vous n'avez qu'à le couvrir d'une légère couche de savon, et le frotter ensuite en ne touchant point les heures, si elles ne sont pas émaillées. On se servira pour cela d'un pinceau ou d'une brosse et de pierre ponce réduite en poudre impalpable. La surface du cadran nettoyée autant qu'il est possible, lavez légèrement avec de l'eau et du tartrate de potasse (crême de tartre), puis plongez aussitôt dans la solution de nitrate d'argent toute chaude (voir n° 2) ; ayant soin de l'assujettir au fil d'argent fixé aux deux disques de zinc et de cuivre ; en deux ou trois minutes vous recouvrez votre blanc mat neuf avec les heures intactes, si toutefois l'opération a été soigneusement exécutée.

Chaque fois que vous aurez à faire usage des deux plaques

ou disques de zinc et de cuivre, vous aurez soin de les nettoyer avec de l'acide nitrique, en les frottant ensuite avec la pierre ponce. Les solutions serviront plusieurs fois, en conservant ensemble celle qui a été employée et celle qui est restée dans la fiole.

Il importe que chaque pièce ou chaque objet à dorer ou à argenter soit bien propre, nettoyé d'avance, et qu'après le nettoyage il soit immédiatement jeté dans la solution qui doit le couvrir d'une surface d'or ou d'argent. J'ai dit immédiatement, car le moindre intervalle de temps entre le nettoyage et l'immersion pourrait produire l'oxydation par son contact de l'air.

S'il s'agit d'obtenir une dorure ou argenture ayant un grain prononcé, comme on le pratique sur les *ponts*, *cuvettes* et *platines* des montres, vous nettoierez soigneusement les pièces et les jeterez pendant deux ou trois secondes (plus ou moins, selon que vous souhaitez un grain gros ou fin) dans une assiette contenant de la suie trempée d'acide nitrique concentré, aiguisé de quelques gouttes d'acide sulfurique. Lorsque le grain est tel que vous le désirez, vous laverez soigneusement les pièces avec une solution aqueuse de savon, et successivement avec du tartrate de potasse dissous dans l'eau, après quoi vous le soumettrez à l'opération de la dorure ou de l'argenture.

La formation du grain fin exige la plus grande attention; car en deux secondes, plus ou moins, il se produit, surtout si, dans l'alliage du laiton, le zinc entre dans de grandes proportions et si l'acide est concentré.

Remontoir, par M. Achille Brocot.

Le rouage A, B, C, D, E est celui d'un mouvement ordinaire mu par un ressort, il entretient les oscillations du pendule p.

Un rouage secondaire, composé des roues D', E', est chargé d'entretenir, au moyen d'un poids R, les oscillations du pendule P. Une roue libre G, qui est satellite autour de l'axe I de la balance $H\,h$, engrène à la fois avec la roue D du rouage principal et la roue D' du rouage secondaire.

A l'extrémité H de la balance est un poids R.

A l'autre extrémité h de cette même balance est suspendu le pendule p; de sorte que la véritable force motrice du pendule P n'est que la différence entre le poids R et le petit pendule p.

Il résulte de cette disposition que le poids R descend à chaque oscillation du pendule P et est remonté à chaque oscillation du petit pendule p, et que ce poids restera sensiblement à la même place si les deux pendules sont bien en rapport de longueur avec les nombres de leurs roues d'échappement respectives.

Les irrégularités provenant du ressort moteur n'auront donc d'action que sur le petit pendule p et pourront diminuer ou augmenter la durée de ses oscillations, ce qui lui fera remonter le poids R trop vite ou trop lentement; mais alors le côté h de la balance agira dans un sens contraire et allongera ou raccourcira le pendule p pour produire du retard ou de l'avance, et ainsi rétablira l'équilibre.

En comparant le remontoir décrit ci-dessus à tous ceux qui ont été faits, on y trouve deux différences caractéristiques : 1° l'absence du volant, et, par conséquent, du point d'appui de ce volant ou de son axe contre un obstacle appartenant au chariot ou balance dont la masse fait fonction de moteur secondaire; 2° le moteur secondaire est remonté par un nombre d'actions successives plus grand que celui par lequel il agit. De ces deux différences dans la construction, il résulte deux avantages : le premier est que le point de contact du volant contre la partie du chariot qui lui fait arrêt est supprimé; il n'y a plus ni percussion, ni pression variable en ce point, ni destruction, inconvénients qu'on a toujours reprochés aux remontoirs à engrenages tels que celui de la Bourse de Paris.

Le deuxième avantage se trouve en ce que ce remontoir
n'exige qu'un surcroît de force motrice très-minime, comparativement à celle qu'il faudrait au mouvement pour marcher
sans cela, tandis que les remontoirs en général exigent des
forces proportionnellement beaucoup plus considérables.
(Voir page 16.)

N'ayant jusqu'à ce jour construit qu'un petit nombre de
ces machines, nous n'avons pas la prétention de les avoir étudiées sous tous les points de vue, ainsi que l'auraient fait les
hommes qui ont une grande habitude de ces matières. Nous
reconnaissons même que plusieurs choses pourraient être
modifiées; ainsi, par exemple, la roue satellite G pourrait
engrener directement dans le pignon de la roue d'échappement E' et dans la roue D, ou dans le pignon de la roue E;
on supprimerait ainsi la roue D', qui n'est qu'une simple
roue de renvoi, qui peut être considérée par quelques-uns
comme nuisible, en raison du frottement de ces deux pivots,
du changement de l'état des huiles à ces pivots et de son
inertie.

Ce fut à l'exposition de 1849 que je présentai ce remontoir,
et plusieurs des artistes les plus compétents dans ces matières m'engagèrent à le faire connaître.

Toutefois, je regarde comme un devoir de dire que si un
tel moyen peut être employé avec succès pour faire disparaître d'une pendule de cheminée, mue par un ressort, les
anomalies inséparables d'un tel moteur, je me garderai bien
d'en conseiller l'emploi ailleurs que dans des pendules à
ressort ou bien dans les pièces où le luxe d'exécution doit
dominer; mais, par exemple, dans une pendule qui devrait
donner la plus grande régularité possible, telle qu'une horloge astronomique à secondes, j'engagerais à suivre l'exemple des artistes très-experts en cette matière, en employant
simplement un poids, une machine bien proportionnée, fidè-
lement exécutée, irréprochable de tous points; car c'est en
suivant ces principes que les hommes les plus capables sont
arrivés si près de la perfection idéale, qu'il y aurait folie à
vouloir les dépasser en introduisant des complications qui,

bonnes dans certains cas, sont inutiles et dangereuses dans d'autres, et notamment dans l'exemple cité.   A. BROCOT.

Remontoir de l'horloge de la Bourse de Paris.

Le remontoir décrit ici est le plus généralement employé depuis une cinquantaine d'années, comme étant réellement bien supérieur à celui par la sonnerie, et à tous ceux qui l'avaient précédé. Néanmoins il n'est pas à l'abri de quelques critiques, aussi tous les horlogers qui l'ont employé y ont apporté des modifications dans lesquelles le plus souvent un défaut a été corrigé en en créant un autre qu'on ne voyait pas, ou qu'on feignait de ne pas voir. Si la disposition suivante n'en est pas exempte, elle a du moins pour elle le mérite d'une grande simplicité, et dans des pendules à ressort elle donne des résultats assez satisfaisants pour corriger les neuf dixièmes de l'anomalie qui aurait lieu en son absence. La figure (13) va l'expliquer.

P serait, dans un rouage ordinaire, et en l'absence du remontoir, le pignon d'échappement. Pour obtenir le remontoir on a établi un autre pignon pareil P', sur l'axe duquel est montée la roue d'échappement E.

Une roue RR engrène en même temps dans les pignons P et P'. Son axe I se trouve dans le même plan que les deux axes des pignons P et P', elle est mise en cage sous un pont porté par la pièce TTT. On va voir que contrairement à tous les cas d'horlogerie, cet axe I a un mouvement circulaire de va-et-vient autour du centre C.

La pièce TTT est mobile sur un axe C, concentrique avec le pignon d'échappement en dehors de celui-ci et dans le prolongement de la même ligne.

De cette construction il résulte que le poids p''' qui rompt l'équilibre de la pièce TTT tendant à descendre, fait tourner cette pièce TTT. La roue R étant retenue par le pignon P, ne peut tourner librement autour du pignon d'échappement P'; elle force donc ce pignon à tourner jusqu'à ce que le bec contre lequel appuie la partie A de la détente fixée sur l'axe du volant V étant dégagée, le pignon P tourne de la quantité nécessaire pour que le poids p''' soit remonté par le pignon P d'autant qu'il était descendu depuis le précédent effet, et pendant que cette fonction s'opère, la roue RR agit constamment avec uniformité sur le pignon d'échappement en raison de la masse du poids p'''.

Ce remontoir serait une force constante si le bec de la détente ne pressait au point A sur le chariot TTT, et, par conséquent, ne diminuait plus ou moins l'intensité d'action du poids sur ce chariot. Il résulte de cette construction que plus la force du premier moteur augmente, et plus celle du moteur secondaire est diminuée par la pression de la détente A sur le bec de la pièce TTT.

Différents moyens ont été mis en usage pour remédier à cet inconvénient. Les uns ont rapproché le bec du centre G, on a même été jusqu'à entailler l'axe de la pièce TTT, et à faire faire le repos de l'extrémité A de la détente sur cet axe : le dégagement avait lieu lorsque l'entaille se présentait à la détente. On a encore formé la partie A en plan incliné, de telle sorte que la pression de la détente contre ce point, au lieu de retrancher une partie de l'action du poids, venait en ajouter; et, entre ces extrèmes, on a cherché par tâtonnement une inclinaison moyenne qui n'altérât pas l'action du poids p'''.

Toutes ces tentatives n'ont pu remédier aux inconvénients résultant du choc, de l'ébranlement de la machine, de l'altération qu'éprouvent les parties frottantes, et, comme nous l'avons dit précédemment, rien n'a été supérieur au poids tout simple dans une machine bien entendue d'ailleurs en toutes ses parties.

DESCRIPTION
DE L'ÉCHAPPEMENT DE FORCE CONSTANTE

PAR **M. VERITÉ**, HORLOGER A BEAUVAIS.

PRÉSENTÉ POUR LA PREMIÈRE FOIS A L'EXPOSITION DES PRODUITS
DE L'INDUSTRIE EN 1839.

EXPLICATION DE LA FIGURE.

A est un excentrique monté sur l'axe du dernier mobile sur lequel est également placé le levier CC' (figure 14).

Un levier DD' porte au-dessus de son centre de mouvement une fourchette B dont les branches reçoivent l'excentrique A ; une autre branche oblique E fait corps avec le levier DD', et reçoit par une projection que la figure ne peut montrer, parce qu'elle est placée derrière, une autre partie appartenant aux bras C et C' du levier fixé sur l'excentrique A. C'est le contact de ces deux parties qui détermine l'arrêt du rouage, et les choses sont disposées de manière que la pression de ce levier contre la branche E soit perpendiculaire au rayon passant par le point de contact et le centre de mouvement du levier DD' qui, en outre, doit être parfaitement équilibré.

Au levier DD' sont suspendues deux boules qui doivent donner l'impulsion au pendule.

De chaque côté du levier DD' sont placées deux pièces FF' mobiles autour d'un axe, et dont l'extrémité inférieure porte deux petits plans de repos sur lesquels viennent s'appuyer alternativement les extrémités du levier DD'.

Deux boules II' sont suspendues aux bras GG' des leviers GH et $G'H'$ fixés sur le même axe que les repos F et F', et dont le bras H ou H', plus lourd que le bras G ou G', est logé entre deux goupilles pour limiter le mouvement de ce système.

Enfin, à l'extrémité supérieure du pendule est une traverse *LL* portant à ses deux bouts un plan *K* et *K'* sur lequel reposent alternativement les boules impulsives.

FONCTIONS DE CET ÉCHAPPEMENT.

La figure représente la fin de l'impulsion de droite à gauche donnée par la boule *J* et continuée encore par la boule *I* ; les boules *J'* et *I'* sont déjà soulevées par le plan *K'*.

Le pendule continuant son oscillation de droite à gauche, une portion du poids de la boule *I* va cesser de peser sur lui ; elle entraînera le levier *G* dont la descente fera glisser le repos *F* de dessous l'extrémité *D* du bras de levier qui porte la boule *J* ; le poids de cette boule abaissera alors ce bras *D* et séparera les contacts de la branche oblique *E* et du bras *C*. Le rouage n'étant plus arrêté fera tourner l'excentrique *A* qui, entraînant la fourchette dans son mouvement de rotation, fera faire la bascule au levier *DD'*, dont le bras *D'* vient reposer sur le repos *F'*, au moment où le bras *C'*, ayant fait une demi-révolution, viendra arrêter le rouage, en se reposant sur la branche oblique *E*. Ce renversement du levier *DD'* aura déterminé la hauteur de chute de la boule *J'* dans l'impulsion future de gauche à droite, et relevé en même temps la boule *J* pour préparer l'impulsion future de droite à gauche. On remarquera que l'excentrique *A* ne remplit pas complétement l'intervalle entre les branches de la fourchette *B*. Cette condition a pour but de permettre à la boule *J* le petit mouvement de descente qui amène le dégagement du rouage, mouvement qui ne peut pas être assez grand pour lui faire atteindre le pendule.

Lorsque le pendule aura achevé son oscillation de droite à gauche, il commencera celle de gauche à droite sous l'influence de sa propre pesanteur et de celle des deux boules *I'* et *J'* ; arrivé en un certain point de sa course, la boule *J'* cessera de peser sur lui, et il ne sera plus soumis à d'autre impulsion qu'à celle de la boule *I'*, qui, à son tour, l'abandonnera pour rester suspendue au bras *G'* ; son poids fera alors basculer le repos *F'* qui supportait l'extrémité du bras *D'*. La boule *J'* n'étant plus retenue par la résistance de ce repos, fera faire au levier *DD'* un petit mouvement qui dégagera de nouveau les contacts de la branche oblique *E* et du bras *C* ; le rouage marchera, et avec lui l'excentrique *A* dont le mouvement fera encore faire la bascule en sens contraire à ce levier *DD'* pour le remettre dans la position représentée par la figure, pour déterminer la hauteur de la chute de la boule *J* pour l'impulsion prochaine, et relever la boule *J'* pour préparer l'impulsion suivante.

Pour ne pas compliquer le dessin, je n'ai pas représenté le petit volant placé sur l'axe de l'excentrique.

ISOCHRONISME DES OSCILLATIONS DU PENDULE

PAR M. LOSEBY, HORLOGER, A LONDRES.

M. Loseby a présenté à l'exposition universelle de 1851 plusieurs inventions qui ont fixé l'attention des amateurs et des savants. Nous ne parlerons ici que de celle faite pour arriver à l'isochronisme des oscillations du pendule. Ailleurs nous citerons d'autres choses très-intéressantes faites par lui. Tout en reconnaissant que cette invention porte le cachet dont sont empreintes celles des hommes supérieurs, et qu'elle signale dans l'artiste anglais un talent remarquable, nous ne pouvons nous dispenser de quelques observations sur l'opportunité de l'emploi du moyen en lui-même. Des hommes très-distingués n'ont peut-être pas suffisamment réfléchi avant de se former une opinion à cet égard, parce que des détails pratiques ne sont pas venus jusqu'à eux.

Si l'habile artiste dont nous parlons était Français, ou s'il nous était connu, on pourrait soupçonner nos éloges de camaraderie ou nos observations d'être dictées par un esprit de rivalité ; mais les conditions dans lesquelles nous nous trouvons nous donnent toute latitude pour nous exprimer, sans qu'il soit possible de nous supposer influencé en aucune manière. D'ailleurs l'opinion que nous allons émettre est confirmée par les œuvres des hommes les plus éminents.

On sait que la durée de l'oscillation très-petite d'un pendule libre augmente, par une plus grande amplitude des arcs, de sa huitième partie multipliée par le sinus verse de l'arc, plus une petite quantité négligeable dans l'horlogerie. Dans le pendule appliqué cette quantité est augmentée avec les échappements à repos par la pression que la roue d'échappement exerce sur les repos; l'oscillation est donc plus lente que si le pendule était libre. Avec les échappements à recul très-prononcé, c'est l'inverse : l'action du recul accélère les oscillations, c'est-à-dire qu'elles sont alors plus promptes qu'elles ne le seraient si ce pendule était libre. Inutile d'insister pour faire remarquer que le plus ou le moins de recul, les rapports qui existent dans les proportions des divers organes de la machine, ont une grande influence sur le plus ou le moins d'effet du repos ou du recul.

Dans les pendules dont le moteur est un ressort, la force motrice étant très-variable, l'étendue des arcs varie beaucoup et la marche en est affectée. On a cherché à diverses époques à déterminer un recul moyen qui accélérât les grands arcs d'une quantité égale à celle dont la durée de l'oscillation aurait été retardée par cette augmentation d'étendue. Ferdinand Berthoud, entre autres, dans son *Essai sur l'Horlogerie,* a beaucoup insisté sur cet échappement. Pierre Leroy a combattu cette opinion avec toute sa sagacité, et l'expérience d'un siècle a confirmé son jugement. Toutefois, des échappements à recul, bien entendus et combinés avec la masse du pendule, ont donné pour les usages civils de très-bons résultats.

Dans les pendules à secondes et à poids, on a remarqué parfois des différences dans l'amplitude des arcs d'oscillation, et, partant de ce que l'échappement à recul avait rendu des services pour corriger les inégalités de marche résultant des variations dans l'intensité de la force motrice d'un ressort, on a cru qu'un certain recul dans l'échappement ou un équivalent dans le pendule lui-même améliorerait la marche des pièces dont le moteur est un poids.

On a omis de faire la distinction suivante :

Dans les pendules à ressort il est deux causes d'anomalies principales : les différences dans l'intensité de la force motrice et les influences du rouage et de l'échappement sur la marche ; les premières très-grandes et très-sensibles, les secondes imperceptibles dans l'usage des pendules de commerce, lorsque le rouage est en état.

Les divers moyens employés ont assez bien réussi pour corriger les grandes irrégularités résultant du ressort moteur ; on a pensé qu'ils seraient aussi efficaces pour corriger les petites anomalies remarquées dans les pendules à poids. On a voulu tout voir dans l'étendue des arcs, sans distinguer la cause qui les faisait varier.

La préoccupation a été telle, qu'on n'a pas remarqué que les anomalies des pendules à secondes ne suivaient pas la loi de la différence dans l'étendue des arcs, et qu'alors ce n'était pas là qu'il fallait chercher ni la cause du mal, ni son remède.

On a été conduit à plusieurs combinaisons ayant toutes pour objet de rendre les grands arcs d'oscillation plus prompts que les petits. C'est tantôt par l'échappement qu'on a voulu obtenir la solution du problème, tantôt par la suspension à ames élastiques ; nous ne parlons pas de la cycloïde, dont il ne peut plus être question.

Nous rappellerons plus loin deux des nombreuses tentatives faites avant M. Loseby, celles qui ont le plus de similitude avec la sienne. Voici le moyen qu'il a proposé dans la vue de résoudre la question.

Ce n'est point à l'échappement que cet artiste a demandé l'isochronisme des oscillations du pendule, c'est à un ressort contre lequel le pendule vient se heurter et recevoir de lui une impulsion qui, pendant le temps d'action du ressort, accélère l'oscillation, impulsion qui, établie dans un rapport convenable, produit l'isochronisme des oscillations. Voici la description de son appareil :

La verge du pendule *P* (*fig.* 15) passe dans un anneau *A* formé d'un ressort extrêmement délié, il est excentrique; ainsi dans les oscillations du pendule, la verge *P* touche au ressort *A* d'un côté, et l'élasticité de ce ressort agit comme résistance pour diminuer l'amplitude de l'arc, et comme force motrice pour diminuer le temps de l'oscillation.

On voit par la figure 15 que les choses sont disposées de telle manière, qu'on peut à volonté approcher ou éloigner cet appareil du point de suspension, agrandir ou diminuer le diamètre de l'anneau formé par le ressort, éloigner ou rapprocher le point de contact de la verge du pendule. Ces dispositions permettent de varier à volonté et très-facilement l'action du ressort sur le pendule.

Sans contredit, cette disposition est bien supérieure à divers moyens employés pour arriver au même résultat, tels qu'un certain recul dans l'échappement, parce que ce recul ne peut s'obtenir que par un tâtonnement presque impraticable, et n'est passable que pour des approximations dans l'horlogerie de commerce.

L'isochronisme par l'élasticité des lames de suspension aurait sur l'appareil anglais dont nous parlons, l'avantage d'éviter un point de contact; mais sa mise en pratique présente incomparablement plus de difficulté que celui de M. Loseby. Ici, les retouches, les changements au correctif peuvent se faire même sans arrêter la pièce; là, il faut recommencer un travail considérable à chaque retouche. Simplicité, facilité d'exécution, économie de temps, l'artiste anglais a tout réuni.

Sans doute, si les anomalies dans la marche d'une pendule à secondes et à poids résultaient d'une différence dans l'intensité de la force motrice, ce moyen et d'autres pourraient le corriger. Mais il n'en est pas ainsi, le moteur doit être considéré comme force constante, et il l'est sinon rigoureusement, du moins à un degré d'approximation plus que suffisant.

La différence dans le mouvement diurne, qu'on remarque souvent après un certain temps de marche de la pendule,

vient des changements d'état qui se manifestent dans le mécanisme. L'isochronisme des oscillations du pendule ne peut
corriger ces anomalies lorsqu'elles ont leur source dans l'é-
chappement (p. 39 et suiv.); à la vérité, il pourrait en partie
voiler celles qui proviendraient de vices dans le rouage. Mais
ce serait une mauvaise chose, car la cause ordinaire est une
perte de force résultant de l'altération du rouage. En régula-
risant la marche de la pièce, on laisserait aggraver la détérioration jusqu'à ce qu'enfin elle amenât un arrêt. Tandis qu'il
serait préférable de voir une anomalie avertissant de la correction à faire lorsqu'elle se rencontre dans un vice de l'é-
chappement ou du rouage.

Toutes les fois que des choses de cette nature ont été proposées, on a cherché à prouver leur mérite par des expériences dans lesquelles on faisait plus ou moins varier l'intensité
de la force motrice, qui dans la pratique ne variera pas, tandis qu'il aurait fallu, pour faire des expériences concluantes,
agir de même que le temps procède pour altérer la marche
de nos pièces, faire varier dans des conditions et des rapports
toujours divers l'état des parties frottantes de la machine,
surtout dans l'échappement et ce qui l'avoisine. Ou, en d'autres termes, on démontrait par expérience qu'on était en pos-
session du moyen de rendre isochrones les arcs, dont l'étendue variait par l'inconstance de la force motrice, qui n'existe
pas avec un poids. Tandis que la véritable question pour les
pendules à poids eût été de remédier aux anomalies résultant
du changement d'état des huiles et des parties frottantes, surtout de l'échappement, *changement qui affecte la durée des
oscillations du pendule, abstraction faite de l'amplitude des arcs.*

Ces expériences, dans lesquelles on doublait et triplait le
poids moteur, ont enthousiasmé et fait prendre le change sur
la véritable cause d'irrégularité. C'est toujours une faute de
soumettre une pièce à des épreuves exagérées, en la mettant
dans des conditions dans lesquelles elle ne se trouvera jamais. On cherche une perfection idéale, inutile, et on néglige
celle qui est nécessaire. Nous aurons occasion de l'établir en
parlant des chronomètres dans le volume suivant.

Ce que nous avons dit au sujet de la suspension isochrone, trouve ici son application ; on a cherché à atteindre un même but, le moyen seul est différent.

On dit qu'une pendule de M. Loseby est à l'Observatoire de Greenwich et qu'elle marche très-bien. Nous dirons, nous, ôtez l'appareil, et la pendule marchera tout aussi bien s'il ne sert pas à corriger quelques vices dans le principe de construction de cette pièce. Nous ne connaissons pas cette marche, mais mettez-la près de celles des pendules de Breguet, de Kessels et autres, qui étaient toutes simples, et si la pendule de Loseby n'a pas une supériorité marquée, que pourrait-on en conclure, si ce n'est l'inutilité de l'accessoire?

De ce qu'une pendule munie d'un correctif du genre qui nous occupe marcherait mieux avec cet accessoire que sans lui, ce serait une très-grande erreur de conclure qu'un tel moyen, appliqué aux pendules des artistes que nous venons de citer, en aurait amélioré la marche. Ici, l'art aurait fait ce que le hasard et la nature produisent quelquefois : deux défauts qui se compensent. Et en effet, si cette pendule a une marche médiocre sans le nouvel appareil, elle est inférieure aux bonnes pendules à secondes ; il y a quelques vices qui sont corrigés par cet appareil lorsqu'il y est appliqué. Approuvera-t-on l'introduction d'un vice pour le plaisir de le corriger par un accessoire qui n'a d'autre objet que cette correction? Je ne le pense pas.

Les hommes les plus instruits qui n'ont pas la pratique du métier, et parmi les praticiens ceux qui s'arrêtent à la superficie au lieu de voir le fond des choses, seront toujours séduits par les apparences telles que celles dont on vient de parler, et encourageront des tentatives cent fois reproduites, toujours abandonnées.

Tout en répétant ici notre opinion sur cette question, nous n'entendons nullement diminuer le mérite réel de l'auteur; dans plusieurs circonstances, M. Loseby a fait preuve d'un talent remarquable. Nous le citerons, à l'occasion des balanciers des chronomètres, dans le volume suivant. Son esprit de recherche et de perfectionnement est marqué dans

tout ce qui passe par ses mains. Tout le monde sait qu'il est
des choses qui, sans être en elles-mêmes la perfection qu'on
croit y trouver au premier coup d'œil, ne peuvent être produites que par un talent hors ligne. Exemple : le tourbillon
de Breguet, son échappement libre à force constante, ses
pendules à trois roues et ses pendules sympathiques, ne sont
certes pas des œuvres qu'on voit sortir d'un cerveau sans génie ; mais au fond sont-elles de bonnes choses vraiment utiles ?
Non.

Le problème résolu dans la pendule expérimentée à Greenwich peut être formulé ainsi : appliquer au pendule une force
répulsive augmentant avec l'étendue des arcs dans un rapport variable qui permette d'accélérer les oscillations d'autant
que leur plus grande étendue tendrait à les retarder.

Ce problème occupe depuis longtemps, et sa solution n'est
pas nouvelle comme on va le voir.

En 1787, Ferdinand Berthoud a publié un ouvrage intitulé :
De la Mesure du temps ; il y décrit les moyens par lesquels il
avait aussi résolu le même problème (art. 1 et suivant et
art. 823). Voici la construction de cet auteur.

Dans la fig. 16, P est la verge du pendule, la suspension est à
couteau et le centre de rotation du pendule est en C, peu
importe d'ailleurs les formes. Sur la verge du pendule est
placé un cercle excentrique E, dont le centre est au-dessous du
point C (1). R est un rouleau mis en cage dans une chappe A
qui est portée par un ressort S fixé en un point T de la
boîte ou du mouvement. Ce rouleau R appuie par son propre
poids, et en raison de l'élasticité du ressort, sur le disque
excentrique E. Le pendule oscillant autour du centre C, plus
l'amplitude des arcs augmente plus le rouleau R a d'action
pour repousser le pendule et tend ainsi à accélérer l'oscillation.

Cette construction n'étant possible qu'avec la suspension
à couteau, un artiste français (2) voulut en faire usage avec

(1) Il y a erreur dans la pl. XV de Berthoud ; l'examen du texte l'explique.

(2) Il y a une trentaine d'années que cet essai a été fait, mais c'est à peine si
quelques anciens horlogers s'en souviennent.

la suspension à ressort; il déplaça le petit appareil de Ferdinand Berthoud, le mit à côté du pendule et en ajouta un second de l'autre côté; la figure 16 les représente et explique suffisamment la pensée de l'auteur. M, M sont les deux rouleaux portés par les deux ressorts $S'S'$ fixés à la boîte en T' T'.

On conçoit que ces deux ressorts, munis de leur rouleau, pouvaient arriver exactement au même but que les constructions de M. Loseby.

On voit par cette disposition de Ferdinand Berthoud et par celle du Français qui a suivi ses traces, que, prenant une voie peu différente de celle de l'artiste anglais, les uns et les autres arrivent exactement au même résultat. Ils opposent au pendule une résistance dont ils faisaient varier à leur gré l'intensité, et la mettent au point nécessaire pour accélérer les oscillations du pendule d'autant qu'elles auraient été retardées par la loi naturelle.

Remarquez la date de cette publication, c'est en 1787 (1); depuis lors nombre de tentatives du même genre on été faites; dès quelles ont paru on a cru au prodige qu'elles promettaient, et cependant personne n'a appliqué sérieusement ces correctifs, parce qu'après les avoir essayés et étudiés à fond on les a trouvés dangereux ou tout au moins inutiles dans une pendule *bien construite*, et toutes les excellentes pendules qu'on possède ont montré par leur marche qu'elles n'avaient aucun besoin de telles additions : c'est là l'argument sans réplique.

L'imagination a exagéré à outrance les variations qui peuvent arriver dans l'intensité de la force transmise par un poids moteur ou régulateur ; tandis que les anciens du métier savent qu'il donne toute la régularité désirable, à moins qu'il y ait dans la machine un défaut qu'il faudrait *corriger* et non *compenser* par l'addition d'un mécanisme spécial. Il y a une grande différence entre corriger un défaut et le compenser ou le masquer.

<hr>

(1) Avant cette époque, Pierre Le Roi avait indiqué la suspension, Ferdinand Berthoud l'échappement, comme pouvant arriver à l'isochronisme des oscillations.

Il nous paraît constant que si les savants et les artistes qui se sont prononcés sur les remontoirs, page 9, avaient eu à donner leur avis sur la convenance de rechercher l'isochronisme des oscillations du pendule par des moyens tels que ceux qui ont été proposés à diverses époques, ils en auraient dit autant que des remontoirs; car le but cherché et les moyens de l'atteindre ont la plus grande analogie dans les deux cas. Ils auraient probablement conseillé l'emploi du poids lorsqu'il est possible, et, à défaut, celui de la fusée.

NOTE

SUR LES HORLOGES DE M. VULLIAMY

Horloger aux appointements de la reine d'Angleterre

A LONDRES.

Pendant qu'on faisait le tirage de la première partie de ce volume, j'allai à Londres voir l'exposition universelle des produits de l'industrie. M. Vulliamy m'autorisa à visiter de grandes horloges construites par lui, notamment celle de l'église Saint-Etienne et celle du château royal de Windsor.

Cette dernière avait à frapper sur des cloches très-grandes, éloignées du mécanisme; on ne pouvait les atteindre directement; de là de nombreuses difficultés qui ont nécessité une machine colossale.

La cloche des heures pèse. . . . . 3,568 kilogrammes.
Celles des quarts. 993

Cette machine, ainsi que celle de l'église Saint-Etienne, est réduite à sa plus simple expression, sans que la marche ait rien à regretter de cette simplicité. Nous y avons donc trouvé la confirmation de ce que nous avons dit dans la première partie de ce volume (page 159 et suivantes), lorsque nous avons parlé des proportions de l'échappement.

Dans les horloges de M. Vulliamy, point de remontoir, point d'échappement libre ou autre plus ou moins bizarre, point de pendule compensateur plus ou moins ridicule, comme on en voit tant et tant.

Dans l'horloge de Saint-Etienne, trois cadrans de deux mètres de diamètre donnent l'heure. Il y a plusieurs renvois assez compliqués pour aller mener les aiguilles ; la situation du mécanisme de l'horloge, relativement à celle des cadrans, a nécessité ces renvois. Cette horloge sonne les quarts sur quatre cloches indépendantes de celle des heures ; tout cela marche avec la régularité qu'on verra plus loin, au moyen d'un poids très-léger, de bons engrenages, d'un échappement à chevilles, tout simple, mais dans de bonnes proportions et bien exécuté, d'un pendule, composé d'une règle de sapin vernie, qui neutralise les effets de la température, sinon en totalité, pour les $19/20^{\text{mes}}$ au moins ; la suspension est formée d'une lame élastique, elle est montée sur une vis de rappel pour la faire coïncider exactement avec le point de rotation de la pièce d'échappement.

La fourchette est libre et sans ébat.

Dans des machines donnant un tel degré de précision et pour pouvoir faire des comparaisons exactes, il fallait que la marche ne fût pas interrompue pendant que l'on remonte le poids moteur. On remarque, pour cet objet, que le trou par lequel la clef doit être introduite est fermé ; on ne peut l'ouvrir qu'en mettant en prise le cliquet du levier qui sera décrit plus loin. Ce cliquet pénètre dans les dents d'une roue et fait marcher l'horloge pendant qu'on la monte. Ce moyen, très-praticable pour une grande horloge, est aussi simple que sûr.

La grandeur des cadrans et des aiguilles n'embarrasse pas l'auteur, une horloge semblable à celle-ci est placée dans le château de Dunrobin, au nord de l'Écosse. Elle marque l'heure sur quatre cadrans de $2^{\text{m}}60$ de diamètre. Au lieu de chercher le remède à cette difficulté dans des moyens particuliers, il l'a puisé dans de bonnes combinaisons du tout et dans une exécution fidèle, il arrive à son but et obtient une régularité bien au delà des besoins auxquels la pièce est destinée à satisfaire.

Nous indiquons ces machines comme modèles aux jeunes gens consciencieux qui voudront faire du bon, et non éblouir par ces fadaises qu'on voit chaque jour introduire si mal à propos dans l'horlogerie.

Voici les éléments qui composent l'horloge de l'église de Saint-Etienne de Londres et la marche de cette machine :

Nombres employés pour les roues et les pignons d'une grande horloge marchant huit jours, le pendule faisant une oscillation en deux secondes :

La roue d'échappement porte soixante chevilles et fait une révolution en quatre minutes.

Le pignon de la roue d'échappement a quatorze dents.

La seconde roue est taillée en deux cent dix dents et fait une révolution en une heure.

Le pignon a trente-cinq dents.

La grande roue est taillée en cent soixante-quinze dents et fait une révolution en cinq heures, et trente-huit révolutions pour faire marcher l'horloge huit jours. Si le pignon de la seconde roue portait trente dents et la grande roue cent quatre-vingts dents, celle-ci ferait une révolution en six heures, et trente révolutions suffiraient pour faire marcher la pendule huit jours.

L'axe de la grande roue porte le tambour, auquel est attachée la corde du poids moteur. Ce tambour à 72 centimètres de circonférence.

La verge du pendule est de sapin ; la lentille, de fer fondu, pesant 67 kilogrammes ; et le poids moteur, 20 kilogr. ; l'arc d'oscillation du pendule a 3 degrés de chaque côté de 0.

La distance de l'axe de la pièce d'échappement, au milieu de l'intervalle entre les deux palettes, est de 12 centimètres ; la longueur du pendule étant de 4 mètres à très-peu près, la longueur des leviers est donc environ de 1/33 (1) de

(1) M. Vulliamy, ayant eu la possibilité de raccourcir les leviers de l'échap-

la longueur du pendule. La plupart de nos grandes horloges
en France n'ont guère qu'un pendule de 1 mètre, et des leviers
de 10 et 12 centimètres. Par le seul fait du rapport entre les
deux quantités qu'il a adoptées, M. Vulliamy a réduit des trois
quarts les anomalies de nos machines provenant des différences dans l'intensité de la force motrice, ou de certaines résistances variables qui sont l'équivalent. (*Voir* page 159.)

Les palettes de ses échappements sont formées de parties
d'anneaux d'acier exécutés sur le tour, et appliqués sur des
portions de cercles concentriques à la tige d'ancre, ce qui assure un repos parfait pendant l'arc supplémentaire.

La marche de plusieurs pendules, comme celle décrite ci-dessus, a été suivie très-rigoureusement, et le résultat est que
l'erreur totale de ces pendules, dans un intervalle de huit
jours, a rarement excédé trois ou quatre secondes. Ce degré
de précision n'est-il pas au delà de celui dont le public a besoin ? Et quand on parviendrait, au moyen d'une grande complication, à obtenir une ou deux secondes de moins dans la
différence, il n'y aurait que l'observateur chargé des comparaisons les plus rigoureuses qui pourrait s'en apercevoir ;
la machine, dans son usage, ne présenterait pas la moindre
supériorité au public.

pement bien plus qu'on ne le peut dans d'autres pièces, n'a pas manqué de
le faire. Ce savant artiste a, par son œuvre, confirmé ce que nous avons dit à
ce sujet, et les résultats donnés par ces pièces montrent assez que les principes sur lesquels elles sont construites ne laissent rien à désirer.

Marche de l'horloge de l'église Saint-Etienne de Londres,
du 10 août au 25 septembre 1851.

1851.	Etat de l'horloge sur le temps moyen.	Mouvement diurne.	1851.	Etat de l'horloge sur le temps moyen.	Mouvement diurne.
Août. 10	Mise à l'heure.		Sept. 3	+ 19"	+ 1"
11	0		4	+ 20"	+ 1"
12	0		5	+ 21"	+ 1"
13	+ 2"	+ 2"	6	+ 22"	+ 1"
14	+ 4"	+ 2"	7	+ 23"	+ 1"
15	+ 4"	0	8	+ 23"	0
16	+ 4"	0	9	+ 23"	0
17	+ 5"	+ 1"	10	+ 23"	0
18	+ 5"	0	11	+ 22"	— 1"
19	+ 6"	+ 1"	12	+ 20"	— 2"
20	+ 6"	0	13	+ 21"	— 1"
21	+ 7"	+ 1"	14	+ 20"	— 1"
22	+ 8"	+ 1"	15	+ 19"	— 1"
23	+ 8"	0	16	+ 18"	— 1"
24	+ 9"	+ 1"	17	+ 16"	— 2"
25	+ 10"	+ 1"	18	+ 15"	— 1"
26	+ 11"	+ 1"	19	+ 14"	— 1"
27	+ 12"	+ 1"	20	+ 13"	— 1"
28	+ 13"	+ 1"	21	+ 13"	0
29	+ 13"	0	22	+ 12"	— 1"
30	+ 14"	+ 1"	23	+ 10"	— 2"
31	+ 15"	+ 1"	24	+ 9"	— 1"
Sept. 1er	+ 16"	+ 1"	25	+ 9"	0
2	+ 18"	+ 2"			

Les comparaisons ci-dessus ont été faites à l'aide d'un chronomètre d'Arnold, apporté directement de l'observatoire de Greenwich, avec le plus grand soin ; elles ont été prolongées jusqu'à ce jour (30 janvier 1852) avec le même succès.

Toutes les grandes horloges de l'auteur sont pourvues d'un limbe qui permet de constater exactement l'amplitude des arcs d'oscillation décrits par le pendule, quantité dont on tient compte et qui est notée dès que la pièce est mise en marche, afin de juger exáctement, après un temps, quelle est la quantité d'arc que la pièce a perdue.

Le système de poids de ces horloges est aussi simple que commode pour le varier à volonté (*fig.* 18). *A* est un cylindre en fonte de fer, dans l'axe duquel est fixée une tige de fer *T*

Des rondelles en fonte de fer *R*, représentées en plan et en élévation, entrent par l'entaille qu'on voit dans la figure, se posent sur le poids et s'y fixent par des clefs. Ayant des rondelles de diverses épaisseurs, on arrive à faire exactement la quantité voulue. Le poids de chaque rondelle est marqué sur le bord ; on peut voir, sans rien déplacer, l'état de ce poids, ce qu'on ajoute ou ce qu'on retranche.

Description de l'échappement à chevilles, à leviers mobiles, employé dans la grande horloge du château de Windsor, par M. VULLIAMY.

Quels que soient les soins apportés dans l'exécution d'un échappement à chevilles, on ne peut se flatter que les chevilles porteront parfaitement sur le repos et dans toute leur longueur. Pour éviter que les chevilles portent sur les angles, on est dans l'usage d'arrondir cette partie de telle sorte que la cheville, lors même qu'elle ne serait pas plantée droit, ne touche jamais les angles.

L'horloge du château de Windsor est dans de si grandes proportions, que M. Vulliamy a conçu l'idée de construire un échappement tel que la cheville portât toujours, dans toute sa longueur, sur le repos pendant l'arc supplémentaire, et sur le plan incliné pendant l'impulsion.

Nous étions à Windsor au moment où l'on démontait cette horloge pour la réparer. Elle marchait depuis sept ans sans avoir été nettoyée. Aussitôt que la pièce d'échappement fut levée, nous l'examinâmes ; elle était dans un état de conservation très-remarquable. De temps à autre, de l'huile avait été mise à ces leviers, mais sans démonter la pièce ; l'état de toute la machine l'indiquait assez. Cette conservation parfaite, dans une telle machine, est un fait des plus remarquables ; il serait difficile d'en trouver la cause ailleurs que dans l'ingénieuse disposition qu'on va voir dans la description de cette partie de l'échappement (fig. 17).

A A A est une plaque de laiton fixée sur l'axe de l'échappement et formant l'ancre ; les leviers *L L* ne sont pas comme de coutume fixés sur cette pièce et faisant corps avec elle, ils ont deux mouvements que voici : la partie L de chaque levier est terminée par un cylindre C qui traverse la pièce PP ; elle a, dans le trou qu'elle traverse, la liberté nécessaire pour tourner de 3 degrés environ ; il résulte de ce mouvement possible, que lors même qu'une cheville ne serait pas plantée rigoureusement perpendiculaire au plan de la roue, elle porterait, néanmoins, en plein sur le plan incliné, car sous la pression de la cheville le plan tourne sur lui-même et devient parallèle à l'axe de la cheville ; tandis que dans ce qui se pratique généralement, on arrondit le levier pour éviter que la cheville porte contre l'angle du plan incliné ; mais il résulte de cet arrondi, que la cheville est tangente à une courbe, que le contact a lieu sur un point seulement, et que les destructions sont plus à craindre. Elles le seraient surtout dans une machine aussi puissante que cette horloge, la plus volumineuse de celles qui ont été construites par son auteur.

Après s'être assuré, par ce moyen, que la cheville porterait sur le levier dans toute sa longueur pendant le repos, il fallait nécessairement s'assurer du même effet pendant la levée, c'est-à-dire pendant le temps que la cheville agit sur le plan incliné pour donner l'impulsion. Le moyen suivant a résolu la seconde partie du problème :

Les vis VV traversent des équerres portées par la pièce AAA et faisant corps avec cette pièce. Les pointes de ces vis portent dans des trous pratiqués à la pièce PP, qui peut tourner autour de la ligne VV comme axe. On conçoit, dès lors, que lorsque la cheville arrive sur le plan incliné, si la direction de ce plan n'est pas parallèle à l'axe de la cheville, il prend de suite cette position, et qu'alors, pendant toute l'action de la cheville sur le plan, les deux parties sont en contact dans toute leur longueur, et dans les meilleures conditions possibles, pour éviter la destruction.

R est un ressort traversé par le cylindre C ; l'écrou E appuie sur le ressort, et assure la position constante du plan incliné contre la pièce PP ; CC sont deux petites chevilles qui maintiennent la direction du ressort R.

Description du mécanisme faisant marcher l'horloge pendant qu'on remonte le poids.

Fig. 19. *A* est la grande roue portant le tambour sur lequel s'enroule la corde du poids moteur. *B* est la seconde roue qui fait une révolution en une heure. *C* est une roue sur le même axe que la roue *B*, mais dont la denture est très-grosse. *D* est un levier par l'entremise duquel la marche de l'horloge est entretenue pendant qu'on la remonte.

La direction dans laquelle les roues tournent est indiquée par les flèches.

EF est une barre montée sur le même axe que le levier *D*, la branche la plus courte couvre le carré de remontoir en *E*, l'extrémité de la branche longue porte un poids *F*, et quand il est hors d'action il repose sur la cheville *X*.

Ce mécanisme entretient la marche de l'horloge pendant qu'on la remonte de la manière suivante :

Pour mettre la clef sur le carré qui termine l'axe de la grande roue *A*, il faut dégager la partie *E* de la barre de devant l'extrémité de l'axe ; cela se fait en le soulevant par l'autre extrémité jusqu'à ce que la pointe du levier *D* porté par le même axe, ait atteint le point *P* sur la circonférence de la roue *C*. Nulle difficulté à cela ; car, par la construction du levier, la palette rentre dans le bras qui la porte pour lui permettre de passer les dents de la roue *C*. En rétrogradant de *N* à *P* la palette se trouve engagée dans les dents de la roue, et par l'action du poids *Y* à l'extrémité *F* du levier. La roue est entretenue en mouvement et l'horloge marche, le bout du levier ayant atteint le point *N* il se trouve dégagé de la roue, et l'extrémité *F* tombant sur le support *X*, le bout du carré de l'axe de la roue *A* se trouve couvert par l'autre extrémité *E*. De cette manière la marche de la pendule est maintenue un temps suffisant pour la remonter. Les angles *GOH* et *KOL* étant égaux à l'angle *MOP*, la barre ponctuée représente sa place quand la palette est sur la ligne *OP*. Il faut faire attention que le poids *Y* soit suffisamment pesant pour assurer la fonction.

RR représente le levier *D* en détail.

La palette *R* est retenue en place dans le bras *D* par le ressort en hélice, ce qui lui laisse la liberté de rentrer dans le bras quand on fait rétrograder le levier dans les dents de la roue *C*, et ensuite de le remettre en place et de l'y retenir pendant le temps qu'il est en action avec la roue pour entretenir la marche de l'horloge.

PENDULE ISOCHRONE

DE M. CALLAUD AÎNÉ.

Nous avons cité, page 55, les recherches faites par M. Callaud aîné, pour rendre isochrones les oscillations du pendule. Voici la construction qu'il avait présentée à l'exposition de 1849.

La verge de ce pendule est un châssis d'acier *C.C.C.C. fig.* 20 dans le milieu duquel est suspendue une petite lentille *L* à un ressort *L.A.*; ce ressort est une lame d'acier très-flexible, telle que celle tournée en spirale servant de moteur dans les montres : c'est donc un petit pendule réuni au pendule principal. L'auteur est parvenu à ce résultat; la longueur, la force du ressort formant le petit pendule, et le poids de la lentille étant mis dans un rapport auquel il est arrivé par des expérimentations et des retouches successives, si l'on écarte le pendule principal de la verticale, puis qu'on l'abandonne à lui-même, il oscille et fait osciller le petit pendule.

Après un temps qui ne dépasse guère un quart-d'heure, les oscillations du petit pendule cessent et sa lentille paraît immobile.

Il résulte de là que le ressort formant la verge du petit pendule est courbé par l'oscillation du pendule principal, et d'autant plus que les oscillations de celui-ci sont plus grandes. D'un autre côté, la tendance qu'a le ressort du petit pendule à reprendre sa position rectiligne est, d'une part, une résistance qu'il oppose à l'augmentation d'étendue des arcs, et, de l'autre, une force accélératrice qui agit sur le pendule pour augmenter sa vitesse, et cette force va en croissant avec l'étendue des arcs.

Donc, si par une mise à point, convenable à toutes les parties de l'appareil, on arrive à établir les rapports nécessaires entre elles, on aura résolu la question posée en ces termes : imprimer au pendule une force accélératrice qui abrége le temps de l'oscillation d'autant que sa durée naturelle serait augmentée par une plus grande étendue d'arcs, conditions de l'isochronisme des oscillations

Nous tenons de M. Callaud que la pendule à laquelle il a fait l'application de ce système lui a donné les résultats les plus satisfaisants ; qu'à la vérité la pendule a bien un peu changé de marche après un long temps, comme cela arrive même avec un poids, mais que son mouvement diurne du haut en bas du ressort était le même : qu'ainsi, les anomalies résultant de la différence dans l'intensité de la force motrice étaient corrigées et son but atteint.

M. Callaud fait espérer qu'aussitôt que sa santé le lui permettra, il publiera ce que ces observations lui ont appris dans cette circonstance.

Nous serait-il permis de faire remarquer, en faveur de la construction qu'on vient de lire, qu'ici l'action du ressort a lieu par sa seule élasticité, *sans aucun point de contact;* tandis que dans les constructions faites dans le même but par Ferdinand Berthoud et autres, il y a toujours, ou un contact constant, ou bien alternativement et à chaque oscillation un contact et une séparation de deux points.

Nous avons expliqué, en parlant de l'échappement à vibrations libres, page 45 et suivantes, qu'en pendule surtout, ces contacts étaient une mauvaise chose bien reconnue telle par l'expérience. A ce point de vue, M. Callaud fait un grand pas dans la question.

Lorsque son travail sera publié, on aura toutes les données pour suivre les expériences par lesquelles il est arrivé au ré-

sultat énoncé plus haut, et l'on s'en formera une plus juste idée
que celle qui peut être donnée par un tiers. Il ne restera plus
guère à décider que la question de savoir si l'on doit chercher en cet endroit la source de la régularité de nos pendules.   H. R.

PENDULE COMPENSATEUR

DES EFFETS DE LA TEMPÉRATURE

PAR M. HENRI ROBERT.

Le pendule en laiton et bois de sapin, que j'ai construit il y
a plus de vingt ans, donnait de bons résultats ; son aspect
laissait peu à désirer sous le rapport de la pureté des formes
et de la simplicité. Il était formé d'un tube parallélogrammique
et d'une lentille plate à biseau, le tout en laiton. Dans l'intérieur du tube, une règle en bois de sapin portait la lentille.
Cette construction ne pouvait être exécutée que par un très-
bon mécanicien, outillé convenablement.

Ayant de suite cherché des moyens plus simples d'arriver
au même résultat, je fis la construction suivante en 1835, et
depuis l'année 1836 une pendule à demi-seconde, ayant pour
régulateur un pendule cylindrique tel que celui décrit ici,
marche dans les bureaux de la Société d'encouragement. Je
l'ai employé dans plusieurs pendules à seconde ; il a bien
réussi. Quelques personnes se l'étant attribué depuis, j'ai
cru devoir en donner la description avec la date ci-dessus,
qui montre la priorité en ma faveur. *Fig.* 21. *TT* est un tube
cylindrique en laiton, d'une pièce dans toute sa longueur ;
une boîte cylindrique *L*, dont le centre est formé par un tube
de laiton entrant à frottement gras sur le grand tube *TT*, est
soudée à ce tube. Cette boîte est remplie de plomb soit en
grain, soit fondu. Le crochet de suspension *h* porte une
douille de laiton entrant librement, mais sans jeu, dans le

tube TT; dans cette douille est fixée une tringle en bois de sapin bien choisi et bien sec; la tringle descend jusqu'au bas du tube. Sur la partie inférieure de la tringle est également fixée une douille, formée d'un tuyau rentrant dans le grand tube et portant une pointe pour marquer les degrés sur un timbre : une goupille g traverse le tube extérieur et cette douille; les deux choses n'en forment plus qu'une en ce point.

Pour faciliter le réglage des petites quantités, j'ai placé sur le tube, au-dessus de la lentille, un curseur formé d'un tube t, portant sur une traverse les deux petites boîtes b, b. Ce tube est fendu vers sa partie inférieure; un petit collier et une vis de pression servent à le fixer à la hauteur voulue. Les boîtes sont destinées à recevoir des petits poids, afin de donner toute facilité pour le réglage. On a toujours deux moyens de changer la durée de l'oscillation : en ajoutant du poids ou en montant le curseur, pour faire avancer; en retranchant du poids ou descendant le curseur, pour faire retarder. Plus loin nous reviendrons sur la position du curseur.

La grande simplicité d'exécution de ce pendule, qui est entièrement fait à l'aide de tuyaux tirés au banc et du tour, jointe aux résultats très-satisfaisants que j'en obtiens depuis plus de quinze ans, m'ont décidé à le décrire ici :

La tringle de sapin n'ayant pas de dilatation ou de contraction appréciable dans les changements de température, le point g que traverse la goupille ne s'abaisse au-dessous du centre de rotation du pendule, par une élévation de température, qu'en raison de la quantité dont se dilatent la suspension et le crochet; tandis que le tube TT se dilate à partir du point g, pour se rapprocher du centre de rotation. Pour arriver à une exacte correction, il faut donc que la dilatation ascendante du point g au centre d'oscillation, soit égale à la dilatation descendante des parties que nous avons citées.

Pour une première expérience, on laisse la partie du tube inférieure à la lentille plus longue qu'il n'est nécessaire, ce qui donne un excès de correction; on raccourcit après avoir noté exactement les conditions de la première expérience, puis on fait une nouvelle expérience par des températures différentes, et l'on retouche. Si l'on a bien conduit les deux expériences et qu'on fasse la seconde retouche d'après les indications fournies par la première, on arrivera, à cette seconde retouche, à un degré d'approximation tel, que la différence qui pourrait rester serait inappréciable. Les plus grands détails que nous donnerions ici seraient inutiles aux artistes capables de faire ce travail de réglage, et toujours insuffisants pour ceux qui ne pourraient pas trouver en eux-mêmes le guide qui doit les conduire dans l'opération.

Les dimensions suivantes donnent un pendule réglé; néanmoins, tous les métaux n'étant pas identiques, il convient de faire des expériences sur chaque pendule dont on voudra obtenir la plus grande régularité.

Longueur totale du tube TT	1,140
Distance de l'extrémité inférieure à la partie inférieure de la lentille	0,120
Longueur du cylindre formant la lentille	0,100
Distance de la partie supérieure de la lentille à l'extrémité supérieure du tube	0,920
Diamètre du tube	0,016
Diamètre du cylindre formant lentille	0,060
Diamètre des boîtes $b.b$	0,025
Longueur du crochet de a en c	0,025
Longueur des lames de suspension	0,010

Observation relative au curseur.

Huyghens a donné une théorie du curseur dans son traité : *Horologium oscillatorium, sive de motu pendulorum ad horologia aptato.* Les calculs d'un ordre élevé dont il se sert, ne sont pas de nature à être rapportés ici ; ceux qui voudraient approfondir cette question devront recourir à l'ouvrage. Pour donner seulement une idée de la loi suivant laquelle le curseur agit, nous dirons que dans la 23me proposition de la 3me partie, l'auteur conçoit un pendule composé dont le poids

de la verge serait 1 celui de la lentille 30, et celui du curseur 1. Il calcule ensuite la position que devra occuper ce
curseur sur la verge du pendule, pour le faire avancer de
différentes quantités. Il arrive à dresser la table suivante pour
un pendule battant la seconde, et qui aurait pour longueur
trois unités, qu'il nomme pieds horaires ; il divise le pied en
144 lignes, et ajoute les dixièmes de ligne.

Accélération de l'horloge en 24 heures.	Parties qu'il faut prendre en montant, depuis le centre d'oscillation.
0ᵐ 15ˢ	7ˡⁱᵍ 0
0 30	15 2
0 45	23 7
1 0	32 6
1 15	41 9
1 30	51 7
1 45	62 2
2 0	73 4
2 15	85 6
2 30	99 0
2 45	114 1
3 0	131 8
3 15	154 3
3 30	192 6

Le centre d'oscillation étant au-dessus du centre de gravité de 1 lig. 4.

Il convient de faire remarquer aux horlogers que l'accélération n'irait pas toujours en augmentant à mesure qu'on
élèverait le curseur et qu'on l'approcherait de la suspension,
comme on pourrait le croire à l'inspection de cette table.

Il y a, vers le milieu de la longueur du pendule, un point
maximum d'accélération ; au-dessus de ce point, si l'on élève
ou si l'on abaisse le curseur, on rend les oscillations plus lentes
ou plus promptes. Au-dessous du même point, c'est l'effet
contraire.

Il peut être utile d'éclaircir ceci par la figure 22, soit un
pendule *r o*, dont le centre de rotation est en *r*, et celui d'os-

cillation en o. Un curseur placé en c rendra plus promptes les oscillations propres à ce pendule. Si l'on monte le curseur jusqu'au c', ces oscillations seront encore plus promptes, et placé en a, on aura atteint le maximum d'accélération.

Le point a est à moitié de la distance entre le centre de rotation et celui d'oscillation.

En remontant encore le curseur en un point c'', éloigné de a d'une quantité $= a\ c'$, la durée des oscillations sera la même que celle obtenue lorsque le curseur était en c', et à mesure qu'on approchera le curseur du centre de rotation r, les oscillations du pendule se ralentiront, de même que cela aurait lieu en partant du point a, et en le conduisant vers le point o.

D'après ce qui précède, on voit qu'il convient de le placer curseur dans le voisinage du centre d'oscillation, puisque c'est là que se trouve son maximum d'effet.

Observation sur l'emploi du bois de sapin dans la construction du pendule.

De nombreuses expériences ont montré que la longueur du bois de sapin, pris dans le sens de ses fibres, restait constante, nonobstant les changements de température ; mais d'autres expériences ont fait voir que l'humidité l'allongeait, et qu'ensuite par la sécheresse il revenait à sa longueur primitive.

Si ce changement de longueur, résultant de l'état hygrométrique de l'air, allait à une quantité capable d'altérer la marche de nos pendules, proportionnellement au degré de précision que la machine doit donner, on devrait s'en préoccuper.

Mais comme par la nature des conditions dans lesquelles une horloge se trouve placée, la pièce n'est pas exposée à un tel degré d'humidité, il ne faut pas mettre une grande importance à cette propriété.

En effet, d'après les données que nous possédons à cet égard, quand on évaluerait à une ou deux secondes la différence dont le mouvement diurne d'une horloge de clocher pourrait être affecté si elle passe d'une grande sécheresse à une grande humidité, et réciproquement, malgré le vernis appliqué sur la verge du pendule comme il est expliqué plus loin, et en raison d'une imperfection dans cet apprêt, ce serait sûrement beaucoup (si la verge n'était pas vernie, les différences seraient plus grandes). Sur une pendule à secondes, cet effet serait incomparablement moins sensible ; il peut être regardé comme insaisissable lorsque tous les soins dictés par une bonne pratique ont été mis en œuvre dans la construction du pendule.

Des évaluations tirées de travaux géodésiques dans lesquels on avait reconnu un allongement sensible du bois de sapin sous l'influence d'une très-grande humidité, avaient fait craindre que l'emploi de ce bois dans la construction d'un pendule ne fût pas aussi avantageux qu'on l'avait dit d'abord ; mais l'expérience qu'on a acquise aujourd'hui dans l'horlogerie donne toute sécurité à cet égard.

Cependant, une règle de sapin peut avoir sur la marche d'une horloge un autre effet qui ne suivrait aucune loi constante et qui résulterait de l'état hygrométrique de l'air, le voici :

L'humidité et la sécheresse alternative peuvent déterminer quelquefois dans une tringle de sapin un mouvement de torsion ; il en résulte alors que les surfaces de la lentille changent de position par rapport au plan d'oscillation. Ce fait a été constaté pour des quantités sensibles, on a craint qu'il en résultât une résistance variable de la part de l'air et que la durée des oscillations en fût affectée.

On ne s'est pas mis en peine de déterminer la valeur de cette cause d'anomalies, d'abord parce qu'elle est très-minime, et ensuite parce qu'elle ne serait pas la même dans deux tringles différentes. Ayant un moyen simple et qui ne coûte presque rien pour parer à cet inconvénient, on en a fait l'application. Il consiste à bien sécher le bois, à l'imprégner d'huile siccative, à le laisser sécher et à le vernir ensuite. Dans cet état il n'absorbe plus l'humidité de l'air, et la torsion ni l'allongement ne sont plus à craindre.

La forme cylindrique substituée à celle lenticulaire dans la
masse qui termine le pendule à sa partie inférieure a le double avantage de rendre, dans quelques cas, l'exécution très-
facile et de neutraliser les effets de torsion s'il en est resté
des traces ; aussi, cette forme est maintenant assez souvent
employée, notamment par les Anglais dans leur pendule à
mercure.

On est bien revenu de l'importance que l'on a mise dans
un temps à l'emploi d'une masse lenticulaire, pour la pièce
qui porte aujourd'hui le nom de lentille, quelle que soit,
d'ailleurs, sa forme. En effet, l'expérience a montré que dans
l'application il n'y avait pas de différence laissant la moindre
trace dans la marche de la pièce, et que le calcul seul pouvait découvrir des quantités atomistiques qui seraient dues
à l'emploi d'un cylindre ou d'une sphère substituée à la
lentille.

On a encore objecté que la torsion d'une tringle ne pouvait avoir lieu sans un raccourcissement. Cela est vrai, mathématiquement, mais qu'on expérimente, et l'on trouvera
que par une torsion bien plus grande que celle qui est naturellement possible dans une tringle bien choisie et même
sans qu'elle soit apprêtée, comme il est dit plus haut, la tringle ne changera pas de longueur de la dixième partie de celle
qui est nécessaire pour faire varier la pendule d'un dixième
de seconde. Nous n'en sommes pas encore arrivés à compter
de telles fractions.

Les changements dans l'état hygrométrique de l'air ont
une autre influence positive sur la marche de nos pendules,
elle n'est sensible que par des observations rigoureuses. Elle
est produite, dans les moments de dégel, par une couche de
vapeur d'eau qui vient se condenser sur la verge du pendule,
comme on en voit en si grande quantité sur les murs. Cette
vapeur condensée sur toutes les parties du pendule, et notamment sur la verge, produit le même effet qu'un poids
s'ajoutant à celui de la verge et changeant la position du
centre d'oscillation. Tous les pendules sont sujets à cet inconvénient. On évite une grande partie de ces effets en diri-

geant convenablement le chauffage des appartements et en fermant le mieux possible la boîte de la pendule (1).

On voit, par ce qui précède, que si le bois de sapin n'est pas exempt de quelques inconvénients, ils sont du moins réduits à des proportions inoffensives ; l'expérience l'a suffisamment montré ; aussi, on le considère comme très-propre à entrer dans la construction d'un pendule pour en former cette partie si importante de la machine. Là, comme en toute chose, l'intelligence de celui qui exécute sera pour beaucoup dans les résultats obtenus.

———

Observations sur le pendule à mercure comparé à celui à grille, par M. Kessels.

M. Kessels a donné dans le numéro 636 du journal astronomique d'Altona, publié par M. Schumacher, une note qui a pour objet d'établir, sous un point de vue, la supériorité du pendule compensateur à grille sur celui à mercure, qui est généralement employé en Angleterre. L'auteur considérant que dans les appartements chauffés en hiver, la température n'est pas la même à des hauteurs différentes, dit que la partie supérieure de la verge du pendule étant à une température

---

(1) Une boîte de pendule n'étant pas hermétiquement fermée, lorsque l'air contenu dans son intérieur éprouve une élévation de température, il se dilate et par conséquent il en sort une quantité. Réciproquement, lorsque la température de cet air s'abaisse, il y a condensation, et l'air extérieur entre pour remplir l'espace laissé vide par la condensation de l'air intérieur.

Mais tant qu'il n'y a pas de changement de température, il n'y a pas de déplacement d'air.

Dans le Bulletin de la Société d'encouragement, de l'année 1834, nous avons indiqué un moyen d'éviter dans les globes de verre qui couvrent nos pendules le renouvellement de l'air par les changements de température et l'introduction de la poussière et de l'humidité qui en résultent. Le même principe pourrait être appliqué à la fermeture hermétique des pendules à secondes, en employant des formes appropriées à la disposition des boîtes de ces machines.

plus élevée que celle à laquelle se trouve exposé le mercure formant la lentille, celui-ci ne peut se dilater de bas en haut de la quantité nécessaire pour compenser la dilatation de la partie supérieure de la verge du pendule qui s'est effectuée de haut en bas.

Il en conclut que, dans ce cas, la pièce prendra du retard sur la marche qu'elle aurait eue si l'élévation de la température eût été uniforme dans tous les points de la hauteur. Sous ce rapport, il donne la préférence au pendule à grille, en disant que si la température n'agit qu'en un point de la hauteur pour produire un changement de marche, il y a à cette même hauteur le correctif qui agit en sens inverse pour compenser.

M. Kessels admet en outre que, pour régler une compensation, on ne peut faire usage que de la chaleur artificielle, qui, selon lui, ne peut être uniforme dans toute la longueur du pendule, et que dès lors les observations doivent être fautives. Telles sont les deux objections que fait l'artiste cité contre le pendule à mercure. La première est incontestable, quant à la seconde, nous pensons qu'il n'est pas bien difficile d'avoir une température sensiblement uniforme dans toute la hauteur du pendule, en employant une étuve dans laquelle la chaleur serait produite par le bas, et réglée à diverses hauteurs par des courants d'air bien distribués.

Nous ferons remarquer que le mode de chauffage des appartements a une très-grande influence sur le rapport qui existe entre différentes températures qu'on observe aux diverses hauteurs d'un appartement. Une pièce chauffée par une cheminée le sera plus uniformément que celle chauffée par un calorifère à air chaud. La forme de la cheminée, les conditions de ventilation de l'appartement, seront encore pour quelque chose dans les différences qu'on remarquera dans plusieurs pièces comparées entre elles.

M. Kessels a rendu service à l'horlogerie en appelant l'attention des artistes sur un fait assez important, et qui paraissait peu apprécié.

FOURCHETTE MOBILE
DE HENRI ROBERT.

Description d'une fourchette simple à mouvement circulaire.

Dans la fig. 23, *a b* est le corps de la fourchette, *p p* est un plateau mobile, faisant corps avec le centre *c* qui traverse la partie inférieure de la fourchette. A 6 millimètres du centre est fixée la tige cylindrique *f*. Le plateau *p p* tournant sur son centre, le fourchon tourne en même temps. A 90° du point où la figure le représente, il se trouve dans la verticale, puis si on continue à tourner encore de 90° il arrive du côté opposé à celui où il était, et au point qui en est le plus éloigné. Pendant que ce fourchon a parcouru un espace de 12 millimètres, un point pris à la circonférence du plateau a parcouru une demi-circonférence; il a donc été très-facile de déplacer le fourchon de petites quantités successivement. C'est précisément là l'effet qu'on produit avec les fourchettes, dans lesquelles les fourchons sont portés par un chariot mu par une vis de rappel.

Le plateau *p p* est croisé à quatre barettes comme le serait une roue, afin de lui donner toute la légèreté possible; il est moleté sur la circonférence, pour avoir la prise nécessaire pour le faire tourner, et un petit contre-poids, porté par la fourchette, tend à faire appuyer constamment le fourchon contre le pendule.

L'action de cette fourchette est la même que si elle embrassait le pendule. D'un côté, la force du rouage s'ajoute à la masse du contre-poids de la fourchette, qui tend à pousser le pendule; et de l'autre côté, l'action du rouage diminue la résistance qu'oppose le contre-poids d'une quantité égale. D'où il résulte que la force transmise au régulateur en deux oscillations est exactement la même que celle qui le serait par la fourchette agissant également des deux côtés et sans le moindre ébat.

Au lieu de faire agir seulement d'un côté, et de deux oscillations l'une, on peut la faire agir à chaque oscillation, sur un pendule dont la verge est plate, en pratiquant une entaille pour son passage, ou bien dans un châssis formé de tringles, en faisant passer le fourchon entre deux cylindres.

LA DÉTENTE SUR PIVOTS

COMPARÉE A CELLE A RESSORTS

DANS LES ÉCHAPPEMENTS DES CHRONOMÈTRES.

En attendant que la comparaison des deux systèmes de détente soit traitée ailleurs avec les développements dont elle a besoin, comme le rapport fait à la Société d'encouragement, transcrit page 267, indique que je donne la préférence à la détente sur pivots, comparée à celle à ressort dans l'échappement des chronomètres, il est bon de répéter ici les motifs donnés, en peu de mots, dans la description de mes montres marines, qui se trouve dans le *Bulletin de la Société d'encouragement*, année 1846. Cette question a, du reste, beaucoup d'analogie avec celle de la suppression de la tige d'ancre en pendule, traitée page 67.

« Deux systèmes de détentes partagent les artistes : l'un est nommé *détente sur pivots*, et l'autre *détente à ressort*. M. Henri Robert préfère la détente sur pivots, parce qu'elle coûte moins de force au balancier pour dégager la roue ; ainsi, toutes choses égales d'ailleurs, le balancier est plus libre et l'étendue des arcs de vibration est plus grande.

« Les horlogers qui emploient la détente à ressort ont souvent objecté, contre celle sur pivots, que les frottements des deux pivots de plus, et l'action de l'huile à ces pivots *devant être variables*, changeaient la résistance qu'elle oppose au balancier et, par conséquent, devaient faire varier la pièce.

« Une longue expérience a démontré que la détente sur pivots n'a pas cet inconvénient. Deux faits suffisent pour le prouver :

1° l'huile mise aux pivots de la détente se conserve mieux qu'en tout autre point de la machine; à la longue la marche de la pièce est déjà notablement affectée par l'épaississement de l'huile aux différents mobiles, lorsque cet épaississement est à peine sensible aux pivots de détente et ne produit encore aucune résistance; 2° les pivots de détente n'éprouvent jamais les altérations auxquelles sont sujets tous les autres pivots du rouage, aussi les horlogers habiles n'y mettent pas de trous en pierres. C'est sans doute parce que ces pivots travaillent dans des conditions toutes différentes de celles dans lesquelles se trouvent les autres pivots du rouage que cette différence a lieu dans les résultats. Ces faits n'ont pas été remarqués par ceux qui n'emploient pas cette détente. Ainsi, d'une part, le défaut qu'on reproche à la détente sur pivots d'être sujette à l'épaississement de l'huile n'existe pas, et, de l'autre, elle jouit du grand avantage de laisser au balancier plus de liberté que ne le ferait la détente à ressort. »

Il y a une très-grande différence entre les pivots d'un mobile faisant partie du rouage recevant la force motrice d'un des organes de la machine pour la transmettre à un autre, et les pivots d'une pièce qui est en dehors du rouage n'ayant aucune force à communiquer, servant seulement au contact d'un mobile, n'éprouvant ni une grande pression ni une grande vitesse angulaire, cette pièce n'ayant presque pas de masse par elle-même.

C'est en raison de cette différence que, par le travail de la machine, les huiles s'altèrent au rouage incomparablement plus qu'à la détente où elles n'ont pas d'effet sensible. Quand les partisans de la détente à ressort voudront examiner ce fait, ils ne feront plus d'objection contre la présence des deux pivots. Toutefois nous conviendrons que cette objection était toute naturelle, et que l'étude pratique des faits signalés ici pouvait seule la réfuter.

« Entre autres expériences pour déterminer le mérite respectif des deux systèmes, M. Henri Robert les a adaptés alternativement à des chronomètres disposés exprès, toutes choses tant d'ailleurs les mêmes, et il a reconnu que l'amplitude des arcs du balancier était plus grande avec la détente sur pivots qu'avec celle à ressort. (1) Ces expériences ont été d'accord avec une démonstration géométrique. Pour juger de l'influence de l'épaississement de l'huile, il a fait marcher des pièces en mettant à la détente des huiles épaissies ; il en a même fait marcher sans huile, graissant seulement pour éviter l'oxydation. C'est après avoir employé concurremment les deux systèmes de détentes, pendant dix ans, qu'il s'est convaincu du peu de fondement des objections contre la détente sur pivots, et qu'il lui a donné la préférence. Toutefois il est le premier à reconnaître que l'une et l'autre donnent d'excellents résultats ; mais ce qu'il conteste formellement, ce sont les objections ci-dessus faites contre la détente sur pivots, qui n'ont pas le moindre fondement. »

Les Anglais, très-partisants de la détente à ressort, inventée par leur compatriote Arnold, commencent à reconnaître la supériorité de celle sur pivots. Un artiste auquel les horlogers de Londres accordent un grand mérite, M. James Cole, préfère la détente sur pivots à celle à ressort.

* * *

ALTÉRATION

REMARQUABLE DE L'HUILE.

Après avoir fait une expérience sur différentes huiles que j'avais mises sur des plaques, pour les comparer à des huiles connues, l'une des plaques fut mise dans une boîte de bois de noyer, sans que je m'en occupasse autrement, et malheureusement sans que j'eusse fait attention à ce qui avait été dans cette boîte avant d'y mettre la plaque.

---

(1) Les expériences comparatives dans cette matière sont fort délicates. Nous expliquerons ailleurs comment nous sommes parvenu à rendre appréciables des quantités qui auraient échappé aux observations ordinaires.

Ayant eu l'occasion d'ouvrir tout récemment la boîte dans laquelle les huiles étaient depuis six ou sept mois, je les ai trouvées toutes entièrement durcies ; et cependant il y en avait que je connaissais, et qui ne pouvaient avoir été ainsi altérées que par une influence étrangère et accidentelle, puisqu'elles étaient bien connues et s'étaient parfaitement conservées dans d'autres expériences.

En nombre de circonstances j'avais reconnu que les émanations auxquelles l'huile est exposée avaient une action marquée sur sa conservation, et pouvaient la faire épaissir plus promptement que cela n'aurait eu lieu si elle n'eût pas été exposée à ces émanations ; mais jamais je n'avais eu l'occasion d'observer un fait aussi grave. Je ne puis l'imputer qu'aux substances qui auraient été dans cette boîte à une époque plus ou moins reculée, et il m'est impossible de me les rappeler.

Ceci est un exemple, utile à noter, de ces altérations promptes des huiles dans un cas qu'on ne peut ni prévoir ni déterminer d'avance. On voit par là combien il faut de réserve, de précaution dans les expérimentations pour porter un jugement sûr, comme je l'ai dit si souvent dans ce volume.

Extrait du Bulletin de la Société d'encouragement pour l'in dustrie nationale. (Séance générale du 18 février 1846.) — Rapport au nom du comité des arts mécaniques, par M. *le baron* SÉGUIER.

MÉDAILLE D'OR. — « M. *Henri* ROBERT, encouragé, je dirai même stimulé par les récompenses élevées qu'il a déjà reçues de vous pour ses travaux en horlogerie civile, a voulu bien mériter aussi de la Société d'encouragement par des services rendus à l'horlogerie de haute précision ; c'est ainsi que les montres marines sont devenues le but de ses travaux.

« Pour arriver sûrement à de bons résultats, M. ROBERT a

étudié consciencieusement la construction des chronomètres ;
il s'est bien rendu compte des fonctions de chaque organe,
de l'influence particulière de chacun d'eux sur la marche de
la montre ; il a cherché s'il n'était pas possible d'obtenir des
effets sûrs d'appareils d'une construction simple : c'est cette
pensée qui lui a fait donner, dans le choix définitif de son
calibre, la préférence au simple barillet denté.

« Voici les principales dispositions de ses pièces marines :
une platine unique, sur laquelle se fixent plusieurs ponts, sert
de base à tout le rouage, qui se trouve ainsi à découvert ; un
barillet, dont le diamètre et la hauteur ont été l'objet de nombreux essais, emmagasine la force motrice ; l'arrêt du remontoir, du genre de ceux dits *en croix de Malte,* est placé dans
des conditions géométriques qui lui permettent d'opérer la
plus énergique résistance, sans crainte de détérioration ; les
ponts sont coulés en un alliage de 90 de cuivre sur 10 d'étain.
La bonté de ce métal, la facilité avec laquelle il se travaille,
rendent ces ponts très-solides et d'une construction prompte.
La roue d'échappement, en cuivre bien choisi et très-écroui,
est dégagée de façon à être la plus légère possible. M. Robert
a très-bien compris que cet organe, passant incessamment de
l'état de repos à l'état de mouvement, devait, par sa légèreté
même, éviter les pertes de force qui résulteraient de l'inertie
de sa masse, nécessairement vaincue à chaque pulsation,
comme aussi les causes de destruction qui arriveraient infail-
liblement par suite des chocs des palettes de cette roue contre
le pilier d'arrêt, si la vitesse acquise pouvait s'emmagasiner
dans une masse de métal de quelque importance.

« La détente dont M. Robert a fait choix est celle à pivots ;
il pense que les anomalies qui peuvent résulter du changement de nature des huiles aux pivots de cet organe sont bien
compensées par la plus grande facilité d'exécution et de
régularité des fonctions de cette partie importante de l'instrument (1).

(1) Voir dans la description insérérée dans le *Bulletin de la Société d'encouragement,* année 1846, les motifs de la préférence donnée à la détente sur
pivots sur celle à ressort, faite selon la manière anglaise, et plus haut, page 263.

« Son système est simple et d'un maniement facile. Lors du démontage, un ressort d'entrave fonctionnant spontanément et par le seul fait du dévissage de la vis du coq, prévient les accidents possibles pendant les nombreux maniements du balancier indispensables pour arriver à une marche approchée de la perfection.

« Une pièce, dite pont *garde-balancier,* concourt aussi à rendre la mise en place du balancier plus sûre et plus expéditive; ce pont est comme une troisième main qui vient soutenir le balancier pendant que l'on tient la montre de la main gauche, et que la main droite apporte le coq à sa place.

« Enfin, l'emboîtage et le déboîtage du mécanisme s'opèrent sans qu'on soit obligé de démonter aucune partie.

« M. ROBERT, après de nombreuses modifications à son calibre, est enfin satisfait de son œuvre : ceux pour qui la rigoureuse mesure du temps est une nécessité impérieuse, peuvent aussi partager son contentement, car des marches remarquables, constatées par l'Observatoire royal, sont la preuve la plus irréfragable que le succès a couronné les efforts de M. ROBERT. Une médaille d'or lui a été décernée à la dernière exposition. Vous serez heureux de pouvoir joindre vos suffrages à ceux obtenus de juges aussi scrupuleux que ceux qui composaient le jury central.

« Cette parité de jugement favorable sera pour M. ROBERT la récompense de ses persévérants travaux, que le conseil d'administration a couronnés, en lui décernant une médaille d'or. »

Extrait du rapport du jury central de l'exposition de 1834. — Horlogerie de haute précision.

« Le jury voit avec satisfaction les fruits de l'émulation qui s'est emparée des artistes en chronomètres. Un abaissement notable de prix (1) dans cette branche d'horlogerie, de pre-

(1) Le prix de 1,000 fr., indiqué par moi, était le plus bas ; on voyait ensuite des chronomètres à 1,250 fr., et au delà.

mière nécessité pour la navigation au long cours, permettra désormais aux armateurs de généraliser l'emploi des montres marines sur tous leurs navires. La qualité de ces produits n'a point eu à souffrir de cette diminution dans la valeur de leur main-d'œuvre. Des simplifications suggérées par une discussion plus judicieuse et plus approfondie de chacune des parties (1), l'abandon d'un luxe d'exécution complétement inutile, l'emploi enfin de quelques machines accélératrices, ont procuré cet important résultat.

« Le nombre des concurrents dans cette branche si difficile de la rigoureuse mesure du temps s'est accru depuis la dernière exposition. Commençons à payer notre dette de reconnaissance à ceux qui ont si bien continué à se montrer à la hauteur des récompenses de premier ordre dont ils ont été honorés. Nous nous plairons ensuite à signaler les efforts plus récents suivis d'incontestables succès. »

(Suivent les rappels de médailles d'or décernées aux expositions précédentes.)

MÉDAILLE D'OR. — « A cette liste d'habiles constructeurs de chronomètres, nous sommes heureux de pouvoir ajouter le nom de M. *Henri* ROBERT; pour être entré plus tard dans l'arène, cet horloger n'en a pas moins cueilli les plus honorables palmes. Récompensé par une médaille d'argent en 1834, pour les perfectionnements qu'il avait apportés à l'horlogerie civile, une seconde médaille d'argent lui a été décernée en 1839 pour ses pièces de haute précision. Depuis cette époque, M. ROBERT s'est livré à de consciencieuses études sur la composition la plus convenable du mécanisme d'un chronomètre ; la nature des fonctions de chacun de ses organes a été l'objet d'observations toutes spéciales pour en assurer la durée et la régularité. C'est ainsi que, par un travail soutenu, il a perfectionné des œuvres déjà fort remarquables. Le succès qui a

____

(1) Toutes les personnes qui ont examiné mes chronomètres les ont reconnus beaucoup plus simples que tout ce qui avait été fait jusqu'alors. (*Voir quelques détails dans le Rapport fait à la Société d'encouragement. — Bulletin de février* 1846.)

couronné ses efforts est attesté par la belle marche de ses
montres marines à l'Observatoire. L'administration de la
marine a fait choix de plusieurs de ses chronomètres, sortis
victorieux de la difficile épreuve du concours. Le jury juge
M. *Henri* ROBERT digne de la médaille d'or. »

---

*Extrait d'un rapport, fait à la Société de géographie, sur les
appareils cosmographiques de M. Henri* ROBERT ; *par M. Cor-
tambert.* (Juin, 1851.)

Après avoir fait l'énumération, et indiqué le parti que l'enseignement peut tirer de ces appareils, le rapport est terminé
par le passage suivant :

« J'ai examiné, Messieurs, ces appareils avec toute l'attention que me commandait la mission qui m'était confiée, avec
tout l'intérêt que m'inspire la cosmographie, cette noble sœur
de la géographie. Je vous propose d'accorder le précieux
encouragement de votre approbation au savant et modeste
inventeur, qui a montré dans ces travaux une grande sagacité, une connaissance approfondie des mouvements du système solaire, et qui a rendu un service incontestable à l'enseignement de la jeunesse. »

Deux rapports faits à la Société d'encouragement pour
l'industrie nationale, en mai 1850 et mai 1851, ont également
approuvé ces appareils qui sont déjà employés dans les premiers établissements d'éducation, et que plusieurs ouvrages
très-sérieux ont cités.

*Marche d'un chronomètre numéro **80**, de M. **Henri Robert**, constatée à l'Observatoire de Paris, du **21** novembre **1838** au **18** mai **1840**.*

Le mouvement diurne moyen a été :

En novembre 1838 de	— 2",15	En septembre 1839 de. — 1",71
décembre » . .	— 2",26	octobre » . . — 1",24
janvier 1839 de. .	— 1",90	novembre » . . — 0",52
février » . .	— 1",46	décembre » . . — 0",14
mars » . .	— 0",87	janvier 1840 de. . — 1",18
avril » . .	— 0",84	février » . . + 0",05
mai » . .	— 0",65	mars » . . — 0",68
juin » . .	— 1",38	avril » . . + 0",69
juillet » . .	— 1",55	mai » . . + 0",70
août » . .	— 1",74	

Les calculs faits par les astronomes de l'Observatoire pour déterminer le degré de précision avec lequel ce chronomètre aurait donné la longitude en mer après trois mois de traversée, ont fourni les résultats exprimés en temps dans la première colonne du tableau suivant, et en lieues marines dans la seconde.

		Temps.	Lieues.
Du 21 novembre 1838 au 21 février 1839,	92 j.	+ 0',15",9	1,33
22 décembre » » 22 mars »	90 j.	+ 1', 7",7	5,60
22 janvier 1839 » 22 avril »	90 j.	+ 1',14",2	6,12
11 mars » » 11 juin »	92 j.	+ 0',18",3	1,44
10 mai » » 10 août »	92 j.	+ 0',33",3	2,64
1er juin » » 1er sept. »	92 j.	+ 0',36",6	2,88
28 juillet » » 28 octob. »	92 j.	+ 0', 3",1	0,24
30 octobre » » 23 janvier 1840	85 j.	+ 0',35",8	2,80
26 mars 1840 » 5 avril »	50 j.	+ 0',33",1	2,62

Dans une série de 11 chronomètres du numéro 80 au numéro 90 inclusivement, six ont été acquis par la marine de l'État, après épreuve à l'Observatoire. Ces chiffres réduisent à leurs justes valeurs certaines insinuations.

TABLE DES MATIÈRES.

PREMIÈRE PARTIE.

FAUTES A CORRIGER.

Page   5, lig. 2, après 1673, *ajoutez :* il publia son savant ouvrage sur
l'application du pendule à l'horloge ; il y décrit un
remontoir qu'il a employé.

»   22,   » 6, entre une telle pendule, *lisez :* entre une pendule
bien construite.

»   29,   » 16, systématiques, *lisez :* systématiquement.

»   31,   » 7, propres à corriger l'inégalité du, *lisez :* propres à
corriger les anomalies résultant du.

»   39.   » 28, est au poids, *lisez :* est un poids.

» 165,   » 15, est la seule, *lisez :* paraît être la seule.

» 185,   » 9, *supprimez* l'agrandissement des trous.

» 213,   » 2, quatre ou cinq, *lisez :* de sept à neuf.

» 223,   » 4, *lisez ainsi :* qu'il suffit d'indiquer, inutile de la
réfuter. Dans quelques exemplaires il manque
deux mots.

» 228,   » *au bas,* Remontoir par M. Brocot, *ajoutez :* fig. 12.

» 235,   » après la onzième ligne, *lisez :* l'échappement de
M. Vérité a fixé l'attention de plusieurs artistes,
qui ont cherché à le modifier. Un Anglais l'a présenté à l'exposition de Londres en 1851 ; les mots
invenit et *fecit* suivaient son nom, que nous ne
reproduisons pas.   (H... R...)

» 247,   » *dernière ligne,* pour le varier à volonté, *lisez :* pour
varier à volonté sa masse.

» 250,   » 28, N, *lisez :* M.

TABLE DES PLANCHES

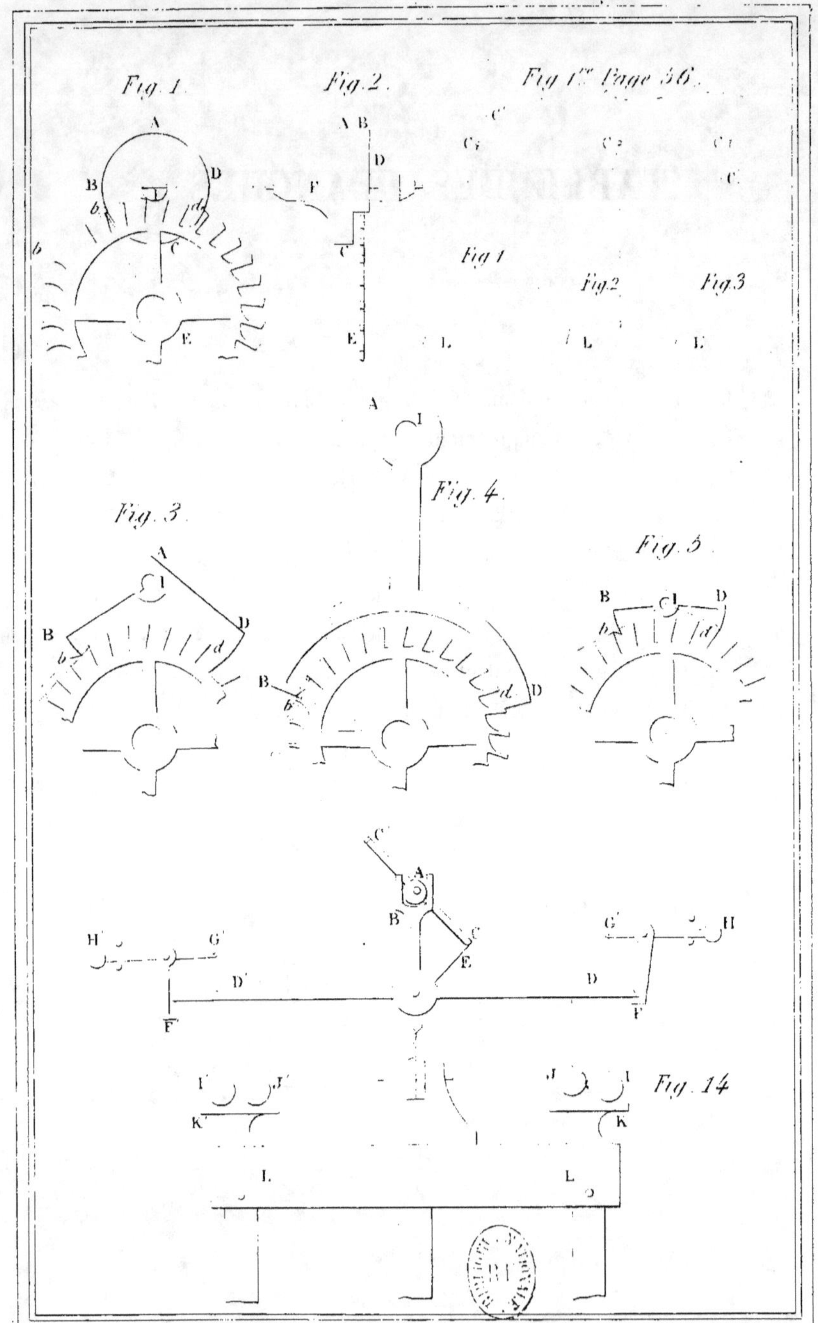
Fig. 1
Fig. 2
Fig 1ʳᵉ Page 56
Fig 1
Fig 2
Fig 3
Fig. 4
Fig. 3
Fig. 5
Fig. 14

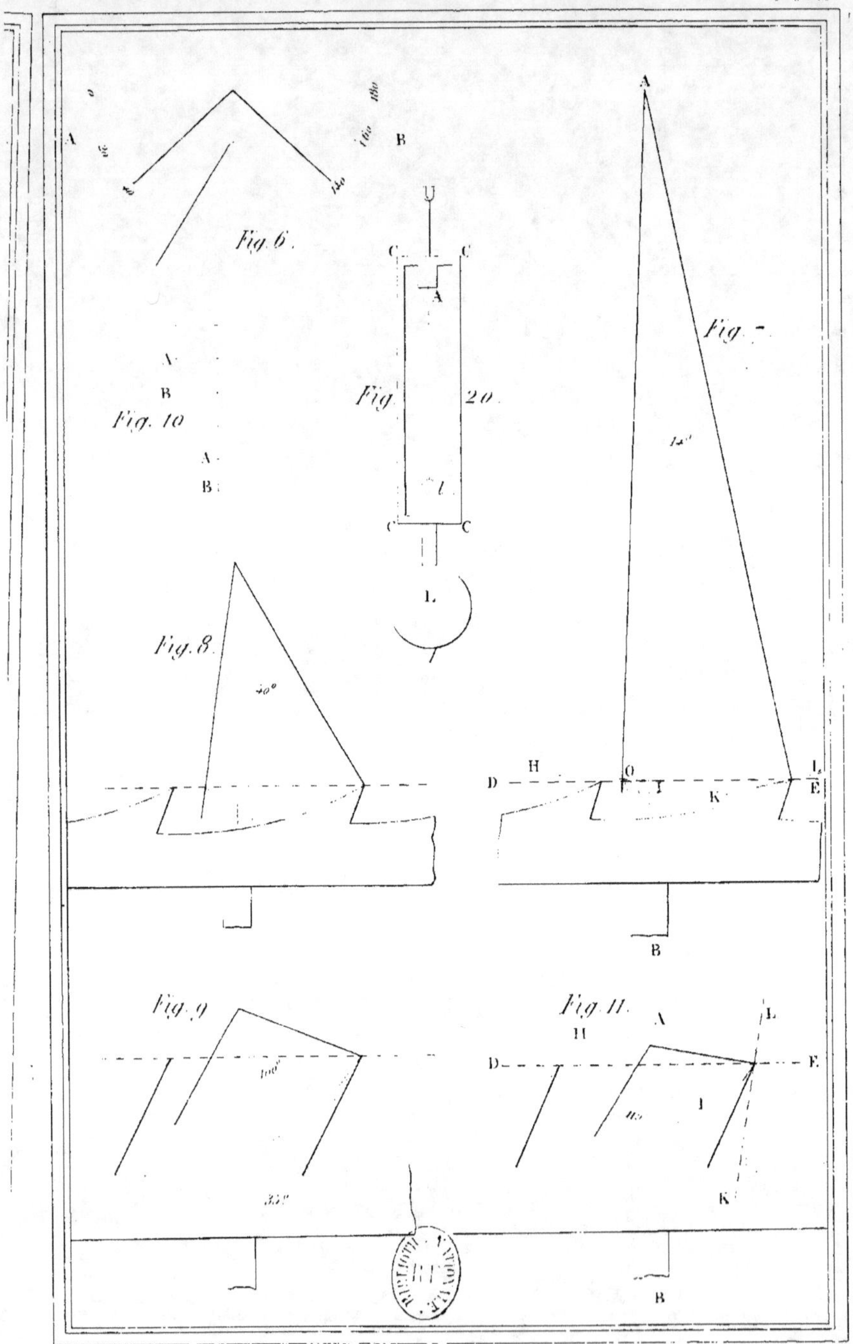
Fig. 6.
Fig. 7.
Fig. 8.
Fig. 9.
Fig. 10.
Fig. 11.
Fig. 20.
A
B
C C
C C
U
L
l
A
D H O I K L E
B
D H A L E
I
K
B

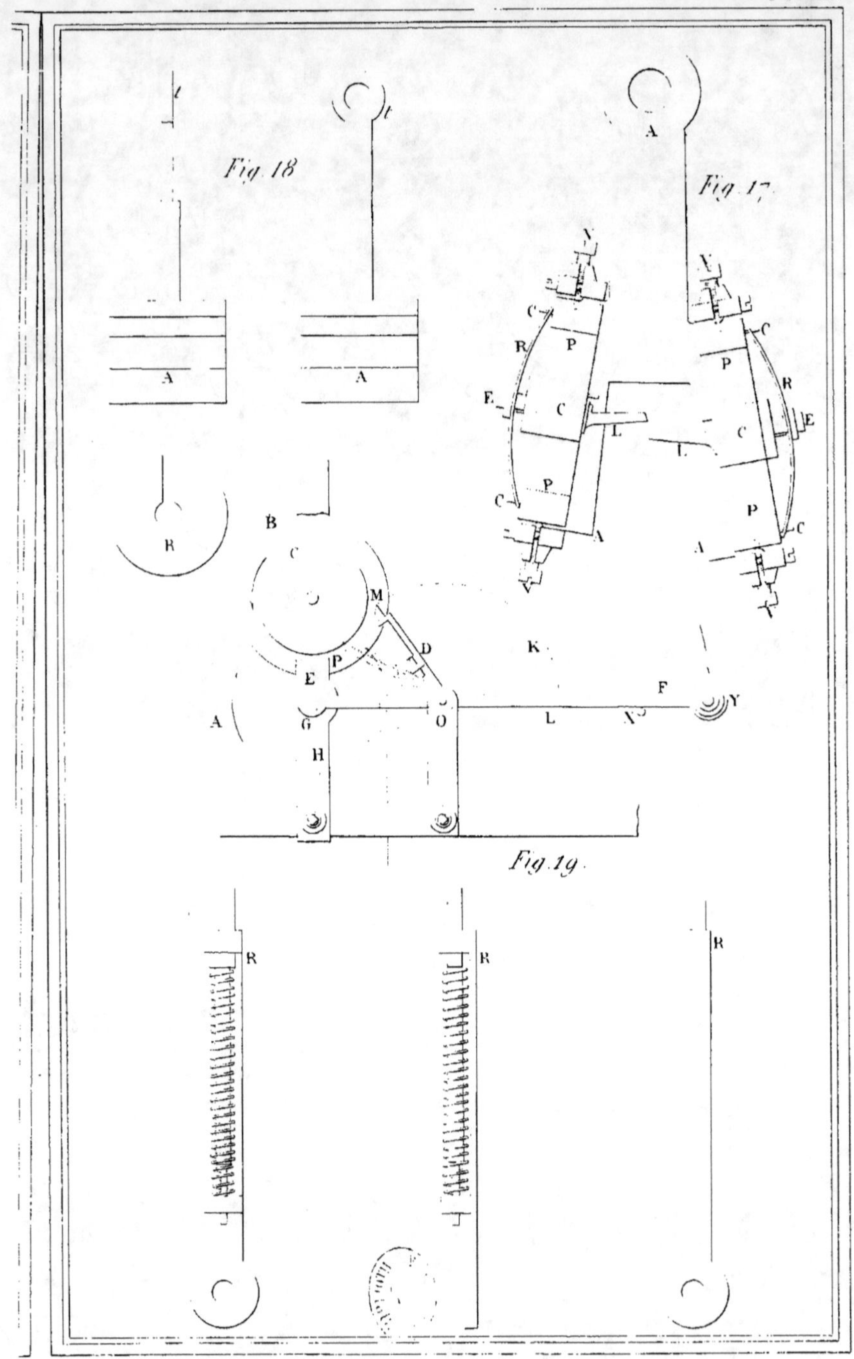
Fig. 18
Fig. 17
Fig. 19

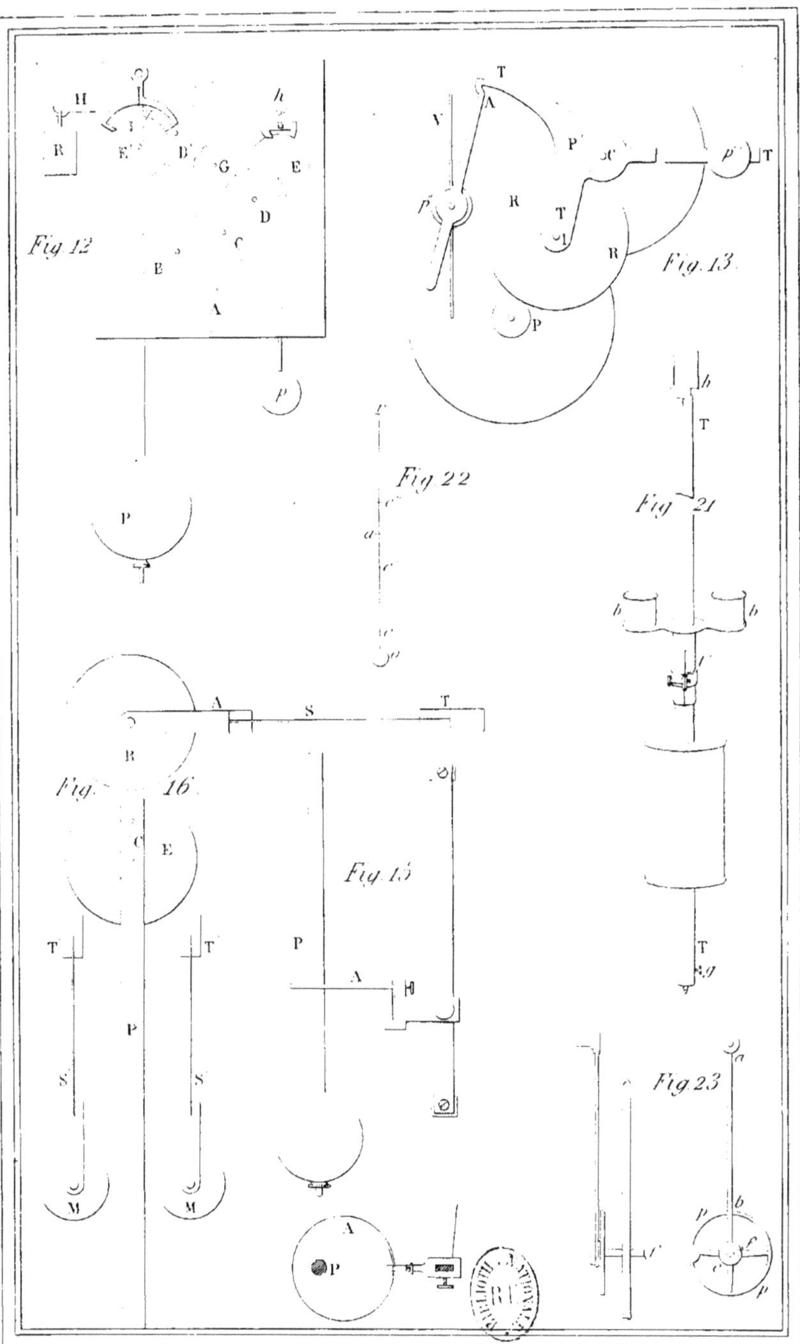

Fig 12
Fig 13
Fig 22
Fig 21
Fig 16
Fig 15
Fig 23